混凝土智能设计与应用

朱效荣　牛旺龙　朱博文　刘　泽　著

科学出版社

北京

内 容 简 介

本书介绍了混凝土智能设计与应用相关原材料的来源、技术参数；多组分混凝土理论，多组分混凝土网络计算器、触摸屏计算器以及混凝土试配机器人使用方法；过程管理实现流程化、标准化、规范化、精确化和信息化，混凝土状态实现试配、出厂、入泵和入模一致，以及预湿骨料和石子洗车等技术；数字量化混凝土技术在高速铁路和高速公路中的应用；矿山固废、建筑固废和工业固废在低碳混凝土中的应用；提高硬化混凝土强度的技术措施及应用。

本书适用于混凝土生产施工一线管理及技术人员、科研院所研发人员、高等院校师生理解多组分混凝土的理论和工程实践。

图书在版编目(CIP)数据

混凝土智能设计与应用 / 朱效荣等著. -- 北京 ：科学出版社，2025. 2.
ISBN 978-7-03-080945-2

Ⅰ. TU528.06

中国国家版本馆CIP数据核字第2024W6C418号

责任编辑：牛宇锋　乔丽维 / 责任校对：王萌萌
责任印制：肖　兴 / 封面设计：蓝正设计

科 学 出 版 社 出版
北京东黄城根北街 16 号
邮政编码：100717
http://www.sciencep.com
北京中科印刷有限公司印刷
科学出版社发行　各地新华书店经销
*
2025 年 2 月第 一 版　开本：720 × 1000　1/16
2025 年 2 月第一次印刷　印张：17
字数：343 000
定价：228.00 元
(如有印装质量问题，我社负责调换)

作 者 简 介

朱效荣，男，1970 年生，教授级高级工程师，混凝土科技网首席科学家，北京灵感科技有限公司董事长，中国农业大学水利与土木学院兼职教授，中国矿业大学(北京)校外研究生导师。长期从事水泥及混凝土技术的研发工作，主持研制的高性能混凝土配合比设计准确化计算技术、混凝土试配机器人、高强透水混凝土、多组分混凝土理论、C100 高性能混凝土、碱矿渣混凝土、聚丙烯纤维防渗抗裂混凝土、大体积混凝土、防辐射混凝土、清水混凝土、导光混凝土、高石粉含量机制砂混凝土、泵送轻集料混凝土、发泡混凝土、高性能混凝土测试仪等达到国际先进或国际领先水平的成果 18 项，成功应用于国家体育场、国家游泳中心、国家大剧院、中央电视台以及水电站、核电站和跨海大桥等重点项目，得到中国工程院陈肇元院士、孙伟院士和唐明述院士的肯定并主持了以上项目的成果鉴定。累计获得北京市科学技术奖 3 项、华夏建设科学技术奖 2 项、辽宁省自然科学学术成果奖 5 项、局级科学进步奖 7 项，获得国家发明专利授权 20 项、计算机软件知识产权登记 6 项，出版学术专著《绿色高性能混凝土研究》、《现代多组分混凝土理论》、《混凝土强度的预测与推定》、《多组分混凝土配合比速查手册》、《混凝土工作性调整》、《混凝土生产工艺与质量控制》、《数字量化混凝土实用技术》、《智能+绿色高性能混凝土》、《数字量化混凝土实用技术操作指南机器人帮我搞试配》、《智能+应用一线混凝土技术》和《多组分混凝土理论工程应用》11 部，参与了中华人民共和国建设行业标准《早期推定混凝土强度试验方法标准》(JGJ/T 15—2021)的修订和编写工作。

牛旺龙，男，1998 年生，混凝土科技网技术主管，研究方向为建筑材料，就职于北京灵感科技有限公司。参与了《智能+路桥工程混凝土调整实用技术》、《低碳混凝土应用》和《预拌混凝土技术人员培训与管理指南》的编写工作，在省部级期刊《资源信息和工程》和《江西建材》发表论文 2 篇，获建筑材料创新奖三等奖 1 项，获得国家发明专利授权 1 项，获得实用新型专利授权 8 项。

朱博文，男，1996 年生，主要从事生产一线混凝土技术研究与生产管理，具有丰富的混凝土配合比设计与生产实践经验。参加工作以来发表论文 10 余篇，获得国家发明专利授权 6 项。参与了《智能+路桥工程混凝土调整实用技术》、《智能+应用一线混凝土技术》和《低碳混凝土应用》的编写和修订工作及混凝土试配机器人的研究与应用等多项科研项目，积累了丰富的混凝土配合比设计、成本控制及外加剂应用方面的经验，其中代表性的项目有海口美兰机场、海口绕城高速公路美兰机场至演丰段、海口文明东越江通道和海南银行总部大楼等。

刘泽，男，1981 年生，博士，现任中国矿业大学(北京)教授，博士生导师。中国矿业大学(北京)、美国佐治亚理工学院联合培养博士，美国南卡罗来纳大学访问学者。主要从事固体废弃物资源化利用(固体废弃物在水泥、砂浆、混凝土等建筑和土木工程中的应用)，CO_2 减排、分离提纯与矿化，碱激发胶凝材料，建筑节能材料、生态环保材料，道路工程材料，固体废弃物与建筑材料的微结构演变等方面的研究。现任中国硅酸盐学会固废与生态材料分会常务理事、秘书长，北京市硅酸盐学会副理事长，北京市建材专业标准化技术委员会委员，中国科协先进材料学会联合体委员，中国硅酸盐学会青年工作委员会副秘书长等。先后主持和参与了国家重点研发计划、国家自然科学基金、教育部自然科学基金、北京市自然科学基金及企业项目 30 余项。在国内外重要刊物上发表论文 100 余篇，编著图书 6 部。获得国家发明专利授权 40 余项，美国发明专利授权 2 项。

前　言

随着工程项目对混凝土质量要求的提高、社会资源供给来源的改变以及科学技术的进步，采用智能设计技术进行混凝土的生产制造已经进入实施阶段。为了在混凝土生产过程中充分利用矿山固废、工业固废和建筑固废，作者撰写了这本以混凝土智能设计与应用为主要内容的专著。书中胶凝材料部分介绍了通过粉磨制得的磨细粉煤灰、矿渣粉、硅灰、石灰石粉、沸石粉、钢渣粉、磷渣粉、镍铁渣粉和复合掺合料等绿色低碳胶凝材料的来源、质量控制主要技术指标以及用于配合比设计计算的主要技术参数。砂石骨料部分介绍了天然砂、机制砂和碎石以及使用矿山固废、建筑固废和工业固废破碎筛分制得的再生粗细骨料的来源、质量控制技术标准及用于混凝土配合比设计的主要技术参数。外加剂部分介绍了通过使用减水剂母液、保坍剂母液、葡萄糖酸钠和三萜皂苷等复配制得满足 3h、5h 和 8h 没有坍落度损失的混凝土外加剂复配技术。混凝土技术理论部分介绍了多组分混凝土理论、数字量化混凝土配合比设计触摸屏计算器、网络计算器和试配机器人使用说明。混凝土生产应用部分介绍了混凝土生产过程的流程化、标准化、规范化、精确化和信息化管理技术，混凝土试配、出厂、入泵和入模四个状态必须一致的质量控制技术，保证再生骨料应用过程中节约外加剂并使混凝土状态稳定的预湿骨料技术，利用石子洗车技术解决了罐车冲洗污染环境的问题。工程应用部分介绍了 CZ 铁路、渝黔铁路、郑济高速铁路、苏台高速公路和安罗高速公路几个数字量化混凝土技术应用实例。生产应用部分介绍了矿山固废中的石屑和煤矸石、工业固废中的燃煤电厂炉渣和生活垃圾焚烧炉渣、建筑固废中的砖渣和废砂浆等在海南、山东、河南和四川等地混凝土搅拌站的应用。质量事故处理部分介绍了开封某棚户区改造项目和濮阳某住宅楼项目硬化混凝土强度提高的技术措施及实施效果。

用粉煤灰、矿渣粉、硅灰、钢渣粉、磷渣粉、沸石粉、石灰石粉、镍铁渣粉和复合掺合料部分代替水泥，降低混凝土生产过程中水泥的用量，可以有效减少烧制水泥排放的二氧化碳，实现混凝土用胶凝材料的低碳生产。用矿山固废、工业固废和建筑固废制得的再生骨料部分或全部代替砂石骨料，减少天然砂石骨料的开采量，可以有效减少自然资源的用量，实现混凝土用粗细骨料的低碳生产，保护青山绿水的自然环境。用数字量化技术设计混凝土配合比，采用机器人试配，一盘完成配合比，可以有效降低混凝土技术人员的计算次数以及试验人员的试配劳动量，实现混凝土配合比设计和试配的智能化。采用大型智能生产设备生产制造绿色低碳混凝土，确保大型工程项目施工过程中混凝土供应的连续、均匀和稳定，可以提高混凝土质量的稳定性以及供货量的可持续性。采用渗透结晶和温饱和石灰水浸泡养护的办法提高硬化混凝土实体强度和表面硬度，可以有效解决混凝土强度不足的问题。

本书第 1~4 章介绍混凝土智能设计与应用相关的胶凝材料、砂石骨料和外加剂的性能及设计参数的数字量化计算，由朱效荣和严继文撰写；第 5~7 章介绍混凝土智能设计与应用相关的多组分混凝土理论、混凝土试配机器人以及混凝土智能制造管理技术，由朱效荣、王耀文、薛超、牛旺龙和赵志强撰写；第 8 章介绍郑济高速铁路免养护混凝土关键技术及应用，由朱效荣、张远征、朱博文、牛旺龙和赵志强撰写；第 9 章介绍 CZ 铁路隧道二衬混凝土气泡控制关键技术及应用，由朱效荣、冯雷、童雪峰、牛旺龙和刘文博撰写；第 10 章介绍断级配机制砂在渝黔铁路隧道喷射混凝土应用过程中的配合比设计和质量控制关键技术，由朱效荣、朱博文、牛旺龙、杜驹和赵志强撰写；第 11 章介绍断级配机制砂在苏台高速公路混凝土应用过程中的配合比调整关键技术，由朱效荣、朱博文、张华献、杨宝强和赵志强撰写；第 12 章介绍安罗高速公路超长保坍混凝土外加剂应用关键技术，由朱效荣、张魏、牛旺龙和张英撰写；第 13 章介绍矿山固废在混凝土中的应用，由朱效荣、朱博文、杨建勤和唐文昊撰写；第 14 章介绍建筑固废在混凝土中的应用，由朱效荣、牛旺龙、赵建隆、杨宝强和张良才撰写；第 15 章介绍工业固废在混凝土中的应用，由朱效荣、牛旺龙、赵建隆、唐文昊和刘文博撰写；第 16 章介绍提高硬化混凝土强度的技术措施、开封某住宅楼混凝土质量事故的处理和濮阳某住宅楼混凝土质量事故的处理，由朱效荣、刘泽、牛旺龙、张帅、朱永刚、李福刚、杨亚博、张英、杨宝强和李雷雷撰写。

在本书的撰写过程中，吸收和选用了国内外专家有关胶凝材料、砂石骨料和外加剂研究应用相关的文献、专著和报告的部分内容，在此对这些资料的原作者表示感谢！本书的撰写得到国内外大专院校、科研院所、水泥生产企业、混凝土生产企业、外加剂生产企业、建设施工企业及监理公司的大力支持和帮助，在此表示感谢！

本书的撰写主要依赖于生产与工程实践，得到混凝土科技网、北京灵感科技有限公司、混凝土第一视频网、江苏瑞凯新材料科技有限公司、中国矿业大学(北京)、上海交通大学、同济大学、浙江工业大学、哈尔滨工业大学、河南大学、天津大学、天津城建大学、西南交通大学、山东建筑大学、北京科技大学、中国农业大学、沈阳建筑大学和北京建筑大学多位专家教授的支持，在此表示感谢！本书得到了中国铁道工程建设协会试验检测专业委员会、中铁二十一局、中铁十一局、中铁十八局、浙江交工集团、北京城建集团、中建西部建设、北京金隅集团、北京建工集团、中国建筑工程总公司、中国电建水电八局、中交一航局、中铁三局、中铁十六局和中铁二十局的大力支持，在此表示感谢！

本书所提多组分混凝土理论、数字量化混凝土实用技术和混凝土试配机器人在研究和推广的过程中得到中国工程院陈肇元院士、孙伟院士、唐明述院士和缪昌文院士的大力支持，同时得到中国科学院何满潮院士的肯定，在此对五位院士的提携和鼓励表示深深的谢意！

在此感谢长期给予我们支持的：沈阳建筑大学李生庆教授，北京鸿智投资发展李占军教授，中国矿业大学(北京)王栋民教授，天津大学李志国教授，北京建筑大学宋少民教授，山东建筑大学逄鲁峰教授，北京科技大学刘娟红教授，中国农业大学彭红涛教授，同济大学孙振平教授，重庆大学王冲教授，内蒙古科技大学杭美艳教授，沈阳建筑大学赵苏教授，西南交通大学李固华教授，山东鲁筑建材薄超教授，中交一航局戴会生教授，中建西部建设罗作球教授，中国建材南方新材料宋笑教授，中国建筑科学研究院张仁瑜研究员，中铁检测理事会安文汉教授，沈阳泰丰特种混凝土宋东升教授，石家庄铁道大学要秉文教授，河南大学蔡基伟教授、张承志教授，中原工学院王爱勤教授，辽宁省建研院范文涛教授，江苏瑞凯新材料科技蒋浩董事长，中国铁道工程建设协会试验检测专业委员会付兆岗常务副主任、唐文军秘书长，北京灵感科技薛超工程师，兰州三圣特种建材王耀文高级工程师，混凝土第一视频网赵志强高级工程师等。

由于作者理论水平和实际经验有限，书中难免存在不足之处，期望同行在技术交流的过程中批评指正！

朱效荣

2024 年 12 月 1 日

目　　录

第1章 绪 论

1.1 背 景

1.1.1 社会背景

随着社会的进步以及社会需求的变化，混凝土行业经历了由传统机械化制造模式向智能产业化模式转变的过程，在经过前期爆发式增长之后，混凝土市场需求逐渐步入稳定期，混凝土产业格局也发生了很大变化，淘汰落后工艺技术，倒逼落后产能退出，推动了行业由粗放式扩张向规范化发展迈进。在房地产项目发展放缓的大背景下，房地产项目对预拌混凝土需求下滑，而用于乡村振兴、高水平农田改造、高效农业和国土修复等领域的混凝土需求上升，并且这部分需求的增加量大于房地产需求的减少量，因此混凝土的需求总量仍呈上升趋势。为实现"双碳"目标，混凝土行业从追求量的扩张转向追求质的提升，绿色高质量发展成为行业共识，智能化绿色低碳混凝土产品符合社会发展的方向。以多组分混凝土理论为指导的数字量化混凝土配合比设计计算方法将成为混凝土行业技术发展的主流，以机器人为试配工具的混凝土智能设备将"走进千家万户"，矿山固废、建筑固废和工业固废经过加工处理后将大量代替天然砂和机制砂用于混凝土生产，绿色低碳型的智能制造将为实现再生资源的充分利用、降低企业生产经营成本、保证我国"双碳"目标的实现贡献力量。

1.1.2 技术背景

在混凝土技术发展历史中，混凝土产品发展的第一个阶段是经验总结与技术探索阶段，在此阶段提出了水灰比定则和保罗米公式，对混凝土配合比设计和生产应用提供了技术指导。第二个阶段是预应力和干硬性混凝土阶段，在此阶段发明了预应力锚具，创造了预应力钢筋混凝土。第三个阶段是外加剂的发明和使用阶段，在此阶段松脂类引气剂和纸浆废液减水剂的发明提高了混凝土的流动性，改善了混凝土的耐久性，特别是萘系减水剂的发明促进了混凝土向泵送施工的转变，为配制流动性混凝土、高强度混凝土、高性能混凝土等奠定了基础。第四个阶段是高性能混凝土推广应用阶段，在此阶段发明了钢丝水泥，这种配筋材料进一步促使人们提出纤维配筋的概念，降低了混凝土的脆性，提高了混凝土的延展性，出现了大跨度钢筋混凝土建筑物和薄壳结构。第五个阶段是规模化生产、泵送施工阶段,在此阶段混凝土行业得到了长足的发展,为了满足现代建筑向轻型、大跨度、高耸结构和智能方向发展,工程结构向地下空间和海洋扩展,以及人类可持续发展的需要,混凝土沿着轻质、高强、高耐久、多功能、节省能源和资源、环保型和智能化方向快速发展。第六个阶段是生产应用低碳环保混凝土智能设计阶段,在此阶段随着世界各国天然资源的过度开采,资源趋于紧缺,混凝土原材料从传统的水泥、砂子、石子逐渐向再生材料扩展,绿色低碳胶凝材料和再生骨料开始逐渐加入混凝土体系。各种掺合料和再生骨料的加入使传统水泥混凝土组分变得更多,配合比更加复杂。采用机器人试配混凝土,通过完善的智能化设施生产混凝土,实现大量使用再生资源的低碳混凝土的配合比智能设计已经迫在眉睫,刻不容缓。

1.2　需要解决的问题

混凝土生产制造经历了凭借经验设计配合比、手动搅拌混凝土、自落式搅拌机生产混凝土、小型混凝土搅拌站生产混凝土、大中型混凝土搅拌站生产混凝土、大型混凝土搅拌楼生产混凝土、大型自动化混凝土生产线生产混凝土和智能化混凝土生产线生产混凝土的发展历程。随着技术的进步,混凝土生产设备和性能得到了明显的改善和提高,但是混凝土配合比设计理论和设计方法一直没有改变,严重制约了混凝土技术的发展和产品质量的提高。为了适应社会发展形势,目前混凝土生产制造需要解决以下问题:

(1)设定合理的原材料技术参数,建立混凝土技术指标与原材料技术指标的对应关系。

(2)创建新的混凝土配合比设计理论,建立混凝土性能指标与配合比设计参数之间的对应关系。

(3)编制混凝土配合比设计计算软件,实现动态设计混凝土配合比。

(4)研究智能化混凝土配合比设计试配技术,实现混凝土配合比设计和试配一盘完成。

(5)研制大型智能化生产制造生产线,保障混凝土智能制造的顺利实施。

1.3　主　要　内　容

1.3.1　原材料技术参数

要实现多组分混凝土配合比设计,必须准确检测各种原材料的技术指标,合理利用原材料并对其性能指标进行说明,实现原材料技术参数和混凝土性能参数之间的一一对应关系，为混凝土配合比设计提供依据，其中水泥是为混凝土提供强度的最主要的原材料，在混凝土配合比设计过程中，水泥必须检测的技术指标是强度、表观密度、需水量、比表面积和 SO_3 含量。矿渣粉在混凝土中对强度的贡献主要来自化学反应和填充效应，矿渣粉必须检测的技术指标是对比强度及活性指数、密度、比表面积和流动度比。粉煤灰在混凝土中对强度的贡献同样主要来自化学反应和填充效应，粉煤灰必须检测的技术指标是对比强度及活性指数、密度、比表面积、需水量比和 SO_3 含量。硅灰在混凝土中对强度的贡献主要来自填充效应，硅灰必须检测的技术指标是对比强度及活性指数、密度、比表面积和需水量比。

关于外加剂的适应性，以前仅指胶凝材料与外加剂的适应性，由于机制砂和再生骨料的大量应用，砂子中石粉含量提高，对外加剂的吸附能力增强，因此在配制混凝土的过程中不仅要解决胶凝材料与外加剂的适应性，还要解决外加剂与砂子的适应性。外加剂掺量取胶凝材料在标准稠度浆体中加入外加剂后流动扩展度达到配合比设计要求的坍落度时对应的掺量。

砂子应用过程中的关键技术是科学地确定颗粒级配、含石率、紧密堆积密度和压力吸水率，同时计算断级配砂需补充的相应的细颗粒。石子应用过程中的关键技术是科学地确定空隙率、吸水率和表观密度。准确界定原材料的技术参数是混凝土智能制造技术应用的基础。

1.3.2 多组分混凝土理论

为了配制优质的混凝土，提高混凝土的耐久性，适应工程建设对混凝土质量的要求，解决当前混凝土行业存在的各种问题，采用多组分混凝土理论进行配合比设计和质量控制显得非常重要。多组分混凝土强度理论准确定义了水泥、掺合料、砂子、石子、外加剂和拌和用水量与强度的对应关系。只要检测出水泥的强度、密度、比表面积和需水量，矿渣粉、粉煤灰和硅灰的活性指数、密度、比表面积和需水量比，外加剂的减水率和掺量，砂子的紧密堆积密度、含石率、含水率、含泥量和压力吸水率，石子的堆积密度、空隙率、表观密度和吸水率，并计算出胶凝材料水化形成的标准稠度浆体强度、胶凝材料填充强度贡献率、硬化密实浆体在混凝土中的体积比，就可以进行多组分混凝土强度的早期推定、混凝土配合比设计、固定胶凝材料调整配合比、利用已知配合比数据设计一系列新混凝土配合比和根据砂石含泥量调整混凝土配合比，这是多组分混凝土技术应用于实际工程的关键。

1.3.3 混凝土配合比设计计算软件

混凝土配合比设计计算软件是为混凝土设计的一款专用配合比设计调整计算

系统，以多组分混凝土理论为依据，采用的计算公式来源于数字量化混凝土实用技术。使用混凝土配合比设计计算软件的主要目的是降低混凝土从业技术人员配合比设计计算的劳动量，实现混凝土配合比设计计算的科学定量，利用已知原材料和配合比参数快速配制出符合设计要求的混凝土，根据已知检测数据及时准确地调整混凝土配合比；实现在现代化生产的过程中混凝土拌和物质量稳定，凝固后的混凝土产品内部结构均匀，强度检测数据离散性小；保证成品混凝土性能优异的同时提高客户的满意度，适应不同地区的砂石骨料，预防质量事故的发生。混凝土配合比设计计算软件是混凝土智能制造技术应用于实际工程的核心。

1.3.4　混凝土试配机器人

混凝土试配机器人的技术理论基础是多组分混凝土理论，所有计算公式和控制程序公式都来源于数字量化混凝土实用技术。首先检测胶凝材料及砂石骨料技术参数，将所得技术参数输入配合比设计计算系统内，计算出配合比。将检测的胶凝材料和砂石骨料存放至对应储存仓内，使其存有一定的试验量。搅拌正转启动，然后点"骨料启动"，骨料依次累加称量，骨料称量完成后，点"上料启动"，运料车将称好的骨料运送到搅拌机上口自动卸料，同时将计算出的预湿骨料用水加入搅拌机，卸完料后运料车自动回位，指示灯亮；点"胶材启动"，胶材依次累加称量，胶材称量完成后，点"上料启动"，运料车将称好的胶凝材料运送到搅拌机上口自动卸料，同时将计算出的胶凝材料用水和外加剂加入搅拌机，卸完料后运料车自动回位，指示灯亮。骨料和胶凝材料通过二次投进搅拌主机进行混合搅拌，根据设计要求调整混凝土拌和物工作性，达到要求后长按"卸料启动"，将混凝土拌和物卸至推拉小车内，这是混凝土智能制造技术运用于实际工程的重要一环。

1.4　工　程　应　用

1.4.1　高速铁路项目

多组分混凝土广泛适用于高速铁路项目。大多数高速铁路项目处于偏远的山沟或者丘陵地带，由于混凝土用量大，质量要求高，建设大型混凝土智能生产线可以满足工程项目的需求。铁路混凝土在施工的过程中由于环境受限，轨枕床板、箱梁、墩柱和护坡等部位相对分散，通过多组分混凝土配合比智能设计可以提高混凝土制作效率，改善产品质量，特别是采用断级配机制砂配制出优质的混凝土，应用于隧道二衬、路边护坡、绿植维护结构以及喷射混凝土，可对营造绿色施工环境、降低路桥施工成本和提高企业经济效益产生直接的效果。

1.4.2 高速公路项目

多组分混凝土适用于高速公路项目。与高速铁路项目类似，大多数高速公路项目处于偏远的山沟或者丘陵地带，由于混凝土用量大，质量要求高，建设大型混凝土智能生产线可以满足工程项目的需求,而施工现场砂石骨料资源相对匮乏,级配不合理,通过多组分混凝土配合比智能设计可以解决砂子级配不合理引起的混凝土拌和物流动性差、坍落度损失大、泵送以及混凝土拆模后表面出现水纹、纱线和气泡问题。

1.4.3 低碳混凝土应用项目

多组分混凝土广泛适用于低碳混凝土应用项目,研究内容主要包括矿山固废、建筑固废和工业固废配制混凝土的项目。在矿山固废应用方面，主要解决密度不同的母岩产生的尾矿、废石和石屑制得的机制砂紧密堆积密度、压力吸水率和级配快速检测等问题,详细阐述了矿山固废机制砂配制优质混凝土的技术原理、技术方案和技术措施。在建筑固废利用方面，主要解决废混凝土块、碎砖块、废沥青混凝土块以及施工过程中散落的砂浆渣、混凝土渣、碎砖渣等制得的再生粗细骨料压碎指标值波动大、吸水率波动大和颗粒级配波动大等问题,详细阐述了建筑固废再生骨料配制优质混凝土的设计方法、预湿骨料工艺和造壳增强技术。在工业固废利用方面，主要解决工业锅炉焚烧制得的炉渣密度变化大、吸水率不稳定和体积膨胀等问题,详细阐述了工业固废再生骨料配制优质混凝土的技术思路、技术原理和技术措施。采用以多组分混凝土理论为基础的多组分混凝土配合比智能设计,可以大量利用矿山固废、建筑固废和工业固废,为充分利用再生资源、配制优质混凝土、实现混凝土的绿色低碳和智能制造创造良好的软硬件环境。

1.5 发 展 前 景

混凝土企业的生产规模越来越大，而原材料的储备量不充足，质量波动大，同一个工程项目需要不同强度等级的混凝土，因此经常出现同一批原材料生产很多品种混凝土的情况，也存在完全不同的原材料同时供应同一个工地同一部位的情况。采用固定配合比生产混凝土已经无法满足强度设计的要求，研究智能化混凝土配合比设计和生产技术，实现动态化配合比设计和动态化生产质量控制技术势在必行。

多组分混凝土理论的建立以及数字量化混凝土配合比设计计算方法的推广应用，为多组分混凝土智能设计打下了扎实的理论基础；混凝土配合比设计精确化计算软件的成功编制与应用，为多组分混凝土智能设计提供了得力的计算工具；

混凝土试配机器人的推广应用，为多组分混凝土智能设计提供了动态、准确及实时的混凝土配合比；大型集约化智能设备为多组分混凝土智能设计提供了良好的硬件设施，绿色低碳和多组分混凝土智能设计将为高性能混凝土的推广、再生资源在混凝土行业的充分利用发挥更大的作用，具有广阔的应用前景和推广空间。

第2章 胶凝材料

2.1 水 泥

2.1.1 混凝土用水泥

水泥是为混凝土提供强度的最主要原材料，目前工程项目使用的水泥主要有硅酸盐系列水泥、铝酸盐系列水泥和碱激发水泥三大类。硅酸盐系列水泥是目前用量最大的一类水泥，包括纯硅酸盐水泥、普通硅酸盐水泥、矿渣硅酸盐水泥、粉煤灰硅酸盐水泥、火山灰质硅酸盐水泥、复合硅酸盐水泥六个品种，在结构工程中使用最多的是普通硅酸盐水泥和矿渣硅酸盐水泥。铝酸盐系列水泥属于早强类水泥，具有快凝快硬的特点，主要用于大型构件和工期有要求的混凝土项目，使用最多的是硫铝酸盐水泥和铁铝酸盐水泥两个品种。碱激发水泥属于特种水泥范畴，由碱性激发剂和具有活性的混合材料制得，具有早期强度高、凝结硬化快等特点，属于绿色低碳胶凝材料，广泛应用于道路、基础和大体积混凝土工程。作为混凝土中的胶凝材料，水泥是混凝土强度最主要的贡献者，在使用过程中考虑的主要技术参数是强度、表观密度、需水量和比表面积。水泥的强度和用量决定混凝土的强度，表观密度影响水泥在混凝土中的体积，需水量影响混凝土的工作性，比表面积影响超细矿物掺合料在混凝土中的填充效应。水泥加工工艺如图 2-1 所示。

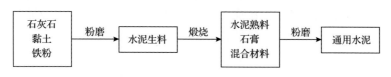

图 2-1　水泥加工工艺

1. 通用硅酸盐水泥

1) 通用硅酸盐水泥的定义

通用硅酸盐水泥是指以硅酸盐水泥熟料为主要成分、掺加不同类型混合材料和石膏磨细制成的水硬性胶凝材料，包括纯硅酸盐水泥、普通硅酸盐水泥、矿渣硅酸盐水泥、火山灰质硅酸盐水泥、粉煤灰硅酸盐水泥和复合硅酸盐水泥。这些水泥的技术指标满足《通用硅酸盐水泥》(GB 175—2023)的要求。

(1)纯硅酸盐水泥：凡以硅酸钙为主的硅酸盐水泥熟料、5%以下的石灰石或粒化高炉矿渣、适量石膏共同磨细制成的水硬性胶凝材料，统称为纯硅酸盐水泥。其特点是凝结硬化快、早期强度高、水化热大、抗冻性好、耐热性差、耐蚀性差、干缩性较小。

(2)普通硅酸盐水泥：由硅酸盐熟料掺加 6%～15%混合材料、适量石膏共同磨细制成的水硬性胶凝材料，称为普通硅酸盐水泥，活性混合材料掺量最多不超过 15%。其特点是凝结硬化较快、早期强度较高、水化热较大、抗冻性较好、耐热性较差、耐蚀性较差、干缩性较小。

(3)矿渣硅酸盐水泥：由硅酸盐水泥熟料、适量石膏和20%～70%的粒化高炉矿渣共同磨细制成的水硬性胶凝材料，称为矿渣硅酸盐水泥。其特点是凝结硬化慢、早期强度低、后期强度增长较快、水化热较小、抗冻性差、耐热性好、耐蚀性较好、干缩性较大、泌水性大、抗渗性差。

(4)火山灰质硅酸盐水泥：由硅酸盐水泥熟料、20%～50%的火山灰质混合材料、适量石膏共同磨细制成的水硬性胶凝材料，称为火山灰质硅酸盐水泥。其特点是凝结硬化慢、早期强度低、后期强度增长较快、水化热较小、抗冻性差、耐热性较差、耐蚀性较好、干缩性较大、抗渗性较好。

(5)粉煤灰硅酸盐水泥：由硅酸盐水泥熟料、粉煤灰、适量石膏混合后共同磨细制成的水硬性胶凝材料，统称为粉煤灰硅酸盐水泥，水泥中粉煤灰掺量(按质量计)为 20%～40%。其特点是凝结硬化慢、早期强度低、后期强度增长较快、水化热较小、抗冻性差、耐热性较差、耐蚀性较好、干缩性较小、抗裂性较高。

(6)复合硅酸盐水泥：由硅酸盐水泥熟料、两种或两种以上规定的混合材料(总量为水泥质量的 16%～50%)、窑灰(不得超过 8%)、适量石膏共同磨细制成的水硬性胶凝材料，称为复合硅酸盐水泥。其特点是凝结硬化慢、早期强度低、后期强度增长较快、水化热较小、抗冻性差、耐蚀性较好，其他性能与所掺入的两种或两种以上混合材料的种类、掺量有关。

2)通用硅酸盐水泥的主要组成

纯硅酸盐水泥组分见表 2-1，普通硅酸盐水泥、矿渣硅酸盐水泥、粉煤灰硅酸盐水泥和火山灰质硅酸盐水泥组分见表 2-2，复合硅酸盐水泥组分见表 2-3。

表 2-1　纯硅酸盐水泥组分(质量分数)　　　　　　(单位：%)

品种	代号	熟料+石膏	混合材料	
			粒化高炉矿渣/矿渣粉	石灰石
纯硅酸盐水泥	P·Ⅰ	100	—	—
	P·Ⅱ	95～100	0～<5	—
			—	0～<5

表2-2 普通硅酸盐水泥、矿渣硅酸盐水泥、粉煤灰硅酸盐水泥和火山灰质硅酸盐水泥组分
（质量分数） （单位：%）

品种	代号	熟料+石膏	混合材料			
			主要混合材料			替代混合材料
			粒化高炉矿渣/矿渣粉	粉煤灰	火山灰质混合材料	
普通硅酸盐水泥	P·O	80～<94	60～<20ᵃ			0～<5ᵇ
矿渣硅酸盐水泥	P·S·A	50～<79	21～<50	—	—	0～<8ᶜ
	P·S·B	30～<49	51～<70	—	—	
粉煤灰硅酸盐水泥	P·F	60～<79	—	21～<40	—	0～<5ᵈ
火山灰质硅酸盐水泥	P·P	60～<79	—	—	21～<40	

注：a 主要混合材料由符合《通用硅酸盐水泥》(GB 175—2023)规定的粒化高炉矿渣/矿渣粉、粉煤灰、火山灰质混合材料组成。

b 替代混合材料为符合《通用硅酸盐水泥》(GB 175—2023)规定的石灰石。

c 替代混合材料为符合《通用硅酸盐水泥》(GB 175—2023)规定的粉煤灰或火山灰、石灰石，替代后 P·S·A 矿渣硅酸盐水泥中粒化高炉矿渣/矿渣粉含量(质量分数)不小于水泥质量的 21%，P·S·B 矿渣硅酸盐水泥中粒化高炉矿渣/矿渣粉含量(质量分数)不小于水泥质量的 51%。

d 替代混合材料为符合《通用硅酸盐水泥》(GB 175—2023)规定的石灰石，替代后粉煤灰硅酸盐水泥中粉煤灰含量(质量分数)不小于水泥质量的 21%，火山灰质硅酸盐水泥中火山灰质混合材料含量(质量分数)不小于水泥质量的 21%。

表2-3 复合硅酸盐水泥组分（质量分数） （单位：%）

品种	代号	熟料+石膏	混合材料				
			粒化高炉矿渣/矿渣粉	粉煤灰	火山灰质混合材料	石灰石	砂岩
复合硅酸盐水泥	P·C	50～<79	21～<50ᵃ				

注：a 混合材料由符合《通用硅酸盐水泥》(GB 175—2023)规定的粒化高炉矿渣/矿渣粉、粉煤灰、火山灰质混合材料、石灰石和砂岩中的三种(含)以上材料组成，其中石灰石含量(质量分数)不大于水泥质量的 15%。

3) 通用硅酸盐水泥的强度指标

通用硅酸盐水泥强度应符合表2-4的要求。

表2-4 通用硅酸盐水泥强度 （单位：MPa）

强度等级	抗压强度		抗折强度	
	3d	28d	3d	28d
32.5	≥12.0	≥32.5	≥3.0	≥5.5
32.5R	≥17.0		≥4.0	
42.5	≥17.0	≥42.5	≥4.0	≥6.5
42.5R	≥22.0		≥4.5	

强度等级	抗压强度		抗折强度	
	3d	28d	3d	28d
52.5	> 22.0	> 52.5	> 4.5	> 7.0
52.5R	> 27.0		> 5.0	
62.5	> 27.0	> 62.5	> 5.0	> 8.0
62.5R	> 32.0		> 5.5	

4) 助磨剂对水泥的影响

(1) 助磨剂的作用。

助磨剂是在水泥粉磨过程中加入的能够明显提高水泥粉磨效率、降低粉磨电耗、提高水泥粉磨细度和水泥强度的有机或者无机材料。在水泥生产过程中加入助磨剂可以起到四个作用：

①在保持细度不变的情况下，可以提高水泥台时产量 15%～20%；

②在保持台时产量不变的条件下，可以提高水泥比表面积 50m²/kg；

③在保持水泥配比不变的情况下，可以提高水泥强度 5～7MPa；

④在保持水泥强度不变的情况下，可以节约水泥熟料 15%～20%。

(2) 助磨剂的化学成分。

常用的粉体助磨剂以三乙醇胺、工业盐、芒硝和元明粉为主要组分，以粉煤灰作为载体搅拌均匀混合而成。粉体助磨剂的优点是助磨效果好，水泥早期强度高，节约熟料的效果明显；缺点是掺量较高，生产过程中需要添加单独的料仓和计量设备。常用的液体助磨剂有三乙醇胺、聚醚醇胺、聚合醇胺、聚合多元醇、三异丙醇胺、乙二醇、丙二醇、二乙二醇、糖醚、醋酸钠、十二烷基苯、硫酸铝、氯化钙和硫酸钠等。液体助磨剂的优点是添加方便，助磨效果好，水泥后期强度高，节约熟料的效果明显；缺点是掺量较低，生产计量波动较大，低温时容易出现堵管断料现象，导致水泥质量的波动。

(3) 掺助磨剂对水泥的影响。

掺加助磨剂的水泥的优点是比表面积较大，水化反应充分，早期强度较高；缺点是水泥需水量提高，水泥与外加剂的适应性变差，水泥后期强度增长慢，水泥比表面积过大还能导致水泥 28d 及以后龄期强度倒缩的现象。掺加含有硫酸盐的水泥在春秋干燥多风季节易在混凝土表面出现泛碱现象。

2. 特种水泥

1) 硫铝酸盐水泥

硫铝酸盐水泥是以适当成分的石灰石、矾土、石膏为原料，经煅烧而成的无水硫铝酸钙(C_4A_3S)和硅酸二钙(C_2S)为主要矿物组成的熟料，掺加适量混合材料

(石膏和石灰石等)共同粉磨所制成的具有早强、快硬、低碱度等一系列优异性能的水硬性胶凝材料。其特点是早强高强、高抗冻性、高耐蚀性、高抗渗性、微膨胀性、低碱性,主要应用在冬季施工工程、抢修和抢建工程、配制喷射混凝土、生产水泥制品和混凝土预制构件、补偿收缩混凝土的配制和抗渗工程、生产纤维增强水泥制品等。

《硫铝酸盐水泥熟料》(GB/T 37125—2018)对硫铝酸盐水泥熟料的技术要求做了详细规定,其化学成分见表 2-5,物理性能见表 2-6,硫铝酸盐水泥熟料的放射性指标应符合国家有关放射性污染控制标准。

表 2-5　硫铝酸盐水泥熟料化学成分(质量分数)　　(单位:%)

代号	三氧化二铝	烧失量	游离氧化钙
SACC-Ⅰ	≥33		
SACC-Ⅱ	≥30 且<33	<0.8	<0.2
SACC-Ⅲ	≥24 且<30		

表 2-6　硫铝酸盐水泥熟料物理性能

代号	3d 抗压强度/MPa	28d 抗压强度	凝结时间	三氧化二铝和烧失量	游离氧化钙
SACC-Ⅰ	≥65.0	28d 抗压强度不低于 3d 抗压强度(MPa)	由买卖双方协商确定	按 GB/T 205—2008	按 GB/T 176—2017
SACC-Ⅱ	≥55.0				
SACC-Ⅲ	≥45.0				

2)快硬硅酸盐水泥

由以硅酸钙为主要成分的水泥熟料,加入适量石膏,磨细而成的具有快硬、早强特性的水泥,简称快硬水泥。快硬水泥与普通水泥相比,硅酸三钙和铝酸三钙含量较高,磨制较细,早期强度发展较快,故以 3d 龄期测定其强度等级。按1d 和 3d 的抗折强度和抗压强度分为 32.5 级、37.5 级和 42.5 级三个等级。快硬水泥主要用于冬期施工和紧急抢修工程。除快硬硅酸盐水泥外,尚有快硬铝酸盐水泥、快硬硫铝酸盐水泥和快硬氟铝酸盐水泥。在快硬水泥的基础上尚可生产以 12h确定水泥强度等级的特快硬水泥。

3)快凝快硬硅酸盐水泥

由石灰石、黏土、矾土、少量萤石和石膏配制成生料,煅烧成以硅酸三钙和氟铝酸钙为主要矿物组成的熟料,加适量硬石膏和激发剂,经磨细而成的水泥,俗称双快水泥。其初凝时间不早于 10min,终凝时间不迟于 1h,按 4h 强度分为15MPa 和 20MPa 两个等级。这种水泥主要用于桥涵、隧道、机场道面等抢修工程,以及堵漏、型砂制模等特殊用途。

4) 碱激发水泥

碱激发水泥是某种潜在水硬性的原材料，通过与特定的活性激发剂反应形成的一类胶凝材料，国内目前已经生产的有碱矿渣水泥、石膏矿渣水泥和石膏铝渣水泥等。

(1) 碱矿渣水泥。

在一些火山灰质的混合料中，存在着一定数量的活性二氧化硅、活性氧化铝等活性组分，这些活性组分与氢氧化钙反应，生成水化硅酸钙、水化铝酸钙或水化硫铝酸钙等反应产物，其中，氢氧化钙可以来源于外掺的石灰，也可以来源于水泥水化时所放出的氢氧化钙，这就是碱性激发的原理。

(2) 石膏矿渣水泥。

将干燥的粒化高炉矿渣(一般为 80%左右)加 15%左右的石膏(天然二水石膏，煅烧到 600～750℃的无水石膏或天然无水石膏等)和少量硅酸盐水泥熟料(一般不超过 8%)或石灰(一般不超过 5%)一起粉磨或分别粉磨再经混合后所得到的水硬性胶凝材料，适用于一般民用和工业建筑工程，特别适用于地下及水中工程和大体积混凝土工程，不宜用于受冻融交替作用频繁的水中工程。

(3) 石膏铝渣水泥。

采用酸性工业废渣磷石膏作为赤泥中和剂，降低赤泥中含碱量，在一定温度下煅烧赤泥和磷石膏的混合物，使低活性的 γ-2CaO·SiO$_2$ 转化为高活性的 β-2CaO·SiO$_2$，提高赤泥的活性。赤泥与磷石膏按 10:1 混合后，在 800℃下煅烧，保温 2h 后自然冷却，用改性赤泥作为水泥的混合材料，并取得良好的效果。在水泥中掺 45%的混合材料，改性赤泥用作混合材料时后期强度比赤泥用作混合材料时提高近 16%，水泥的各项物理性能仍能满足 52.5 级要求。

2.1.2　水泥的技术参数

水泥是混凝土最主要的原材料，用于承重结构的工程项目中使用最多的是硅酸盐系列水泥，主要包括普通硅酸盐水泥、矿渣硅酸盐水泥和复合硅酸盐水泥。在预制构件的生产过程中，为了实现早强及张拉预应力，大部分企业采用硫铝酸盐水泥。在公路路基防潮固化、水稳混凝土以及护坡等辅助工程项目中大量使用粉煤灰硅酸盐水泥、火山灰质硅酸盐水泥以及碱激发水泥。为了合理利用水泥，建立了配制混凝土时水泥用量与混凝土强度之间的对应关系，解决了水泥与外加剂的适应性问题，提高了水泥混凝土产品质量并控制了生产成本。根据多组分混凝土理论，在混凝土配合比设计过程中，主要考虑水泥的强度、表观密度、需水量、比表面积和 SO$_3$ 含量五个技术指标。

1. 水泥必须检测的技术指标

1）强度

水泥水化产物是混凝土强度的最主要来源。在用量相同的情况下，水泥强度越高，配制的混凝土强度就越高；在混凝土配制强度相同的情况下，水泥强度越高，使用的水泥就越少；准确检测水泥强度，合理利用检测结果，是科学配制混凝土的关键。按照国家标准规定，用于工程项目的水泥按照强度等级分为 32.5 级、42.5 级、52.5 级和 62.5 级。

2）表观密度

为了计算水泥在混凝土中所占的体积，一旦水泥用量确定，就需要知道其表观密度，因此在混凝土配制以及生产应用过程中必须检测水泥的表观密度；在配制高强高性能混凝土的过程中计算填充系数时也需要知道水泥的表观密度，因此表观密度是水泥使用过程中必检的一项技术指标。由于水泥生产过程中使用的原材料差异以及水泥品种的不同，其表观密度差别很大，P·F 粉煤灰硅酸盐水泥的表观密度有时小于 2100kg/m^3，P·II 硅酸盐水泥的最高表观密度达 3150kg/m^3。

3）比表面积

比表面积是表征水泥粗细的重要指标，这一指标的大小直接反映水泥颗粒之间化学反应接触面积的大小以及反应的程度，影响混凝土单方用水量与最终强度。在配制高强高性能混凝土的过程中，大量使用硅粉对水泥的空隙进行填充，填充系数的大小与水泥的比表面积紧密相关，因此比表面积是水泥生产和应用过程中必检的一项技术指标。水泥生产设备的大型化，水泥比表面积越来越大，使水泥早期水化更加充分，因此现在的水泥早期强度明显提高，后期强度增长缓慢。而比表面积的增加带来了两个副作用，一是水泥需水量变大，导致配制混凝土过程中用水量增加，坍落度损失变大；二是水泥对外加剂的吸附变大，导致配制混凝土过程中外加剂掺量提高。为了确保配制的混凝土具有良好的工作性、适中的强度以及好的耐久性，水泥合理的比表面积应该控制在 300～350m^2/kg。目前市场销售的水泥比表面积普遍偏大，大多数水泥企业控制在 360～380m^2/kg，粉磨站控制在 380～400m^2/kg。

4）需水量

需水量是表征水泥在搅拌过程中达到标准稠度状态时所需要水分的比值。影响需水量的最主要因素是水泥的矿物成分，水泥在化学反应过程中生成的水化产物结合的水分越多，水泥的需水量就越大，在用水量相同的条件下配制的混凝土的坍落度就越小；其次是水泥的比表面积，比表面积越大，水泥需水量就越大，在用水量相同的条件下配制的混凝土坍落度就越小，配制混凝土时要达到相同的坍落度就要提高外加剂的掺量。需水量是影响混凝土工作性的一项重要指标，其值越小越好。目前市场销售的水泥需水量普遍偏大，普通硅酸盐水泥大多数控制在 27%左右，矿渣硅酸盐水泥大多数控制在 30%左右，复合硅酸盐水泥大多数控制在 33%左右。

5) SO_3 含量

SO_3 含量是表征水泥凝结时间的重要参数，当水泥中的石膏与 C_3A 按照分子个数 1:1 搭配时，石膏起到最佳缓凝作用，水泥凝结时间正常；当水泥中的石膏与 C_3A 按照分子个数小于 1:1 搭配时，由于水泥中用于缓凝的石膏用量不足，会出现凝结时间变短的情况，导致水泥与外加剂的适应性不好，因此准确检测水泥中的 SO_3 与 C_3A 含量，使 C_3A/SO_3 质量比为 3.4，让水泥中的石膏和 C_3A 完全反应生成难溶于水的水化硫铝酸钙(钙矾石)，就可以有效解决石膏不足引起的水泥与外加剂的适应性问题。

2. 水灰比与强度的关系

在检测水泥时，必须加水搅拌成型，在没有外加剂的情况下，当用水量小于某一个值时无法制作出用于检测的试件，只有水分能够完全润湿水泥并且将润湿的水泥黏结成一个整体才可以制作出用于检测的试件，这时成型的水泥试件强度随着水灰比的增加而降低，这个结论是正确的。随着科学技术的进步，自从减水剂应用于水泥混凝土以来，用水量小于某一个值也可以制作出用于检测的试件，由于减水剂的分散作用，即使水分没有完全润湿水泥，也会将水泥黏结成一个整体制作出用于检测的试件，成型的水泥试件强度与水灰比的关系发生了变化，这时水泥试件强度随着水灰比的增加而提高，以前的结论就不符合实际。

经过多年研究总结，水泥浆体强度最高的水灰比是标准稠度浆体对应的水灰比。当水泥水灰比小于这个值时，水泥不能完全发生化学反应，强度降低，当水泥水灰比大于这个值时，水泥浆体凝固后多余的水分蒸发，形成大量的孔洞，水泥浆体的密实度降低，水泥的强度降低。在使用水泥前，先检测水泥标准稠度用水量对应的水灰比，此水灰比即水泥胶砂检测的合理水灰比。根据以上原理和思路，下面建立水泥化学反应形成的水泥浆体强度计算公式。

3. 标准胶砂中水泥体积比的计算

标准胶砂中水泥体积比的计算公式为

$$V_C = \frac{\dfrac{m_{C_0}}{\rho_C}}{\dfrac{m_{C_0}}{\rho_C} + \dfrac{m_{S_0}}{\rho_{S_0}} + \dfrac{m_{W_0}}{\rho_{W_0}}} \tag{2-1}$$

式中，V_C 为标准胶砂中水泥的体积比；m_{C_0} 为标准胶砂中水泥的用量，取 450g；ρ_C 为水泥的表观密度，kg/m^3；m_{S_0} 为标准胶砂中砂的用量，取 1350g；ρ_{S_0} 为砂的表观密度，取 $2700kg/m^3$；m_{W_0} 为标准胶砂中水的用量，取 225g；ρ_{W_0} 为水的表观密度，取 $1000kg/m^3$。

将各数据代入，式(2-1)简化为

$$V_C = \frac{450}{450 + 0.725\rho_C} \tag{2-2}$$

水泥的表观密度与水泥的体积比对照见表 2-7。

表 2-7　水泥的表观密度与水泥的体积比对照

技术指标	P·II 硅酸盐水泥	普通硅酸盐水泥	矿渣硅酸盐水泥	粉煤灰硅酸盐水泥	火山灰质硅酸盐水泥	复合硅酸盐水泥
表观密度/(kg/m³)	3100	3000	2850	2100	2650	2500
体积比	0.167	0.171	0.179	0.228	0.190	0.199

4. 水泥水化形成的强度计算

标准胶砂中水泥水化形成的纯浆体强度计算公式为

$$\sigma = \frac{R_{28}}{V_C} \tag{2-3}$$

式中，σ 为标准胶砂中水泥水化形成的纯浆体强度，MPa；R_{28} 为标准胶砂的强度，MPa；V_C 为标准胶砂中水泥的体积比。

标准胶砂的强度、水泥的体积比与纯浆体的强度对照见表 2-8。

表 2-8　标准胶砂的强度、水泥的体积比与纯浆体的强度对照

技术指标	P·II 硅酸盐水泥	普通硅酸盐水泥	矿渣硅酸盐水泥	粉煤灰硅酸盐水泥	火山灰质硅酸盐水泥	复合硅酸盐水泥
R_{28}/MPa	60	55	48	35	38	40
V_C	0.167	0.171	0.179	0.228	0.190	0.199
σ/MPa	359	322	268	154	200	201

5. 标准稠度水泥浆表观密度的计算

标准稠度水泥浆硬化形成的浆体表观密度计算公式为

$$\rho_0 = \frac{\rho_C\left(1+\dfrac{W_0}{100}\right)}{1+\dfrac{\rho_C}{\rho_{W_0}}\times\dfrac{W_0}{100}} \tag{2-4}$$

式中，ρ_0 为标准稠度水泥浆的表观密度，kg/m^3；W_0 为水泥的标准稠度用水量，kg；ρ_C 为水泥的表观密度，kg/m^3；ρ_{W_0} 为水的表观密度，取 $1000kg/m^3$。

水泥的标准稠度用水量、水泥的表观密度与水泥浆的表观密度对照见表 2-9。

表 2-9　水泥的标准稠度用水量、水泥的表观密度与水泥浆的表观密度对照

技术指标	P·Ⅱ硅酸盐水泥	普通硅酸盐水泥	矿渣硅酸盐水泥	粉煤灰硅酸盐水泥	火山灰质硅酸盐水泥	复合硅酸盐水泥
W_0/kg	27	27	28	33	31	32
$\rho_C/(kg/m^3)$	3100	3000	2850	2100	2650	2500
$\rho_0/(kg/m^3)$	2143	2105	2029	1650	1906	1833

6. 质量强度比的计算

由于我国采用国际标准单位，混凝土按照每立方米计算，标准稠度的硬化水泥浆折算为 $1m^3$ 时对应的强度值正好是水泥水化形成浆体的理论强度值，$1m^3$ 浆体对应的质量数值正好和 ρ_0 的数值相等，因此水泥浆中水泥对强度的贡献可以用标准稠度水泥浆的表观密度数值除以标准胶砂中水泥水化形成的纯浆体的强度计算求得，定义为质量强度比。

贡献 1MPa 强度所需水泥浆用量计算公式为

$$R_C = \frac{\rho_0}{\sigma} \tag{2-5}$$

式中，R_C 为质量强度比，$kg/(MPa\cdot m^3)$；ρ_0 为标准稠度水泥浆的表观密度，kg/m^3；σ 为标准胶砂中水泥水化形成的纯浆体的强度，MPa。

胶砂强度、纯浆体强度、纯浆体密度、1MPa 强度水泥用量对照见表 2-10。

表 2-10　胶砂强度、纯浆体强度、纯浆体密度、1MPa 强度水泥用量对照

技术指标	P·Ⅱ硅酸盐水泥	普通硅酸盐水泥	矿渣硅酸盐水泥	粉煤灰硅酸盐水泥	火山灰质硅酸盐水泥	复合硅酸盐水泥
强度等级	52.5	52.5	42.5	32.5	32.5	32.5
R_{28}/MPa	60	55	48	35	38	40
σ/MPa	359	322	268	154	200	201
$\rho_0/(kg/m^3)$	2143	2105	2029	1650	1906	1833
$R_C/[kg/(MPa\cdot m^3)]$	6.0	6.5	7.6	10.7	9.5	9.1

2.1.3 市场销售水泥存在的问题

目前混凝土企业对生产混凝土所用的水泥反应的问题主要集中在水泥比表面积大，熟料中 C_3A 和 C_3S 含量偏高，早期强度高，碱含量高，混合材料掺加混乱、超掺、品种不明等现象。

1. 水泥混合材料掺加混乱

混凝土生产企业使用最多的水泥是普通硅酸盐水泥(P·O 42.5)，《通用硅酸盐水泥》(GB 175—2023)为了限制水泥中混合材料超掺，规定普通硅酸盐水泥中混合材料的掺量限值不超过 20%，并规定了混合材料的品种。但水泥企业出于经济性考虑，在早强组分或碱激发矿渣组分外加剂作用下，混合材料掺量超过规范规定的范围，混合材料品种更是五花八门，混凝土企业无从知晓成分与矿物组成。如果水泥生产企业能够告知混凝土企业技术人员水泥混合材料的品种及掺量，技术人员通过调整配合比完全可以配制出满足工程要求的混凝土，并不会对工程质量造成不良影响。而实际情况是水泥生产企业不告知水泥中混合材料的品种及掺量，混凝土企业技术人员无法采取针对性措施。

2. 水泥早期强度高

水泥早期强度高，后期强度不增长，甚至出现倒缩现象。水泥和混凝土的唯强度论导致施工企业为缩短拆模周期，提高模板周转率，片面追求高早期强度，使得这一错误观念由施工单位传递到混凝土企业再传递给水泥生产企业。水泥生产企业为了满足工程这一要求，采用添加早强剂、碱激发、磨细等手段来提高水泥早期强度。早期强度偏高的水泥有以下共同点：熟料早期水化速率高；水泥熟料中 $3\mu m$ 以下的颗粒含量高；水泥中石膏的形态和数量没有很好地与熟料矿物成分匹配；水泥中碱含量高。水泥早期强度高，造成水泥早期水化快，水化热集中释放，增加早期收缩、提高减水剂掺量、增加坍落度损失。

3. 水泥早期水化速率快

水泥技术的发展显著提高了熟料的煅烧强度，使得熟料中 C_3S 质量分数超过 60%，水泥熟料水化反应速率增加。粉磨技术的进步以及助磨剂的使用，使得水泥中熟料的比表面积增加，水化速率难以降低。

4. 水泥碱含量高

在环保压力作用下，窑系统粉尘排放量显著减少，使得水泥烧制过程中燃料带入的碱无法排出，几乎全部留在熟料中。

5. 其他

由于天然石膏的短缺，大多数水泥厂家使用脱硫石膏代替天然石膏，导致水泥与外加剂的相容性变差。水泥供应紧张，许多企业生产的水泥陈化时间短，水泥表面温度高，活性大，使用时用水量增加，外加剂用量大，有时混凝土坍落度损失亦增大等。

混凝土企业技术人员在选择水泥时尽量选择性能比较稳定的产品，加强水泥批量检测，对水泥强度稳定性进行统计分析，降低混凝土质量风险。

2.2　粉　煤　灰

2.2.1　混凝土用粉煤灰

1. 粉煤灰的来源

粉煤灰是从热电厂烟囱静电吸尘得到的粉末材料，是混凝土配制过程中使用最早的矿物掺合料，广泛用于房屋建筑、水利水电、机场、港口、码头、公路和铁路桥梁工程。在降低混凝土生产成本、改善混凝土拌和物工作性和提高混凝土耐久性方面发挥了重要的作用。目前市场供应的粉煤灰有干排原状灰、经过选粉机风选的粉煤灰和磨细粉煤灰三大类。粉煤灰加工工艺如图 2-2 所示。

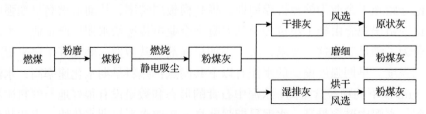

图 2-2　粉煤灰加工工艺

2. 粉煤灰活性激发的原理和方法

在混凝土的配制过程中，粉煤灰的作用主要表现在两个方面，一是增加胶凝材料用量，解决低水泥用量条件下配制大流动性混凝土时改善混凝土拌和物的工作性，二是利用粉煤灰的活性，替代部分水泥，降低混凝土生产成本。在粉煤灰的使用过程中，主要考虑粉煤灰活性对混凝土强度的贡献，粉煤灰的活性通过化学反应和填充效应表现出来。由于干排原状灰活性较低，在使用过程中要通过激发提高其活性，常用的方法有物理激发和化学激发。

1）物理激发

在放大镜下观察，干排原状灰玻璃体结构如同成熟的石榴，外面是一个坚硬的壳体，打破外壳后内部含有大量同样结构的小型玻璃微珠，当这些玻璃微珠破坏后，内部还是结构相类似的细小微珠。在配制混凝土的过程中，粉煤灰进行水化反应时，颗粒越小，比表面积越大，粉煤灰与水分和其他成分的接触面积越大，化学反应越充分，形成的反应产物越多，混凝土中浆体的量越多，混凝土的密实度越高，强度越高。粉煤灰活性的物理激发就是通过粉磨使粉煤灰的颗粒细化，破坏阻碍粉煤灰颗粒表层坚硬密实的玻璃质外壳，增加粉煤灰参与化学反应的面积，有利于 Ca^{2+} 渗透和玻璃体中硅、铝的溶解。从微观角度讲，粉磨能促使粉煤灰颗粒原生晶格发生畸形、破坏，切断网络中的 Si—O 键和 Al—O 键，生成活性高的原子基团和带电荷的断面，提高结构不规则和缺陷程度，反应活性增大。从能量角度讲，粉磨能提高粉煤灰颗粒的化学能，增加其化学不稳定性，使其活性增加。

2) 硫酸盐激发

常用的硫酸盐激发剂有芒硝和石膏，包括二水石膏、半水石膏、硬石膏和煅烧石膏，Na_2SO_4 类激发剂的激发效果优于 $CaSO_4$ 类激发剂，在 $CaSO_4$ 类激发剂中，一般激发效果从高到低为煅烧硬石膏、二水石膏、半水石膏、硬石膏。硫酸盐对粉煤灰活性的激发主要是 SO_4^{2-} 在 Ca^{2+} 的作用下，与溶解于液相的活性 Al_2O_3 反应生成水化硫铝酸钙，即钙矾石，反应式为

$$Al_2O_3(活性) + Ca^{2+} + OH^- + SO_4^{2-} \longrightarrow 3CaO \cdot Al_2O_3 \cdot 3CaSO_4 \cdot 32H_2O$$

部分水化铝酸钙也可与石膏反应生成水化硫铝酸钙，反应式为

$$3CaO \cdot Al_2O_3 \cdot 6H_2O + 3(CaSO_4 \cdot 2H_2O) + 20H_2O \longrightarrow 3CaO \cdot Al_2O_3 \cdot 3CaSO_4 \cdot 32H_2O$$

在化学反应过程中，SO_4^{2-} 也能置换出 C-S-H 凝胶中小部分的 SiO_4^{4+}，置换出的 SiO_4^{4+} 在外层又与 Ca^{2+} 作用生成 C-S-H，促使水化反应进行，而 SiO_4^{4+} 的存在又促进活性 Al_2O_3 的溶出。同时，SO_4^{2-} 还可以吸附于玻璃体表面 Al^{3+} 网络中间体活化点上，发生作用，使 Al—O 和 Si—O 键断裂。而且 SO_4^{2-} 可以少量固溶于 C-S-H 凝胶或被其吸附，从而改变 C-S-H 的透水性，加速 C-S-H 的形成。另外，SO_4^{2-} 生成的 $CaSO_4$ 和钙矾石均有一定的膨胀作用，可以填补水化空间的空隙，使浆体的密实度提高，起到补偿收缩的作用。生产过程中常常选用硫酸钠和石膏对粉煤灰的活性进行复合激发。

3) 碱激发

粉煤灰的主要成分是酸性氧化物，呈弱酸性，因而其活性在碱性环境中最容易被激发。粉煤灰玻璃体的网络结构比较牢固，因此粉煤灰活性激发的关键是如何使 Si—O 和 Al—O 键断裂。在配制混凝土的过程中，在 OH⁻ 的作用下，粉煤灰

颗粒表面的 Si—O 和 Al—O 键断裂。Si-O-Al 网络聚合体的聚合度降低，表面形成游离的不饱和活性键，容易与 $Ca(OH)_2$ 反应生成水化硅酸钙和水化硅酸铝等胶凝性产物。OH^- 浓度越大，其对 Si—O 和 Al—O 键的破坏作用就越强，从过饱和溶液中析出的细小 $Ca(OH)_2$ 晶体可以吸收一部分水化凝胶，形成粉煤灰颗粒外部的水化产物，从而减小了粉煤灰颗粒的水化包裹层厚度，有利于 Ca^{2+} 向内层扩散和粉煤灰颗粒内部水化反应的进行。生产过程中常常选用火碱、水玻璃、熟石灰对粉煤灰的活性进行激发。

4）复合激发

铝硅酸盐玻璃体在碱性环境中才能表现出活性。采用碱激发和硫酸盐激发的复合激发方法，可以促使粉煤灰玻璃体解聚，腐蚀粉煤灰颗粒表面，促使 Si—O 和 Al—O 键断裂以及颗粒表面的蜂窝化，从而提高粉煤灰与 $Ca(OH)_2$ 的水化进程。生产过程中常常根据反应比例选用熟石灰（$Ca(OH)_2$，碱激发）和芒硝（$Na_2SO_4·10H_2O$，硫酸盐激发）对粉煤灰的活性进行复合激发。

3. 粉煤灰的技术指标

粉煤灰是混凝土配制过程中使用最普遍的一种矿物掺合料，《用于水泥和混凝土中的粉煤灰》（GB/T 1596—2017）对粉煤灰技术指标进行了说明。拌制砂浆和混凝土用粉煤灰应符合表 2-11 的要求，水泥活性混合材料用粉煤灰应符合表 2-12 的要求。

表 2-11　拌制砂浆和混凝土用粉煤灰理化性能要求

技术指标		理化性能要求		
		Ⅰ级	Ⅱ级	Ⅲ级
细度（45μm 方孔筛筛余）/%	F 类粉煤灰	≤ 12.0	≤ 30.0	≤ 45.0
	C 类粉煤灰			
需水量比/%	F 类粉煤灰	≤ 95	≤ 105	≤ 115
	C 类粉煤灰			
烧失量/%	F 类粉煤灰	≤ 5.0	≤ 8.0	≤ 10.0
	C 类粉煤灰			
含水量/%	F 类粉煤灰	≤ 1.0		
	C 类粉煤灰			
SO_3 质量分数/%	F 类粉煤灰	≤ 3.0		
	C 类粉煤灰			
游离氧化钙质量分数/%	F 类粉煤灰	≤ 1.0		
	C 类粉煤灰	≤ 4.0		

技术指标		理化性能要求		
		Ⅰ级	Ⅱ级	Ⅲ级
SiO_2、Al_2O_3 和 Fe_2O_3 总质量分数/%	F 类粉煤灰		≥70.0	
	C 类粉煤灰		＞50.0	
密度/(g/cm^3)	F 类粉煤灰		≤2.6	
	C 类粉煤灰			
安定性(雷氏法)/mm	C 类粉煤灰		≤5.0	
强度活性指数/%	F 类粉煤灰		≥70.0	
	C 类粉煤灰			

表 2-12　水泥活性混合材料用粉煤灰理化性能要求

技术指标		理化性能要求
烧失量/%	F 类粉煤灰	≤8.0
	C 类粉煤灰	
含水量/%	F 类粉煤灰	≤1.0
	C 类粉煤灰	
SO_3 质量分数/%	F 类粉煤灰	≤3.5
	C 类粉煤灰	
游离氧化钙质量分数/%	F 类粉煤灰	≤1.0
	C 类粉煤灰	≤4.0
SiO_2、Al_2O_3 和 Fe_2O_3 总质量分数/%	F 类粉煤灰	≥70.0
	C 类粉煤灰	≥50.0
密度/(g/cm^3)	F 类粉煤灰	≤2.6
	C 类粉煤灰	
安定性(雷氏法)/mm	C 类粉煤灰	≤5.0
强度活性指数/%	F 类粉煤灰	≥70.0
	C 类粉煤灰	

2.2.2　粉煤灰的技术参数

粉煤灰在混凝土中对强度的贡献主要来自化学反应和填充效应。国家标准提供了粉煤灰活性指数的检测和计算方法，本书在国家标准基础上提出了粉煤灰活性系数和取代系数的概念及计算方法，方便大家在配合比设计的过程中实现水泥和粉煤灰之间的等活性换算。根据粉煤灰的粗细程度和需水量大小，国家标准将粉煤灰分为Ⅰ级、Ⅱ级和Ⅲ级，为了科学合理地利用粉煤灰，本书以粉煤灰的表观密度和比表面积作为计算基准，提出了粉煤灰填充系数的计算公式，方便大家在配合比设计过程中实现不考虑化学反应时水泥和粉煤灰之间的等填充换算。

1. 粉煤灰必须检测的技术指标

1) 对比强度及活性指数

粉煤灰有一定的化学反应活性，可以为混凝土提供一定的强度，特别是在养护条件良好的情况下，混凝土后期强度会快速增长，三个月后的强度甚至超过对应掺量水泥的强度。准确检测粉煤灰对比强度，计算活性指数和活性系数，是合理利用粉煤灰配制混凝土的关键。根据活性指数，国家标准将粉煤灰分为 S75、S95 和 S105 三级。

2) 表观密度

为了计算粉煤灰在混凝土中所占的体积，一旦粉煤灰用量确定，就需要知道其表观密度，因此在混凝土配制及生产应用过程中必须检测粉煤灰的表观密度；同时在配制高强混凝土的过程中计算填充系数时也需要知道超细粉煤灰的表观密度，因此表观密度是粉煤灰使用过程中必检的一项技术指标。由于热电厂使用的煤的品质不同，粉煤灰的表观密度差别很大，最低只有 1600kg/m^3，最高达 2700kg/m^3。

3) 比表面积

对于常用的Ⅰ级、Ⅱ级和Ⅲ级粉煤灰，不需要考虑比表面积，应该根据反应活性使用。为了降低水化热，在配制高强高性能混凝土的过程中经常用到超细粉磨的粉煤灰，利用粉煤灰的填充效应，这时就需要考虑粉煤灰的比表面积。为了确保配制的高强高性能混凝土具有良好的工作性、较高的强度以及好的耐久性，国家标准规定用于高强高性能混凝土的磨细粉煤灰的比表面积分为 600m^2/kg、800m^2/kg 和 1000m^2/kg 三级。

4) 需水量比

需水量比是粉煤灰在搅拌过程中达到对比水泥相同的流动状态时所需水分和水泥使用的水分的比值。影响粉煤灰需水量比的最主要因素是粉煤灰中的玻璃体矿物成分，其次是粉煤灰的比表面积。需水量比是影响粉煤灰性能的一项重要指标，其值越小越好。目前市场销售的粉煤灰需水量比差异很大，最低可以达到 85%，最高可以达到 130%。

5) SO$_3$ 含量

SO$_3$ 是影响水泥凝结时间的因素，当混凝土配制过程中大量使用矿渣粉时，由于复合胶凝材料本质上是一种复合水泥，而矿渣粉中不含有石膏，复合水泥由于缺少石膏会出现急凝和假凝现象，粉煤灰中含有的 SO_3 可以起到补充石膏的作用，对混凝土非常有利。但是由于电厂脱硫过程中设备的原因，经常会有部分脱硫石膏或者硫酸二铵混进粉煤灰中。粉煤灰中 SO_3 含量偏高会引起大掺量粉煤灰混凝土出现糖心现象，混凝土表层凝固并且出现大量裂缝，而混凝土内部又出现长时间不凝固的现象，因此严格控制粉煤灰中 SO_3 的含量，可以有效预防混凝土糖心现象。使用含有硫酸二铵的粉煤灰，在混凝土搅拌过程中会释放大量刺鼻的气体，严重影响工作人员的身体健康；用于现场施工，在完成二次抹面后经常在混凝土表面出现鼓包和膨胀开裂现象，因此严格控制粉煤灰中的硫酸二铵含量可以有效预防混凝土搅拌过程中氨气的释放以及二次收面后的鼓包开裂现象。

2. 粉煤灰填充系数的计算

粉煤灰的填充效应是指粉煤灰的微细颗粒均匀分布于水泥浆体的基相中，增加混凝土浆体的密实度，改善混凝土的性能，提高混凝土的强度。粉煤灰的表观密度与比表面积的乘积除以对比试验用水泥的表观密度与比表面积的乘积所得的商开二次方所得数值即粉煤灰的填充系数，计算公式为

$$u_F = \sqrt{\frac{\rho_F S_F}{\rho_C S_C}} \tag{2-6}$$

式中，u_F 为粉煤灰的填充系数；ρ_F 为粉煤灰的表观密度，kg/m^3；S_F 为粉煤灰的比表面积，m^2/kg。

填充系数的物理意义为 1kg 粉煤灰的填充效应产生的强度相当于 u_F kg 水泥产生的强度。

3. 粉煤灰活性指数的计算

1) 强度检测

测定试验胶砂和对比胶砂的抗压强度，以二者抗压强度之比确定粉煤灰试样的活性指数。试验胶砂和对比胶砂材料用量见表 2-13。

表 2-13 试验胶砂和对比胶砂材料用量（粉煤灰）

胶砂种类	水泥/g	粉煤灰/g	标准砂/g	水/mL	28d 抗压强度/MPa
对比胶砂	450	—	1350	225	50
试验胶砂	315	135	1350	225	45

2) 活性指数计算

粉煤灰活性指数按式(2-7)计算：

$$H_{28} = \frac{R_F}{R_0} \times 100\% \tag{2-7}$$

式中，H_{28} 为粉煤灰 28d 的活性指数，%；R_F 为掺粉煤灰试验胶砂 28d 抗压强度，MPa；R_0 为水泥对比胶砂 28d 抗压强度；MPa。

4. 粉煤灰活性系数的计算

粉煤灰活性系数的物理意义是 1kg 粉煤灰产生的强度折算成水泥的用量，在配合比设计过程中主要用来计算一定量的水泥需要多少粉煤灰才能产生同样的强度。

1）根据对比强度计算活性系数

根据对比胶砂可知，450g 水泥提供的强度 R_0 为 50MPa，则 315g 水泥提供的强度为 $0.7R_0$=35MPa，135g 水泥提供的强度为 $0.3R_0$=15MPa，那么掺粉煤灰的试验胶砂提供的强度包括 315g 水泥提供的强度（即 $0.7R_0$=35MPa）与 135g 粉煤灰提供的强度（即 R_F–$0.7R_0$=10MPa）。因此，粉煤灰的活性系数计算公式为

$$\alpha_F = \frac{R_F - 0.7R_0}{0.3R_0} \tag{2-8}$$

式中，α_F 为粉煤灰的活性系数；R_F 为掺粉煤灰试验胶砂 28d 抗压强度，MPa；R_0 为水泥对比胶砂 28d 抗压强度，MPa。

2）根据活性指数计算活性系数

$$\alpha_F = \frac{H_{28} - 70}{30} \tag{2-9}$$

5. 粉煤灰取代系数的计算

粉煤灰取代系数的物理意义是 1kg 水泥产生的强度折算成粉煤灰的用量，在配合比设计过程中主要也是用来计算粉煤灰取代水泥的用量，考虑的重点是调整胶凝材料用量。

粉煤灰的取代系数用 δ_F 表示，其数值为活性系数的倒数，即

$$\delta_F = \frac{30}{H_{28} - 70} \tag{2-10}$$

代入以上数据可得本例中粉煤灰的活性系数 α_F=0.67，粉煤灰的取代系数 δ_F=1.49。在混凝土配合比设计过程中可以用 1kg 粉煤灰取代 0.67kg 与对比试验相同

的水泥，或者用 1.49kg 粉煤灰取代 1kg 与对比试验相同的水泥。这种设计思路在水泥和粉煤灰用量的计算方面实现了适量取代，比传统观念中粉煤灰等量取代和超量取代的观念更加科学，准确合理地使用了粉煤灰。

粉煤灰活性等级、活性指数、活性系数与取代系数的对照见表 2-14。

表 2-14　粉煤灰活性等级、活性指数、活性系数与取代系数的对照

技术指标	S75		S95		S105	
活性指数/%	75	90	96	103	106	113
活性系数	0.17	0.67	0.87	1.10	1.20	1.43
取代系数	6	1.5	1.15	0.91	0.83	0.70

2.2.3　市场销售粉煤灰存在的问题

虽然粉煤灰是一种被广泛使用的矿物掺合料，但目前市场上品质优良且稳定的 I 级原状灰并不多见，II 级灰也时常出现各种质量问题，常见的有假粉煤灰、脱硫灰、脱硝灰、浮黑灰等。

1. 假粉煤灰

随着粉煤灰的广泛应用，引起季节性供应紧张，常常会遇到假粉煤灰。假粉煤灰有两种，一种是质量造假，以次充好；另一种是成分造假，即一些供应商将石灰石、煤矸石、炉渣等材料粉磨掺入粉煤灰中或直接冒充粉煤灰销售。这种假粉煤灰由于成分复杂，对混凝土质量的影响很难评估。对于假粉煤灰的分辨，有时很难依据标准进行检测，有经验的混凝土企业根据实践情况总结了一些方法，如利用显微镜观察颗粒形状、颜色，配合烧失量、需水量比及活性等进行判断。

2. 脱硫灰、脱硝灰

电厂采用脱硫、脱硝方法减少废气排放，脱硫、脱硝工艺的残留物遗留在粉煤灰表面或混杂在粉煤灰中，引起掺加粉煤灰的混凝土拌和物中含有刺激性氨味、气泡增多、含气量增加、体积膨胀、混凝土缓凝等一系列问题。关于脱硫灰、脱硝灰的使用方法以及其对混凝土耐久性的影响，相关规范缺乏相应的指导。

脱硫灰中的残留物多以硫酸盐和亚硫酸盐的形式存在，有时游离氧化钙含量偏高，加水搅拌后，滴加酚酞试剂呈现红色。使用时应注意脱硫灰中的硫酸盐和亚硫酸盐对外加剂的影响，同时观察混凝土的凝结时间是否有缓凝现象。脱硫灰中游离氧化钙含量超标容易引起混凝土膨胀、开裂。

脱硝灰中的残留物主要是铵盐，如 NH_4HCO_3 和 $(NH_4)_2SO_4$，这两种物质溶于

水，在碱性环境下产生刺鼻的气味（NH_3）。脱硫灰中铵盐含量小时，产生的 NH_3 在混凝土施工过程中可以释放完全，对混凝土影响不大。但当铵盐残留较大时，产生的 NH_3 不能完全释放，混凝土硬化后表面有黄斑和泡眼，且有可能影响后期强度。

3. 浮黑灰

有些电厂在燃煤时添加助燃油脂以提高燃煤效率，添加的油脂如果燃烧不完全，将会残留在粉煤灰中，严重时会使粉煤灰颜色发黑，甚至可以闻到异味。使用这种粉煤灰生产混凝土时，黑色油状物会漂浮在拌和物表面，混凝土技术人员把这种粉煤灰称为浮黑灰。实践中，可以取适量的粉煤灰放进水中快速搅拌，看水面上是否浮有黑色油状物来判定是否是浮黑灰。如果混凝土企业误进浮黑灰，当被迫使用时，应尽量防止泌水，减少黑色物质上浮。

2.3 矿 渣 粉

2.3.1 混凝土用矿渣粉

1. 矿渣粉的来源

矿渣粉是利用冶炼钢铁产生的矿渣磨细制成的活性粉末材料，在水泥和混凝土生产中大量使用。粒径大于 $45\mu m$ 的矿渣颗粒很难参与水化反应，国家标准要求用于水泥和混凝土的矿渣粉比表面积大于 $400m^2/kg$，就可以充分地发挥反应活性。比表面积为 $600\sim1000m^2/kg$ 的矿渣粉具有很好的填充活性，可以大量用于配制高强混凝土，已经广泛使用于房屋建筑、水利水电、机场、港口、码头、公路和铁路桥梁工程，在降低企业生产成本、改善混凝土拌和物工作性和提高混凝土耐久性方面发挥了重要的作用。矿渣粉的加工工艺如图 2-3 所示。

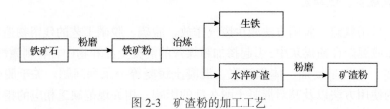

图 2-3　矿渣粉的加工工艺

2. 矿渣粉活性激发的原理

在混凝土的配制过程中，矿渣粉的作用主要表现在能够部分替代水泥，降低混凝土生产成本，降低胶凝材料水化放热，改善混凝土性能。在使用矿渣粉的过程中，主要考虑矿渣粉对混凝土强度的贡献，在检测过程中表现为矿渣粉的活性。矿渣粉的活性通过化学反应和填充效应表现出来，为了充分发挥矿渣粉的潜力，在使用过程中要通过激发提高矿渣粉的活性，常用的方法有物理激发和化学激发。

1) 物理激发

矿渣本身活性较差，与水仅能发生微弱的化学反应，矿渣活性的物理激发就是将矿渣通过磨机粉磨至一定比表面积，通过增加矿渣粉水化反应发生的接触面积，减小水化反应时传质过程的扩散距离，从而提高水化活性。矿渣粉比表面积越大，水化活性越高，对混凝土的强度贡献越大。综合考虑粉磨能耗和使用效果，矿渣粉的比表面积大多控制在 $400m^2/kg$，在配制高强高性能混凝土时，为了充分利用矿渣粉的填充效应，矿渣粉的比表面积控制在 $600m^2/kg$、$800m^2/kg$ 和 $1000m^2/kg$。矿渣粉常用的粉磨设备是立磨机和球磨机。

2) 硫酸盐激发

矿渣粉活性的硫酸盐激发常用的激发剂有硫酸钠和硫酸钙，硫酸钠的激发效果优于硫酸钙。硫酸盐对矿渣粉活性的激发主要是 SO_4^{2-} 在 Ca^{2+} 的作用下与溶解于液相的活性 Al_2O_3 反应生成水化硫铝酸钙，即钙矾石。由于钙矾石具有一定的膨胀作用，可以填充水泥水化空间的空隙，使浆体更加致密，混凝土的强度提高。生产过程中常常选用硫酸钠和石膏对矿渣粉的活性进行激发。

3) 碱金属激发

矿渣粉活性的碱金属激发常用 Na^+ 和 K^+，实际使用的以 Na^+ 为主。矿渣粉玻璃体的网络结构比较牢固，阻碍了矿渣与其他成分的反应，由于碱金属离子极性强，在水溶液中能够快速扩散，使矿渣粉颗粒表面的 Si—O 和 Al—O 键断裂，Si-O-Al 网络聚合体的聚合度降低，表面形成游离的不饱和活性键，容易与 $Ca(OH)_2$ 反应生成水化硅酸钙和水化硅酸铝等胶凝性产物，提高混凝土强度。生产过程中常常选用芒硝、纯碱、火碱和水玻璃对矿渣粉的活性进行激发。

3. 矿渣粉的主要技术指标

矿渣粉是目前混凝土配制过程中活性最稳定的矿物掺合料，《用于水泥、砂浆和混凝土中的粒化高炉矿渣粉》(GB/T 18046—2017) 对矿渣粉技术指标进行了说明，应符合表 2-15 的要求。

2.3.2　矿渣粉的技术参数

矿渣粉在混凝土中对强度的贡献主要来自化学反应和填充效应。国家标准提供了矿渣粉活性指数的检测和计算方法，本书在国家标准基础上提出了矿渣粉活性系数和取代系数的概念及计算方法，方便大家在配合比设计的过程中实现水泥

表 2-15　矿渣粉的技术指标

技术指标		S105	S95	S75
密度/(g/cm³)		≥ 2.8		
比表面积/(m²/kg)		＞ 500	＞ 400	＞ 300
活性指数/%	7d	＞ 95	＞ 70	＞ 55
	28d	＞ 105	＞ 95	＞ 75
流动度比/%		≥ 95		
初凝时间比/%		≤ 200		
含水量/%		≤ 1.0		
SO₃ 质量分数/%		≤ 4.0		
氯离子质量分数/%		≤ 0.06		
烧失量/%		≤ 1.0		
不溶物质量分数/%		≤ 3.0		
玻璃体质量分数/%		≥ 85		
放射性		$I_{ra} ≤ 1.0$ 且 $I_r < 1.0$		

和矿渣粉之间的等活性换算。本书以矿渣粉的表观密度和比表面积作为计算基准，提出了矿渣粉填充系数的计算公式，方便大家在配合比设计过程中实现不考虑化学反应时水泥和矿渣粉之间的等填充换算。

1. 矿渣粉必须检测的技术指标

1) 对比强度及活性指数

磨细矿渣粉有很好的化学反应活性，在水化后能够为混凝土提供一定的强度，在充分养护的条件下，混凝土早期强度会快速增长，掺 30%矿渣粉代替水泥配制的混凝土强度超过纯水泥配制的混凝土强度。准确检测矿渣粉对比强度，计算活性指数和活性系数，是合理利用矿渣粉配制混凝土的关键。根据活性指数，国家标准将矿渣粉分为 S75、S95 和 S105 三级。

2) 表观密度

为了计算矿渣粉在混凝土中所占的体积，一旦矿渣粉用量确定，就需要知道其表观密度，因此在混凝土配制及生产应用过程中必须检测矿渣粉的表观密度；同时在配制高强混凝土的过程中计算填充系数时也需要知道超细矿渣粉的表观密度，因此表观密度是矿渣粉使用过程中必检的一个参数。由于炼铁的工艺非常稳定，超细矿渣粉的表观密度相对稳定，最低为 2700kg/m³，最高达 2950kg/m³。

3）比表面积

在配制高性能混凝土的过程中，为了充分利用超细矿渣粉的填充效应，准确计算矿渣粉的用量，就需要计算超细矿渣粉的填充系数，而填充系数与矿渣粉的表观密度和比表面积有关，因此需要准确检测矿渣粉的比表面积。目前预拌混凝土企业使用的矿渣粉比表面积大多控制在 $400m^2/kg$，而用于高强高性能混凝土的矿渣粉的比表面积分为 $600m^2/kg$、$800m^2/kg$ 和 $1000m^2/kg$ 三级。

4）流动度比

流动度比是矿渣粉在搅拌过程中达到与水泥相同的流动状态时所需水分与水泥使用的水分的比值。影响矿渣粉流动度比的最主要因素是矿渣粉的矿物成分，其次是矿渣粉的比表面积。流动度比是影响矿渣粉性能的一项重要参数，一般情况下，矿渣粉的流动度比越小越好，常用矿渣粉流动度比介于85%～120%。

2. 矿渣粉填充系数的计算

矿渣粉的填充效应是指超细矿渣粉的微细颗粒均匀分布于水泥的浆体之中，增加混凝土的密实度，改善混凝土的性能，提高混凝土的强度。矿渣粉的表观密度与比表面积的乘积除以对比试验用水泥的表观密度与比表面积的乘积所得的商开二次方所得数值即矿渣粉的填充系数，计算公式为

$$u_K = \sqrt{\frac{\rho_K S_K}{\rho_C S_C}} \tag{2-11}$$

式中，u_K 为矿渣粉的填充系数；ρ_K 为矿渣粉的表观密度，kg/m^3；S_K 为矿渣粉的比表面积，m^2/kg。

填充系数的物理意义为 1kg 矿渣粉的填充效应产生的强度相当于 u_K kg 水泥产生的强度。

3. 矿渣粉活性指数的计算

1）强度检测

测定试验胶砂和对比胶砂的抗压强度，以二者抗压强度之比确定矿渣粉试样的活性指数。试验胶砂和对比胶砂材料用量见表2-16。

表 2-16 试验胶砂和对比胶砂材料用量（矿渣粉）

胶砂种类	水泥/g	矿渣粉/g	标准砂/g	水/mL	28d 抗压强度/MPa
对比胶砂	450	—	1350	225	50
试验胶砂	225	225	1350	225	45

2）活性指数计算

矿渣粉活性指数按式(2-12)计算：

$$A_{28} = \frac{R_K}{R_0} \times 100\% \tag{2-12}$$

式中，A_{28} 为矿渣粉 28d 的活性指数，%；R_K 为掺矿渣粉试验胶砂 28d 抗压强度，MPa；R_0 为水泥对比胶砂 28d 抗压强度，MPa。

4. 矿渣粉活性系数的计算

矿渣粉活性系数的物理意义是 1kg 矿渣粉产生的强度折算成水泥的用量，在配合比设计过程中主要用来计算一定量的水泥需要多少矿渣粉才能产生同样的强度。

1）根据对比强度计算活性系数

根据对比胶砂可知，450g 水泥提供的强度 R_0 为 50MPa，则 225g 水泥提供的强度为 $0.5R_0$=25MPa，那么试验胶砂提供的强度包括 225g 水泥提供的强度（即 $0.5R_0$=25MPa）与 225g 矿渣粉提供的强度（即 R_K–$0.5R_0$=20MPa）。因此，矿渣粉的活性系数由式(2-13)求得：

$$\alpha_K = \frac{R_K - 0.5R_0}{0.5R_0} \tag{2-13}$$

式中，α_K 为矿渣粉的活性系数；R_K 为掺矿渣粉试验胶砂 28d 抗压强度，MPa；R_0 为水泥对比砂浆 28d 抗压强度，MPa。

2）根据活性指数计算活性系数

$$\alpha_K = \frac{A_{28} - 50}{50} \tag{2-14}$$

5. 矿渣粉取代系数的计算

矿渣粉取代系数的物理意义是 1kg 水泥产生的强度折算成矿渣粉的用量。在配合比设计过程中主要也是用来计算矿渣粉取代水泥的用量，考虑的重点是调整胶凝材料用量。

矿渣粉的取代系数用 δ_K 表示，其数值为活性系数的倒数，即

$$\delta_K = \frac{50}{A_{28} - 50} \tag{2-15}$$

代入数据可得本例中矿渣粉的活性系数 α_K=0.8，矿渣粉的取代系数 δ_K=1.25。在混凝土配合比设计过程中可以用 1kg 矿渣粉取代 0.8kg 与对比试验相同的水泥，

或者用 1.25kg 矿渣粉取代 1kg 与对比试验相同的水泥。这种设计思路在水泥和矿渣粉用量的计算方面实现了适量取代，比传统观念中矿渣粉等量取代和超量取代水泥的观念更加科学，准确合理地使用了矿渣粉。

表 2-17 给出了矿渣粉活性等级、活性指数、活性系数与取代系数的对应关系。

表 2-17　矿渣粉活性等级、活性指数、活性系数与取代系数的对照

技术指标	S75		S95		S105	
活性指数/%	75	90	96	103	106	113
活性系数	0.5	0.8	0.92	1.06	1.12	1.26
取代系数	2.0	1.25	1.09	0.94	0.89	0.79

2.4　硅　　灰

2.4.1　混凝土用硅灰

1. 硅灰的来源

硅灰是冶炼硅铁合金或工业硅时通过烟道排出的硅蒸气被氧化并冷收尘而得。市场上的硅灰有原状硅灰和加密硅灰两种。原状硅灰是通过收尘器直接收集得到的产品，松散表观密度为 $150\sim200kg/m^3$，一般采用袋装运输。由于表观密度很小，长途运输效率较低，使用时多采用人工直接破袋将硅粉倒入混凝土搅拌机，工作环境粉尘大，工作效率低。加密硅灰是为解决原状硅灰不宜长途运输及工作效率低的问题，使原状硅灰在压缩空气流的作用下滚动聚集成小的颗粒料团，从而将硅灰的松散表观密度提高到 $500\sim700kg/m^3$，大大方便了使用，加密硅灰小颗粒料团的颗粒凝聚力较弱，在搅拌过程中非常容易散开，硅灰颗粒在骨料投料后投入搅拌机，以保证加密微硅颗粒团散开和良好地分散。由于硅灰具有很好的填充活性，配制的高强高性能混凝土已经广泛使用于大型体育建筑、水利水电工程、机场、港口、码头、公路和铁路桥梁工程。硅灰加工工艺如图 2-4 所示。

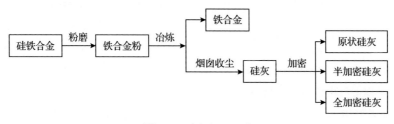

图 2-4　硅灰加工工艺

2. 硅灰的增强机理

在高强高性能混凝土的配制过程中，硅灰被广泛使用，它的主要作用是填充水泥水化形成的空隙，增加胶凝材料浆体的密实度，最终提高混凝土强度。硅灰对混凝土强度的贡献主要通过化学反应和填充效应实现。

1) 化学反应

硅灰的平均粒径为 0.1μm，仅为水泥平均粒径的 1%，在配制混凝土的过程中，水分的加入能够使硅灰的表面被水分充分润湿，其中的活性二氧化硅与水泥中的氧化钙充分接触，化学反应形成水化硅酸钙凝胶，形成的水化产物交织于水泥凝胶空隙中，使胶凝材料浆体更致密，从而提高混凝土的强度。

2) 填充效应

硅灰的填充效应就是在不考虑化学反应的条件下将超细的硅灰填充到水泥水化产物的空隙中，通过提高密实度增加混凝土强度。填充效应与粒径和比表面积有关，用填充系数表示。国家标准要求用于配制高强高性能混凝土的硅灰分为两级，合格级要求比表面积大于 $15000m^2/kg$，优等级要求比表面积大于 $18000m^2/kg$。

3. 硅灰的主要技术指标

硅灰是配制高强高性能混凝土广泛使用的超细矿物掺合料，国家标准《砂浆和混凝土用硅灰》(GB/T 27690—2023)对硅灰技术指标进行了说明，应符合表 2-18 的要求。

表 2-18　硅灰的技术指标

技术指标		SF85	SF90
SiO_2 质量分数/%		≥85.0	≥90.0
含水率/%		≤3.0	≤2.0
烧失量/%		≤6.0	≤3.0
细度	45μm 方孔筛筛余/%	≤8.0	≤5.0
	比表面积/(m^2/kg)	＞15000	＞18000
需水量比/%		≤125	
活性指数/%		≥105	
放射性		$I_{ra} ≤ 1.0$ 和 $I_r ≤ 1.0$	
抑制碱骨料反应性(14d 膨胀率降低值)		＞35	
抗氯离子渗透性(28d 电通量之比)		＜40	

注：抑制碱骨料反应性(14d 膨胀率降低值)和抗氯离子渗透性(28d 电通量之比)为选择性试验项目，由供需双方协商决定。

2.4.2 硅灰的技术参数

硅灰在混凝土中对强度的贡献主要来自填充效应。国家标准提供了硅灰活性指数的检测和计算方法，本书在国家标准基础上提出了硅灰活性系数的概念及计算方法，方便大家在配合比设计的过程中实现水泥和硅灰之间的等活性换算。本书以硅灰的表观密度和比表面积作为计算基准，提出了硅灰填充因子的计算公式，方便大家在配合比设计过程中实现不考虑化学反应时水泥和硅灰之间的等填充换算。

1. 硅灰必须检测的技术指标

1) 对比强度及活性指数

硅灰含有高纯度的二氧化硅，因此具有很好的化学反应活性，在水化后能够为混凝土提供非常高的强度，在充分养护的条件下，混凝土早期强度会快速增长，掺10%硅灰代替水泥配制的混凝土强度超过纯水泥配制的混凝土强度。准确检测硅灰对比强度，计算活性指数和活性系数，是合理利用硅灰配制混凝土的关键。

2) 表观密度

为了计算硅灰在混凝土中所占的体积，一旦硅灰用量确定，就需要知道其表观密度，因此在混凝土配制及生产应用过程中必须检测硅灰的表观密度；同时在配制高强混凝土的过程中计算填充系数时也需要知道超细硅灰的表观密度，因此表观密度是硅灰使用过程中必检的一项技术指标。超细硅灰的表观密度很小，给使用和运输带来很多麻烦，为了提高运输效率，目前市场上供应的硅灰分为纯硅灰、半加密硅灰和全加密硅灰三种。纯硅灰是从铁合金厂烟囱收集而来的，表观密度小，比表面积大，用于混凝土填充的效果好，配制混凝土时用量低，配制的混凝土强度高。半加密硅灰是在硅粉中加入一半体积的石灰石粉，使硅灰和石灰石粉混合形成表观密度为 $250\sim350kg/m^3$ 的产品。全加密硅灰是在硅灰中加入大量的石灰石粉，使硅灰和石灰石粉混合形成表观密度为 $550\sim700kg/m^3$ 的产品。

3) 比表面积

在配制高强高性能混凝土的过程中，为了充分利用超细硅灰的填充效应，准确计算硅灰的用量，就需要计算超细硅灰的填充系数，由于填充系数与硅灰的表观密度和比表面积有关，需要准确检测硅灰的比表面积。目前高强高性能混凝土使用的纯硅灰比表面积大多控制在 $15000m^2/kg$ 以上，而企业使用的半加密硅灰比表面积只有 $14000m^2/kg$，全加密硅灰比表面积只有 $12000m^2/kg$。

4) 需水量比

需水量比是硅灰在搅拌过程中达到与水泥相同的流动状态时所需水分与水泥使用的水分的比值。影响硅灰需水量比的最主要因素是硅灰的矿物成分，其次是硅灰的细度。需水量比是影响硅灰性能的一项重要指标，其值越小越好。目前市场销售的硅灰需水量比差异很大，纯硅灰的需水量比在 120%左右，半加密硅灰的需水量比在 100%左右，全加密硅灰的需水量比在 95%左右。

2. 硅灰填充系数的计算

作为超细矿物掺合料，硅灰的平均粒径为 0.1μm，仅为水泥平均粒径的 1%，主要用来配制高强高性能混凝土，掺入水泥混凝土后能很好地填充于水泥颗粒空隙中，使浆体更致密。硅灰的填充系数可以用式(2-16)计算：

$$u_{\mathrm{Si}} = \sqrt{\frac{\rho_{\mathrm{Si}} S_{\mathrm{Si}}}{\rho_{\mathrm{C}} S_{\mathrm{C}}}} \tag{2-16}$$

式中，u_{Si} 为硅灰的填充系数；ρ_{Si} 为硅灰的表观密度，kg/m^3；S_{Si} 为硅灰的比表面积，m^2/kg。

在混凝土配合比设计过程中可以用 1kg 硅粉取代 u_{Si} kg 对比试验的水泥，充分利用了硅灰的填充功能，实现硅灰的准确合理利用。

3. 硅灰活性指数的计算

1)强度检测

测定试验胶砂和对比胶砂的抗压强度，以二者抗压强度之比确定硅灰试样的活性指数。试验胶砂和对比胶砂材料用量见表 2-19。

表 2-19　试验胶砂和对比胶砂材料用量(硅灰)

胶砂种类	水泥/g	硅灰/g	标准砂/g	水/mL	28d 抗压强度/MPa
对比胶砂	450	—	1350	225	50
试验胶砂	405	45	1350	225	75

2)活性指数计算

硅灰活性指数按式(2-17)计算：

$$A_{28} = \frac{R_{\mathrm{Si}}}{R_0} \times 100\% \tag{2-17}$$

式中，A_{28} 为硅灰 28d 的活性指数，%；R_{Si} 为掺硅灰试验胶砂 28d 抗压强度，MPa；R_0 为水泥对比胶砂 28d 抗压强度，MPa。

4. 硅灰活性系数的计算

1)根据对比强度计算活性系数

根据对比胶砂可知，450g 水泥提供的强度 R_0 为 50MPa，则 405g 水泥提供的

强度为 $0.9R_0$=45MPa，45g 水泥提供的强度为 $0.1R_0$=5MPa，那么试验胶砂提供的强度包括 405g 水泥提供的强度(即 $0.9R_0$=45MPa)与 45g 硅灰提供的强度(即 R_{Si}-$0.9R_0$=30MPa)。因此，硅灰的活性系数由式(2-18)求得：

$$\alpha_{Si} = \frac{R_{Si} - 0.9R_0}{0.1R_0} \tag{2-18}$$

式中，α_{Si} 为硅灰的活性系数；R_{Si} 为掺硅灰试验胶砂 28d 抗压强度，MPa；R_0 为水泥对比胶砂 28d 抗压强度，MPa。

2)根据活性指数计算活性系数

$$\alpha_{Si} = \frac{A_{28} - 90}{10} \tag{2-19}$$

5. 硅灰取代系数的计算

硅灰的取代系数用 δ_{Si} 表示，其数值为活性系数的倒数，即

$$\delta_{Si} = \frac{10}{A_{28} - 90} \tag{2-20}$$

代入数据可得本例中硅灰的活性系数 α_{Si}=6，硅灰的取代系数 δ_{Si} = 0.17。在混凝土配合比设计过程中可以用 1kg 硅灰取代 6kg 与对比试验相同的水泥，或者用 0.17kg 硅灰取代 1kg 与对比试验相同的水泥。这种设计思路在水泥和硅灰用量的计算方面实现了适量取代，准确合理地使用了硅灰。

表 2-20 给出了硅灰填充系数与取代系数的对应关系。

表 2-20 硅灰填充系数与取代系数的对照

技术指标	数值					
比表面积/(m²/kg)	10000	12000	15000	18000	20000	22000
填充系数	4.8	5.2	5.8	6.4	6.7	7.1
取代系数	0.21	0.19	0.17	0.16	0.15	0.14

2.5 石灰石粉

2.5.1 混凝土用石灰石粉

1. 石灰石粉的来源

石灰石粉是将石灰石粉碎磨细到一定细度得到的粉体或者石灰石机制砂生产

过程中产生的收尘粉，为天然的碳酸钙，一般含纯钙 35% 以上，是补充钙最廉价、最方便的矿物质原料。

2. 石灰石粉活性激发的原理

在混凝土的配制过程中，石灰石粉的作用是通过填充效应和化学反应部分替代水泥，降低混凝土生产成本，降低胶凝材料水化放热，改善混凝土性能。在使用石灰石粉的过程中，主要考虑石灰石粉对混凝土强度的贡献，在检测过程中表现为石灰石粉的活性。为了充分发挥石灰石粉的潜力，在使用过程中要通过激发提高石灰石粉的活性，技术原理如下。

1) 超细增强机理

石灰石粉是一种天然的矿物掺合料，主要成分是碳酸钙，本身活性较弱，与水仅能发生微弱的化学反应，石灰石粉活性的超细增强机理就是将石灰石在磨机中粉磨至一定细度，通过增加石灰石粉在水泥水化产物的分散填充提高胶凝材料浆体的致密程度，从而提高混凝土的强度。石灰石粉常用的粉磨设备是立磨机和球磨机。

2) 化学激发

石灰石粉是采用天然石灰矿石磨细制作的一种矿物掺合料，主要成分是碳酸钙、氧化钙和氢氧化钙，石灰石粉活性激发的常用激发剂有硫酸钠和硫酸钙，硫酸钠的作用是提高石灰石粉的黏结力，促进氧化钙和氢氧化钙与水泥成分的反应，提高浆体的早期强度。由于石灰石粉的主要成分是碳酸钙，在混凝土中掺入 6%～10% 的石灰石粉可以明显提高混凝土的早期强度，7d 之后基本不再增长。建议用于混凝土掺合料的石灰石粉掺量尽量不超过胶凝材料用量的 10%。

3) 晶核成长机理

石灰石粉属于天然矿石，磨细后矿物组成没有发生改变，硬化混凝土中含有与石灰石相类似的水化产物。在混凝土生产过程中，加水后的混凝土拌和物中含有的石灰石组分会形成晶核，根据相似相溶原理，这些晶核像种子一样吸附周围的离子，促进浆体朝着生成石灰石类产物方向进行附着，加速了水泥水化反应进程，提高了水化反应程度，最终提高了混凝土强度。

3. 石灰石粉的技术指标

《用于水泥、砂浆和混凝土中的石灰石粉》(GB/T 35164—2017)对石灰石粉技术指标进行了说明，应符合表 2-21 的要求。

2.5.2　石灰石粉的技术参数

国家标准要求石灰石粉中碳酸钙质量分数不小于 75%。按照 45μm 方孔筛筛

表 2-21 石灰石粉的技术指标

技术指标		数值
碳酸钙质量分数/%		≥75
水泥助磨剂		不超过石灰石质量的 0.5%
亚甲蓝值(MB 值)/(g/kg)	Ⅰ级	≤0.5
	Ⅱ级	≤1.0
	Ⅲ级	≤1.4
45μm 方孔筛筛余/%	A 型	≤15
	B 型	≤45
流动度比/%		≥95
抗压强度比/%	7d	≥60
	28d	
含水量/%		≤1.0

余分为 A 型和 B 型，A 型的筛余不大于 15%，B 型的筛余不大于 45%。按照 MB 值分为Ⅰ级、Ⅱ级和Ⅲ级三个等级，Ⅰ级不大于 0.5g/kg、Ⅱ级不大于 1.0g/kg、Ⅲ级不大于 1.4g/kg。石灰石粉具有一定的化学反应活性，是最近几年混凝土配制过程中经常使用的矿物掺合料。石灰石粉在混凝土中对强度的贡献主要来自化学反应和填充效应。国家标准提供了石灰石粉活性指数的检测和计算方法，本书在国家标准基础上提出了石灰石粉活性系数的概念及计算方法，方便大家在配合比设计的过程中实现水泥和石灰石粉之间的等活性换算。本书以表观密度和比表面积作为计算基准，提出了石灰石粉填充系数的计算公式，方便大家在配合比设计过程中实现不考虑化学反应时水泥和石灰石粉之间的等填充换算。

1. 石灰石粉必须检测的技术指标

1)对比强度及活性指数

石灰石粉有一定的化学反应活性，可以为混凝土提供一定的强度，特别是在养护条件良好的条件下，混凝土早期强度会快速增长。准确检测石灰石粉对比强度，计算活性指数和活性系数，是合理利用石灰石粉配制混凝土的关键。

2)表观密度

为了计算石灰石粉在混凝土中所占的体积，一旦石灰石粉用量确定，就需要知道其表观密度，因此在混凝土配制及生产应用过程中必须检测石灰石粉的表观密度；同时在配制高强混凝土的过程中计算填充系数时也需要知道石灰石粉的表观密度，因此表观密度是石灰石粉使用过程中必检的一项技术指标。由于石灰石矿的品质不同，石灰石粉的表观密度差别很大，最低只有 2400kg/m³，最高达 3000kg/m³。

3) 比表面积

对于常用的石灰石粉，不需要考虑比表面积，根据其反应活性使用。为了降低水化热，在配制高性能混凝土的过程中经常用到石灰石粉，利用石灰石粉的填充效应，这时就需要考虑石灰石粉的比表面积。为了确保配制的高强高性能混凝土具有良好的工作性、较高的强度以及良好的耐久性，石灰石粉的比表面积控制在 400m²/kg。

4) 流动度比

流动度比是石灰石粉在搅拌过程中达到与水泥相同的流动状态时所需水分与水泥使用的水分的比值。影响石灰石粉流动度比的最主要因素是石灰石粉中的矿物成分，其次是石灰石粉的比表面积。流动度比是影响石灰石粉性能的一项重要指标，其值越小越好，常用石灰石粉的流动度比为 85%～100%。

2. 石灰石粉填充系数的计算

石灰石粉的填充效应是指石灰石粉的微细颗粒均匀分布于水泥浆体的基相中，改善混凝土的性能，提高混凝土的强度。石灰石粉的表观密度与比表面积的乘积除以对比试验用水泥的表观密度与比表面积的乘积所得的商开二次方所得数值即石灰石粉的填充系数，计算公式为

$$u_{SH} = \sqrt{\frac{\rho_{SH} S_{SH}}{\rho_C S_C}} \tag{2-21}$$

式中，u_{SH} 为石灰石粉的填充系数；ρ_{SH} 为石灰石粉的表观密度，kg/m³；S_{SH} 为石灰石粉的比表面积，m²/kg。

填充系数物理意义为 1kg 石灰石粉填充效应产生的强度相当于 u_{SH} kg 水泥产生的强度。

3. 石灰石粉活性指数的计算

1) 强度检测

测定试验胶砂和对比胶砂的抗压强度，以二者抗压强度之比确定石灰石粉试样的活性指数。试验胶砂和对比胶砂材料用量见表 2-22。

表 2-22　试验胶砂和对比胶砂材料用量(石灰石粉)

胶砂种类	水泥/g	石灰石粉/g	标准砂/g	水/mL	28d 抗压强度/MPa
对比胶砂	450	—	1350	225	50
试验胶砂	315	135	1350	225	45

2)粉活性指数计算

石灰石粉活性指数按式(2-22)计算:

$$H_{28} = \frac{R_{SH}}{R_0} \times 100\% \tag{2-22}$$

式中,H_{28} 为石灰石粉 28d 的活性指数;%;R_{SH} 为掺石灰石粉试验胶砂 28d 抗压强度,MPa;R_0 为水泥对比胶砂 28d 抗压强度;MPa。

4. 石灰石粉活性系数的计算

1)根据对比强度计算活性系数

根据对比胶砂可知,450g 水泥提供的强度 R_0 为 50MPa,则 315g 水泥提供的强度为 $0.7R_0$=35MPa,135g 水泥提供的强度为 $0.3R_0$=15MPa,那么掺石灰石粉的试验胶砂提供的强度包括 315g 水泥提供的强度(即 $0.7R_0$=35MPa)与 135g 石灰石粉提供的强度(即 R_{SH}–$0.7R_0$=10MPa)。因此,石灰石粉的活性系数由式(2-23)计算:

$$\alpha_{SH} = \frac{R_{SH} - 0.7R_0}{0.3R_0} \tag{2-23}$$

式中,α_{SH} 为石灰石粉的活性系数;R_{SH} 为掺石灰石粉试验胶砂 28d 抗压强度,MPa;R_0 为水泥对比胶砂 28d 抗压强度,MPa。

2)根据活性指数计算活性系数

$$\alpha_{SH} = \frac{H_{28} - 70}{30} \tag{2-24}$$

5. 石灰石粉取代系数的计算

石灰石粉的取代系数用 δ_{SH} 表示,其数值为活性系数的倒数,即

$$\delta_{SH} = \frac{30}{H_{28} - 70} \tag{2-25}$$

代入以上数据可得本例中石灰石粉的活性系数 α_{SH}=0.67,石灰石粉的取代系数 δ_{SH}=1.5。在混凝土配合比设计过程中可以用 1kg 石灰石粉取代 0.67kg 与对比试验相同的水泥,或者用 1.5kg 石灰石粉取代 1kg 与对比试验相同的水泥。这种设计思路在水泥和石灰石粉用量的计算方面实现了适量取代,准确合理地使用了石灰石粉。

2.6　沸　石　粉

2.6.1　混凝土用沸石粉

1. 沸石粉的来源

沸石粉是沸石岩经磨细后形成的一种粉状结晶性矿石材料。沸石岩是含水硅铝酸盐矿物，其架构含有许多孔隙，充满了移动性自由度很高的大分子离子及水分子。在几百万年前，火山爆发喷出大量带硅酸铝的火山灰，经由风传递而沉积成浓厚的灰床，有些火山灰进入湖泊底部，有些灰床经过水的浸透。火山灰和海水的化学反应结果产生天然沸石岩。

2. 沸石粉活性激发的原理

在混凝土的配制过程中，沸石粉的作用主要表现在两个方面，一是通过化学反应产生强度，在低水泥用量条件下配制大流动性混凝土时改善混凝土拌和物的工作性；二是利用沸石粉的活性，替代部分水泥，降低混凝土生产成本。在使用沸石粉的过程中，主要考虑沸石粉对混凝土强度的贡献，在检测过程中表现为沸石粉的活性，沸石粉的活性通过化学反应和填充效应表现出来。由于沸石粉活性较高，下面介绍沸石粉在混凝土中的增强机理。

1) 超细增强机理

沸石是一种天然的活性矿物掺合料，磨细后具有很高的化学反应活性，为了充分发挥沸石中含水铝硅酸盐矿物在混凝土中的作用，需要通过立磨机或者球磨机将沸石磨得更细，增加化学反应接触面积，储存机械能，提高活性。在配制混凝土的过程中，沸石粉进行水化反应时，颗粒越小，比表面积越大，其与水分和其他成分的接触面积越大，化学反应越充分，形成的反应产物越多，混凝土中浆体的量越多，混凝土的密实度越高，强度越高。

2) 碱性激发

沸石粉是采用天然沸石磨细制作的一种活性矿物掺合料，是含有微孔的含水铝硅酸盐矿物，其中 SiO_2 质量分数为 60%～70%，Al_2O_3 质量分数为 8%～12%，比表面积较大，具有很高的化学反应活性。沸石粉掺入水泥混凝土后，在混凝土中的碱性激发下，沸石粉晶体结构中包含的活性硅和活性铝与水泥水化过程中形成的 $Ca(OH)_2$ 发生二次反应，生成水化 C-S-H 凝胶及硅酸钙水化物，使混凝土更加密实，从而提高混凝土的强度。

3) 水分吸附机理

沸石粉加入水泥混凝土后，搅拌初期由于沸石粉吸附水分，一部分自由水被沸石粉吸走，因此要得到相同的坍落度和扩展度，外加剂的用量就会增加，但在混凝土水化过程中，水泥进一步水化需要水分时，沸石粉会排出原来吸入的水分填充到浆体空隙中引起浆体体积膨胀，粗骨料的裹浆量增加，粗骨料与水泥浆体的界面得到改善，拌和物比较均匀，和易性好，泌水减少，混凝土强度提高。

4)晶核成长机理

沸石粉属于天然矿石，磨细后其矿物组成没有发生改变，硬化混凝土中含有与沸石相类似的水化产物。在混凝土生产过程中，加水后的混凝土拌和物中含有的沸石组分会形成晶核，根据相似相溶原理，这些晶核像种子一样吸附周围的离子，促进浆体朝着生成沸石类产物方向进行附着，加速了水泥水化反应进程，提高了水化反应程度，最终提高了混凝土强度。

3. 沸石粉的技术指标

《混凝土和砂浆用天然沸石粉》（JG/T 566—2018）对沸石粉技术指标进行了说明，应符合表 2-23 的要求。

表 2-23　沸石粉的技术指标

技术指标		Ⅰ级	Ⅱ级	Ⅲ级
吸铵值/(mmol/100g)		≥130	≥100	≥90
细度(45μm 方孔筛筛余)/%		≤12	≤30	≤45
活性指数/%	7d	≥90	≥85	≥80
	28d	≥90	≥85	≥80
需水量比/%		≤115		
含水量/%		≤5.0		
氯离子质量分数/%		≤0.06		
硫化物及硫酸盐质量分数(SO₃质量计)/%		≤1.0		
放射性		符合 GB 6566—2010 的规定		

2.6.2　沸石粉的技术参数

国家标准提供了沸石粉活性指数的检测和计算方法，本书在国家标准基础上提出沸石粉活性系数的概念及计算方法，方便大家在配合比设计的过程中实现水泥和沸石粉之间的等活性换算。本书以沸石粉的密度和比表面积作为计算基准，提出沸石粉的填充因子计算公式，方便大家在配合比设计过程中实现不考虑化学反应时水泥和沸石粉之间的等填充换算。

1. 沸石粉必须检测的技术指标

1）对比强度及活性指数

沸石粉是使用天然沸石磨细形成的矿物掺合料，掺加到混凝土中具有很好的二次化学反应活性，在水泥水化后沸石粉能够为混凝土提供非常高的强度，在充分养护的条件下，混凝土早期强度和后期强度都会快速增长，掺 10%沸石粉代替水泥配制的混凝土强度与纯水泥配制的混凝土强度一致。准确检测沸石粉对比强度、计算活性指数和活性系数，是合理利用沸石粉配制混凝土的关键。

2）表观密度

为了计算沸石粉在混凝土中所占的体积，一旦沸石粉用量确定，就需要知道其表观密度，因此在混凝土配制及生产应用过程中必须检测沸石粉的表观密度；同时在配制高强混凝土的过程中计算填充系数时也需要知道沸石粉的表观密度，因此表观密度是沸石粉使用过程中必检的一项技术指标。常用的沸石粉表观密度为 2550～2700kg/m³。

3）比表面积

在配制高强高性能混凝土的过程中适当使用沸石粉可以增加混凝土强度，改善混凝土性能，为了充分利用沸石粉的填充效应，准确计算沸石粉的用量，就需要计算沸石粉的填充系数，由于填充系数与沸石粉的表观密度和比表面积有关，需要准确检测沸石粉的比表面积。国家标准规定，用于高强高性能混凝土使用的沸石粉 I 级品比表面积为 700m²/kg，II 级品比表面积为 500m²/kg。

4）需水量比

需水量比是沸石粉在搅拌过程中达到与水泥相同的流动状态时所需水分与水泥使用的水分的比值。影响沸石粉需水量比的最主要因素是沸石粉的矿物成分，其次是沸石粉的细度。需水量比是影响沸石粉性能的一项重要指标，国内常用沸石粉的需水量比小于等于 115%。

2. 沸石粉填充系数的计算

采用沸石粉配制高性能混凝土，能很好地填充于水泥颗粒空隙中，提高混凝土的密实度和匀质性，提高了混凝土强度和抗渗性，从而改善混凝土性能，提高混凝土耐久性。

沸石粉的填充系数可以用式(2-26)计算：

$$u_{FS} = \sqrt{\frac{\rho_{FS} S_{FS}}{\rho_C S_C}} \tag{2-26}$$

式中，u_{FS} 为沸石粉的填充系数；ρ_{FS} 为沸石粉的表观密度，kg/m³；S_{FS} 为沸石粉的比表面积，m^2/kg。

在混凝土配合比设计过程中可以用 1kg 沸石粉取代 u_{FS} kg 对比试验的水泥，充分利用了沸石粉的填充功能，实现沸石粉的准确合理利用。

3. 沸石粉活性指数的计算

1) 强度检测

测定试验胶砂和对比胶砂的抗压强度，以二者抗压强度之比确定沸石粉试样的活性指数。试验胶砂和对比胶砂材料用量见表 2-24。

表 2-24 试验胶砂和对比胶砂材料用量(沸石粉)

胶砂种类	水泥/g	沸石粉/g	标准砂/g	水/mL	28d 抗压强度/MPa
对比胶砂	450	—	1350	225	50
试验胶砂	405	45	1350	225	75

2) 活性指数计算

沸石粉活性指数按式(2-27)计算：

$$A_{28} = \frac{R_{FS}}{R_0} \times 100\%$$ (2-27)

式中，A_{28} 为沸石粉 28d 活性指数，%；R_{FS} 为掺沸石粉试验胶砂 28d 抗压强度，MPa；R_0 为水泥对比胶砂 28d 抗压强度，MPa。

4. 沸石粉活性系数的计算

1) 根据对比强度计算活性系数

根据对比胶砂可知，450g 水泥提供的强度 R_0 为 50MPa，则 405g 水泥提供的强度为 $0.9R_0=45$MPa，45g 水泥提供的强度为 $0.1R_0=5$MPa，那么试验胶砂提供的强度包括 405g 水泥提供的强度(即 $0.9R_0=45$MPa)与 45g 沸石粉提供的强度(即 $R_{FS}-0.9R_0=30$MPa)。因此，沸石粉的活性系数由式(2-28)计算：

$$\alpha_{FS} = \frac{R_{FS} - 0.9R_0}{0.1R_0}$$ (2-28)

式中，α_{FS} 为沸石粉活性系数；R_{FS} 为掺沸石粉试验胶砂 28d 抗压强度，MPa；R_0 为水泥对比胶砂 28d 抗压强度，MPa。

2) 根据活性指数计算活性系数

$$\alpha_{FS} = \frac{A_{28} - 90}{10}$$ (2-29)

5. 沸石粉取代系数的计算

沸石粉的取代系数用 δ_{FS} 表示，其数值为活性系数的倒数，即

$$\delta_{FS} = \frac{10}{A_{28} - 90} \tag{2-30}$$

代入数据可得沸石粉的活性系数 α_{FS} =6，沸石粉的取代系数 δ_{FS} =0.17。在混凝土配合比设计过程中可以用 1kg 沸石粉取代 6kg 与对比试验相同的水泥，或者用 0.17kg 沸石粉取代 1kg 与对比试验相同的水泥。这种设计思路在水泥和沸石粉用量的计算方面实现了适量取代，准确合理地使用了沸石粉。

2.7　钢　渣　粉

2.7.1　混凝土用钢渣粉

1. 钢渣粉的来源

钢渣是炼钢过程中由生铁中的硅、锰、磷、硫等杂质在熔炼过程中氧化而成的各种氧化物以及这些氧化物与溶剂反应生成的盐类组成，主要的矿物相为硅酸三钙、硅酸二钙、钙镁橄榄石、钙镁蔷薇辉石、铁铝酸钙以及硅、镁、铁、锰、磷的氧化物形成的固熔体，还含有少量游离氧化钙以及金属铁、氟磷灰石等。钢渣的主要处理工艺有滚筒钢渣处理工艺、闷渣处理工艺、磁选处理工艺、预粉磨+细粉磨处理工艺，经过粉磨处理制得的粉体材料就是钢渣粉。

2. 钢渣粉的增强机理

在混凝土的配制过程中，钢渣粉的作用主要表现在两个方面：一是通过化学反应产生强度，在低水泥用量条件下配制大流动性混凝土时改善混凝土拌和物的工作性；二是利用钢渣粉的活性，替代部分水泥，降低混凝土生产成本。在使用钢渣粉的过程中，主要考虑钢渣粉对混凝土强度的贡献，在检测过程中表现为钢渣粉的活性，而钢渣粉的活性通过化学反应和填充效应表现出来。由于钢渣粉活性较低，下面介绍钢渣粉在混凝土中的工作机理。

1）填充效应

钢渣粉是利用钢铁冶炼过程中产生的废渣磨细制成的一种矿物掺合料，钢渣粉的化学反应活性较低，为了充分发挥钢渣粉在混凝土中的作用，需要通过立磨机或者球磨机把钢渣粉磨得更细，从而增加钢渣粉化学反应接触面积，储存机械能，提高活性。在配制混凝土的过程中，钢渣粉进行水化反应时，颗粒越小，

比表面积越大，钢渣粉与水分和其他成分的接触面积越大，化学反应越充分，形成的反应产物越多，混凝土中浆体的量越多，填充效果越好，混凝土的密实度越高，强度越高。

2) 碱性激发

钢渣粉中含有一定量的活性矿物组分，与水泥熟料成分接近，包括二氧化硅、氧化铝和氧化钙，磨细的钢渣粉比表面积较大，掺入碱性激发剂可以使这些组分发生水化反应，提高了胶凝材料化学反应的程度，最终提高混凝土强度。钢渣粉掺入水泥混凝土后，在混凝土中的碱性激发下，钢渣粉中包含的活性组分与水泥水化过程中形成的 $Ca(OH)_2$ 发生二次反应，生成水化 C-S-H 凝胶及硅酸钙水化物，使混凝土更加密实，从而提高混凝土的强度。

3. 钢渣粉的技术指标

《用于水泥和混凝土的钢渣粉》(GB/T 20491—2017)对钢渣粉技术指标进行了说明，应符合表 2-25 的要求。

表 2-25　钢渣粉的技术指标

技术指标		Ⅰ级	Ⅱ级
比表面积/(m²/kg)		≥350	
密度/(g/cm³)		≥3.2	
含水率/%		≤1.0	
游离氧化钙质量分数/%		≤4.0	
SO₃质量分数/%		≤4.0	
氯离子质量分数/%		≤0.06	
活性指数/%	7d	≥65	≥55
	28d	≥80	≥65
流动度比/%		≥95	
安定性	沸煮法	合格	
	压蒸法	6h 压蒸膨胀率≤0.50%	

注：如果钢渣粉中 MgO 质量分数不大于 5%，可不检验压蒸安定性。

2.7.2　钢渣粉的技术参数

考虑到钢渣粉原材料的复杂性以及成分的多变性，钢渣粉的活性检测借鉴了粉煤灰的检测方法，本书在国家标准基础上提出了钢渣粉活性系数的概念及计算方法，方便大家在配合比设计的过程中实现水泥和钢渣粉之间的等活性换算。本书以表观密度和比表面积作为计算基准，提出了钢渣粉填充因子的计算公式，方便大家在配合比设计过程中实现不考虑化学反应时水泥和钢渣粉之间的等填充换算。

1. 钢渣粉必须检测的技术指标

1）对比强度及活性指数

钢渣粉有一定的化学反应活性，可以为混凝土提供一定的强度，由于钢渣粉加水后各种组分的交互作用，在养护良好的条件下，混凝土强度会稳定增长。钢渣粉由于水化热较低，配制的混凝土不易开裂。准确检测钢渣粉的对比强度，计算活性指数和活性系数，是合理利用钢渣粉配制混凝土的关键。根据活性指数，国家标准将钢渣粉分为Ⅰ级和Ⅱ级。

2）表观密度

为了计算钢渣粉在混凝土中所占的体积，一旦钢渣粉用量确定，就需要知道其表观密度，因此在混凝土配制及生产应用过程中必须检测钢渣粉的表观密度；同时在配制高强混凝土的过程中计算填充系数时也需要知道钢渣粉的表观密度，因此表观密度是钢渣粉使用过程中必检的一项技术指标。钢渣粉实测表观密度一般大于等于 $3200kg/m^3$。

3）比表面积

对于常用的钢渣粉，一般不需要考虑比表面积，根据反应活性使用。为了降低水化热，在配制高强高性能混凝土时会用到钢渣粉，利用钢渣粉的填充效应，就需要考虑钢渣粉的比表面积。为了确保配制的高强高性能混凝土具有良好的工作性、较高的强度以及良好的耐久性，钢渣粉的比表面积控制在大于等于 $350m^2/kg$。

4）流动度比

流动度比是钢渣粉在搅拌过程中达到与水泥相同的流动状态时所需水分与水泥使用的水分的比值。影响钢渣粉流动度比的最主要因素是钢渣粉中的各种组成成分，其次是钢渣粉的比表面积。流动度比是影响钢渣粉性能的一项重要指标，常用钢渣粉流动度比大于等于95%。

2. 钢渣粉填充系数的计算

钢渣粉的填充效应是指钢渣粉的微细颗粒均匀分布于水泥浆体的基相中，改善混凝土的性能，提高混凝土的强度。钢渣粉的表观密度与比表面积的乘积除以对比试验用水泥的表观密度与比表面积的乘积所得的商开二次方所得数值即钢渣粉的填充系数，计算公式为

$$u_{GZ} = \sqrt{\frac{\rho_{GZ} S_{GZ}}{\rho_C S_C}} \tag{2-31}$$

式中，u_{GZ} 为钢渣粉的填充系数；ρ_{GZ} 为钢渣粉的表观密度，kg/m^3；S_{GZ} 为钢渣粉的比表面积，m^2/kg。

填充系数的物理意义为 1kg 钢渣粉填充效应产生的强度相当于 u_{GZ} kg 水泥产生的强度。

3. 钢渣粉活性指数的计算

1) 强度检测

测定试验胶砂和对比胶砂的抗压强度，以二者抗压强度之比确定钢渣粉试样的活性指数。试验胶砂和对比胶砂材料用量见表 2-26。

表 2-26 试验胶砂和对比胶砂材料用量(钢渣粉)

胶砂种类	水泥/g	钢渣粉/g	标准砂/g	水/mL	28d 抗压强度/MPa
对比胶砂	450	—	1350	225	50
试验胶砂	315	135	1350	225	45

2) 活性指数计算

钢渣粉活性指数按式(2-32)计算：

$$H_{28} = \frac{R_{GZ}}{R_0} \times 100\% \tag{2-32}$$

式中，H_{28} 为钢渣粉 28d 的活性指数，%；R_{GZ} 为掺钢渣粉试验胶砂 28d 抗压强度，MPa；R_0 为对比水泥胶砂 28d 抗压强度，MPa。

4. 钢渣粉活性系数的计算

1) 根据对比强度计算活性系数

根据对比胶砂可知，450g 水泥提供的强度 R_0 为 50MPa，则 315g 水泥提供的强度为 $0.7R_0$=35MPa，135g 水泥提供的强度为 $0.3R_0$=15MPa，那么掺钢渣粉的试验胶砂提供的强度包括 315g 水泥提供的强度(即 $0.7R_0$=35MPa)与 135g 钢渣粉提供的强度(即 $R_{GZ}-0.7R_0$=10MPa)。因此，钢渣粉的活性系数由式(2-33)求得：

$$\alpha_{GZ} = \frac{R_{GZ} - 0.7R_0}{0.3R_0} \tag{2-33}$$

式中，α_{GZ} 为钢渣粉的活性系数；R_{GZ} 为掺钢渣粉试验胶砂 28d 抗压强度，MPa；R_0 为水泥对比胶砂 28d 抗压强度，MPa。

2）根据活性指数计算活性系数

$$\alpha_{GZ} = \frac{H_{28} - 70}{30} \tag{2-34}$$

5. 钢渣粉取代系数的计算

钢渣粉的取代系数用 δ_{GZ} 表示，其数值为活性系数的倒数，即

$$\delta_{GZ} = \frac{30}{H_{28} - 70} \tag{2-35}$$

代入以上数据，可得本例中钢渣粉的活性系数 α_{GZ} =0.67，钢渣粉的取代系数 δ_{GZ} =1.5。在混凝土配合比设计过程中可以用 1kg 钢渣粉取代 0.67kg 与对比试验相同的水泥，或者用 1.5kg 钢渣粉取代 1kg 与对比试验相同的水泥。这种设计思路在水泥和钢渣粉用量的计算方面实现了适量取代，准确合理地使用了钢渣粉。

2.8 磷 渣 粉

2.8.1 混凝土用磷渣粉

1. 磷渣粉的来源

磷渣粉是用电炉法制黄磷时所得到的以硅酸钙为主要成分的熔融物经过淬冷成粒后粉磨所得的粉体。电炉法生产黄磷时，在炉内定期排出的一种低熔电炉磷渣，每生产 1t 黄磷会排出 8～10t 磷渣，水淬磷渣外观呈灰白色，是半透明的微细颗粒，尺寸一般在 0.5～5mm，磷渣的出炉温度为 1350～1400℃，而水淬温度在 1250℃左右，松散状态的磷渣表观密度为 800～1000kg/m³。

2. 磷渣粉活性激发的原理

在混凝土的配制过程中，磷渣粉的作用主要表现在能够部分替代水泥，降低混凝土生产成本，降低胶凝材料水化放热，改善混凝土性能。在使用磷渣粉的过程中，主要考虑磷渣粉对混凝土强度的贡献，在检测过程中表现为磷渣粉的活性，磷渣粉的活性通过化学反应和填充效应表现出来。为了充分发挥磷渣粉的潜力，在使用过程中要通过激发来提高磷渣粉的活性，常用的方法有物理激发和化学激发。

1)物理激发

磷渣本身活性较差,与水仅能发生微弱的化学反应,磷渣活性的物理激发就是将磷渣通过磨机粉磨至一定比表面积,增加磷渣粉水化反应发生的接触面积,减小水化反应时传质过程的扩散距离,从而提高水化活性。磷渣粉比表面积越大,水化活性越高,对混凝土的强度贡献越大。综合考虑粉磨能耗和使用效果,磷渣粉的比表面积大多控制在 $350m^2/kg$。磷渣常用的粉磨设备是立磨机和球磨机。

2)硫酸盐激发

磷渣粉活性的硫酸盐激发常用激发剂有硫酸钠和硫酸钙,硫酸钠的激发效果优于硫酸钙。硫酸盐对磷渣粉活性的激发主要是 SO_4^{2-} 在 Ca^{2+} 的作用下与溶解于液相的活性 Al_2O_3 反应生成水化硫铝酸钙,即钙矾石。由于钙矾石具有一定的膨胀作用,填充水泥水化空间的空隙,使浆体更加致密,混凝土的强度提高。生产过程中常常选用硫酸钠和石膏对磷渣粉的活性进行激发。

3)碱金属激发

磷渣粉活性的碱金属激发常用钠离子和钾离子,实际使用的以钠离子为主。磷渣粉玻璃体的网络结构比较牢固,阻碍了磷渣与其他成分的反应,由于碱金属离子极性强,在水溶液中能够快速扩散,使磷渣粉颗粒表面的 Si—O 和 Al—O 键断裂,Si-O-Al 网络聚合体的聚合度降低,表面形成游离的不饱和活性键,容易与 $Ca(OH)_2$ 反应生成水化硅酸钙和水化硅酸铝等胶凝性产物,提高了混凝土强度。生产过程中常常选用芒硝、纯碱、火碱和水玻璃对磷渣粉的活性进行激发。

3. 磷渣粉的技术指标

《用于水泥和混凝土中的粒化电炉磷渣粉》(GB/T 26751—2022)对磷渣粉技术指标进行了说明,应符合表 2-27 的要求。

表 2-27 磷渣粉的技术指标

技术指标	L95	L85	L75
比表面积/(m^2/kg)		≥350	
密度/(g/cm^3)		≥2.8	
流动度比/%		≥95	
P_2O_5 质量分数/%		≤3.5	
碱质量分数/%		≤1.0	
SO_3 质量分数/%		≤4.0	
氯离子质量分数/%		≤0.06	
烧失量/%		≤3.0	

技术指标		L95	L85	L75
含水量/%			≤ 1.0	
玻璃体质量分数/%			≥ 80	
活性指数/%	7d	≥ 70	≥ 60	50
	28d	≥ 95	≥ 85	70

2.8.2 磷渣粉的技术参数

考虑到磷渣粉原材料的复杂性以及成分的多变性，磷渣粉的活性检测借鉴了粉煤灰的检测方法，本书在国家标准基础上提出了磷渣粉活性系数的概念及计算方法，方便大家在配合比设计的过程中实现水泥和磷渣粉之间的等活性换算。本书以表观密度和比表面积作为计算基准，提出了磷渣粉填充系数的计算公式，方便大家在配合比设计过程中实现不考虑化学反应时水泥和磷渣粉之间的等填充换算。

1. 磷渣粉必须检测的技术指标

1)对比强度及活性指数

磷渣粉有一定的化学反应活性，可以为混凝土提供一定的强度，由于磷渣粉加水后各种组分的交互作用，在养护条件良好的情况下，混凝土强度会稳定增长。磷渣粉由于水化热较低，配制的混凝土不易开裂。准确检测磷渣粉对比强度，计算活性指数和活性系数，是合理利用磷渣粉配制混凝土的关键。根据活性指数，国家标准将磷渣粉分为 L95、L85 和 L75 三级。

2)表观密度

为了计算磷渣粉在混凝土中所占的体积，一旦磷渣粉用量确定，就需要知道其表观密度，因此在混凝土配制及生产应用过程中必须检测磷渣粉的表观密度；同时在配制高强混凝土的过程中计算填充系数时也需要知道磷渣粉的表观密度，因此表观密度是磷渣粉使用过程中必检的一项技术指标。磷渣粉表观密度大于等于 2800kg/m³。

3)比表面积

对于常用的磷渣粉，一般不需要考虑比表面积，根据反应活性使用。为了降低水化热，在配制高强高性能混凝土时会用到磷渣粉，利用磷渣粉的填充效应，就需要考虑磷渣粉的比表面积。为了确保配制的高强高性能混凝土具有良好的工作性、较高的强度以及良好的耐久性，磷渣粉的比表面积控制在大于等于 350m²/kg。

4) 流动度比

流动度比是磷渣粉在搅拌过程中达到与水泥相同的流动状态时所需水分与水泥使用的水分的比值。影响磷渣粉流动度比的最主要因素是磷渣粉中的各种组成成分，其次是磷渣粉的比表面积。流动度比是影响磷渣粉性能的一项重要指标，常用磷渣粉流动度比大于等于 95%。

2. 磷渣粉填充系数的计算

磷渣粉的填充效应是指磷渣粉的微细颗粒均匀分布于水泥浆体的基相中，改善混凝土的性能，提高混凝土的强度。磷渣粉的表观密度与比表面积的乘积除以对比试验用水泥的表观密度与比表面积的乘积所得的商开二次方所得数值即磷渣粉的填充系数，计算公式为

$$u_{LZ} = \sqrt{\frac{\rho_{LZ} S_{LZ}}{\rho_C S_C}} \qquad (2\text{-}36)$$

式中，u_{LZ} 为磷渣粉的填充系数；ρ_{LZ} 为磷渣粉的表观密度，kg/m^3；S_{LZ} 为磷渣粉的比表面积，m^2/kg。

填充系数的物理意义为 1kg 磷渣粉填充效应产生的强度相当于 u_{LZ} kg 水泥产生的强度。

3. 磷渣粉活性指数的计算

1) 强度检测

测定试验胶砂和对比胶砂的抗压强度，以二者抗压强度之比确定磷渣粉试样的活性指数。试验胶砂和对比胶砂材料用量见表 2-28。

表 2-28 试验胶砂和对比胶砂材料用量(磷渣粉)

胶砂种类	水泥/g	磷渣粉/g	标准砂/g	水/mL	28d 抗压强度/MPa
对比胶砂	450	—	1350	225	50
试验胶砂	315	135	1350	225	45

2) 活性指数计算

磷渣粉活性指数按式(2-37)计算：

$$H_{28} = \frac{R_{LZ}}{R_0} \times 100\% \qquad (2\text{-}37)$$

式中，H_{28} 为磷渣粉 28d 的活性指数，%；R_{LZ} 为掺磷渣粉试验胶砂 28d 抗压强度，

MPa；R_0 为水泥对比胶砂 28d 抗压强度，MPa。

4. 磷渣粉活性系数的计算

1）根据对比强度计算活性系数

根据对比胶砂可知，450g 水泥提供的强度 R_0 为 50MPa，则 315g 水泥提供的强度为 $0.7R_0$=35MPa，135g 水泥提供的强度为 $0.3R_0$=15MPa，那么掺磷渣粉的试验胶砂提供的强度包括 315g 水泥提供的强度（即 $0.7R_0$=35MPa）与 135g 磷渣粉提供的强度（即 R_{LZ}–$0.7R_0$=10MPa）。因此，磷渣粉的活性系数由式(2-38)计算：

$$\alpha_{LZ} = \frac{R_{LZ} - 0.7R_0}{0.3R_0} \tag{2-38}$$

式中，α_{LZ} 为磷渣粉的活性系数；R_{LZ} 为掺磷渣粉试验胶砂 28d 抗压强度，MPa；R_0 为水泥对比胶砂 28d 抗压强度，MPa。

2）根据活性指数计算活性系数

$$\alpha_{LZ} = \frac{H_{28} - 70}{30} \tag{2-39}$$

5. 磷渣粉取代系数的计算

磷渣粉的取代系数用 δ_{LZ} 表示，其数值为活性系数的倒数，即

$$\delta_{LZ} = \frac{30}{H_{28} - 70} \tag{2-40}$$

代入以上数据可得本例中磷渣粉的活性系数 α_{LZ}=0.67，磷渣粉的取代系数 δ_{LZ}=1.5。在混凝土配合比设计过程中可以用 1kg 磷渣粉取代 0.67kg 与对比试验相同的水泥，或者用 1.5kg 磷渣粉取代 1kg 与对比试验相同的水泥。这种设计思路在水泥和磷渣粉用量的计算方面实现了适量取代，准确合理地使用了磷渣粉。

2.9 镍铁渣粉

2.9.1 混凝土用镍铁渣粉

1. 镍铁渣粉的来源

镍渣是冶炼镍铁合金产生的固体废渣，镍铁合金主要用于生产不锈钢，因此镍渣也被称为不锈钢渣或镍铁渣，其矿物组成主要有铁镁橄榄石和铁橄榄石，化

学成分因矿石来源和冶炼工艺的不同有较大差异，主要有 SiO_2、Fe_2O_3、CaO、MgO、Al_2O_3，而 SiO_2 和 Fe_2O_3 含量都较高。

镍铁渣粉是利用镍铁渣磨细制成的活性粉末材料，在水泥和混凝土生产中大量使用。国家标准要求用于水泥和混凝土的镍铁渣粉比表面积应大于等于 $400m^2/kg$，这样就可以充分地发挥反应活性，其大量用于房屋建筑、水利水电、机场、港口、码头、公路和铁路桥梁工程。

2. 镍铁渣粉活性激发的原理

在混凝土的配制过程中，镍铁渣粉的作用主要表现在能够部分替代水泥，降低混凝土生产成本，降低胶凝材料水化放热，改善混凝土性能。在使用镍铁渣粉的过程中，主要考虑镍铁渣粉对混凝土强度的贡献，在检测过程中表现为镍铁渣粉的活性，而镍铁渣的活性通过化学反应和填充效应表现出来。为了充分发挥镍铁渣粉的潜力，在使用过程中要通过激发来提高镍铁渣粉的活性，常用的方法有物理激发和化学激发。

1) 物理激发

镍铁渣本身活性较差，与水仅能发生微弱的化学反应，镍铁渣活性的物理激发就是将镍铁渣通过磨机粉磨至一定比表面积，通过增加镍铁渣粉水化反应发生的接触面积，减小水化反应时传质过程的扩散距离，从而提高水化活性。镍铁渣粉比表面积越大，水化活性越高，对混凝土的强度贡献越大。综合考虑粉磨能耗和使用效果，镍铁渣粉的比表面积大多控制在 $400m^2/kg$。镍铁渣粉常用的粉磨设备是立磨机和球磨机。

2) 硫酸盐激发

镍铁渣粉活性的硫酸盐激发常用激发剂有硫酸钠和硫酸钙，硫酸钠的激发效果优于硫酸钙。硫酸盐对镍铁渣活性的激发主要是 SO_4^{2-} 在 Ca^{2+} 的作用下与溶解于液相的活性 Al_2O_3 反应生成水化硫铝酸钙，即钙矾石。钙矾石具有一定的膨胀作用，可以填充水泥水化空间的空隙，使浆体更加致密，混凝土的强度提高。生产过程中常常选用硫酸钠和石膏对镍铁渣粉的活性进行激发。

3) 碱金属激发

镍铁渣粉活性的碱金属激发常用钠离子和钾离子，实际使用的以钠离子为主。镍铁渣粉玻璃体的网络结构比较牢固，阻碍了镍铁渣与其他成分的反应，由于碱金属离子极性强，在水溶液中能够快速扩散，使镍铁渣粉颗粒表面的 Si—O 和 Al—O 键断裂，Si-O-Al 网络聚合体的聚合度降低，表面形成游离的不饱和活性键，容易与 $Ca(OH)_2$ 反应生成水化硅酸钙和水化硅酸铝等胶凝性产物，提高了混凝土强度。生产过程中常常选用芒硝、纯碱、火碱和水玻璃对镍铁渣粉的活性进行激发。

3. 镍铁渣粉的主要技术指标

《用于水泥和混凝土中的镍铁渣粉》(JC/T 2503—2018)对镍铁渣粉技术指标进行了说明，应符合表 2-29 的要求。

表 2-29　镍铁渣粉的技术指标

技术指标		电炉镍铁渣粉		高炉镍铁渣粉		
		D80	D70	G100	G90	G80
密度/(g/cm³)		≥ 2.8				
比表面积/(m²/kg)		≥ 400				
活性指数/%	7d	≥ 60	≥ 55	≥ 80	≥ 70	≥ 60
	28d	≥ 80	≥ 70	≥ 100	≥ 90	≥ 80
流动度比/%		≥ 95				
碱质量分数(Na₂O+0.658K₂O)/%		≤ 1.0				
氯离子质量分数/%		≤ 0.06				
烧失量/%		≤ 3.0				
含水量/%		≤ 1.0				
SO₃质量分数/%		≤ 3.0				
安定性	压蒸法	合格				
	沸煮法	合格				
放射性		合格				

注：未掺石膏的镍铁渣粉 SO₃ 质量分数应不大于 2.0%。

2.9.2　镍铁渣粉的技术参数

镍铁渣粉在混凝土中对强度的贡献主要来自化学反应和填充效应。国家标准提供了镍铁渣粉活性指数的检测和计算方法，本书在国家标准基础上提出了镍铁渣粉活性系数和取代系数的概念及计算方法，方便大家在配合比设计的过程中实现水泥和镍铁渣粉之间的等活性换算。本书以镍铁渣粉的表观密度和比表面积作为计算基准，提出了镍铁渣粉填充系数的计算公式，方便大家在配合比设计过程中实现不考虑化学反应时水泥和镍铁渣粉之间的等填充换算。

1. 镍铁渣粉必须检测的技术指标

1)对比强度及活性指数

磨细的镍铁渣粉有很好的化学反应活性，在水化后能够为混凝土提供一定的强度，在充分养护的条件下，混凝土早期强度会快速增长，掺30%镍铁渣粉代替水泥配制的混凝土强度超过纯水泥配制的混凝土强度。准确检测镍铁渣粉对比强度，计算活性指数和活性系数，是合理利用镍铁渣粉配制混凝土的关键。根据活性指数，国家标准将电炉镍铁渣粉分为 D80、D70 两级，将高炉镍铁渣粉分为 G100、G90 和 G80 三级。

2) 表观密度

为了计算镍铁渣粉在混凝土中所占的体积，当镍铁渣粉用量确定时，就需要知道其表观密度，因此在混凝土配制及生产应用过程中必须检测镍铁渣粉的表观密度；同时在配制高强混凝土的过程中计算填充系数时也需要知道镍铁渣粉的表观密度，因此表观密度是镍铁渣粉使用过程中必检的一个参数。镍铁渣粉的密度相对稳定，平均值为 $2800kg/m^3$。

3) 比表面积

在配制高强高性能混凝土的过程中，为了充分利用镍铁渣粉的填充效应，准确计算镍铁渣粉的用量，就需要计算镍铁渣粉的填充系数，由于填充系数与镍铁渣粉的表观密度和比表面积有关，就需要准确检测镍铁渣粉的比表面积。目前预拌混凝土企业使用的镍铁渣粉比表面积大多控制在 $400m^2/kg$。

4) 流动度比

流动度比是镍铁渣粉在搅拌过程中达到与水泥相同的流动状态时所需水分与水泥使用的水分的比值。影响镍铁渣粉流动度比的最主要因素是镍铁渣粉的矿物成分，其次是镍铁渣粉的比表面积。流动度比是影响镍铁渣粉性能的一项重要参数，一般情况下镍铁渣粉的流动度比越小越好，常用镍铁渣粉流动度比大于等于 95%。

2. 镍铁渣粉填充系数的计算

镍铁渣粉的填充效应是指镍铁渣粉的微细颗粒均匀分布于水泥浆体中，增加混凝土的密实度，改善混凝土的性能，提高混凝土的强度。镍铁渣粉的表观密度与比表面积的乘积除以对比试验用水泥的表观密度与比表面积的乘积所得的商开二次方所得数值即是镍铁渣粉的填充系数，计算公式为

$$u_{\mathrm{NT}} = \sqrt{\frac{\rho_{\mathrm{NT}} S_{\mathrm{NT}}}{\rho_{\mathrm{C}} S_{\mathrm{C}}}} \tag{2-41}$$

式中，u_{NT} 为镍铁渣粉的填充系数；ρ_{NT} 为镍铁渣粉的表观密度，kg/m^3；S_{NT} 为镍铁渣粉的比表面积，m^2/kg。

填充系数的物理意义为 1kg 镍铁渣粉填充效应产生的强度相当于 u_{NT} kg 水泥产生的强度。

3. 镍铁渣粉活性指数的计算

1)强度检测

测定试验胶砂和对比胶砂的抗压强度，以二者抗压强度之比确定镍铁渣粉试样的活性指数。试验胶砂和对比胶砂材料用量见表 2-30。

表 2-30　试验胶砂和对比胶砂材料用量（镍铁渣粉）

胶砂种类	水泥/g	镍铁渣粉/g	标准砂/g	水/mL	28d 抗压强度/MPa
对比胶砂	450	—	1350	225	50
试验胶砂	315	135	1350	225	45

2)活性指数计算

镍铁渣粉活性指数按式(2-42)计算：

$$A_{28} = \frac{R_{NT}}{R_0} \times 100\% \tag{2-42}$$

式中，A_{28} 为镍铁渣粉 28d 的活性指数，%；R_{NT} 为掺镍铁渣粉试验胶砂 28d 抗压强度，MPa；R_0 为水泥对比胶砂 28d 抗压强度，MPa。

4. 镍铁渣粉活性系数的计算

镍铁渣粉活性系数的物理意义是 1kg 镍铁渣粉产生的强度折算成水泥的用量，在配合比设计过程中主要用来计算一定量的水泥需要多少镍铁渣粉才能产生同样的强度。

1)根据对比强度计算活性系数

根据对比胶砂可知，450g 水泥提供的强度 R_0 为 50MPa，则 315g 水泥提供的强度为 $0.7R_0=35$MPa，135g 水泥提供的强度为 $0.3R_0=15$MPa，那么试验胶砂提供的强度包括 315g 水泥提供的强度（即 $0.7R_0=35$MPa）与 135g 镍铁渣粉提供的强度（即 $R_{NT}-0.3R_0=15$MPa）。因此，镍铁渣粉的活性系数由式(2-43)求得：

$$\alpha_{NT} = \frac{R_{NT} - 0.7R_0}{0.3R_0} \tag{2-43}$$

式中，α_{NT} 为镍铁渣粉的活性系数；R_{NT} 为掺镍铁渣粉试验胶砂 28d 抗压强度，MPa；R_0 为水泥对比胶砂 28d 抗压强度，MPa。

2)根据活性指数计算活性系数

$$\alpha_{NT} = \frac{A_{28} - 70}{30} \tag{2-44}$$

5. 镍铁渣粉取代系数的计算

镍铁渣粉取代系数的物理意义是 1kg 水泥产生的强度折算成镍铁渣粉的用量，在配合比设计过程中主要也是用来计算镍铁渣粉取代水泥的用量，考虑的重点是调整胶凝材料用量。

镍铁渣粉的取代系数用 δ_{NT} 表示，其数值为活性系数的倒数，即

$$\delta_{NT} = \frac{30}{A_{28} - 70} \tag{2-45}$$

代入数据可得本例中镍铁渣粉的活性系数 α_{NT} =0.67，镍铁渣粉的取代系数 δ_{NT} =1.5。在混凝土配合比设计过程中可以用 1kg 镍铁渣粉取代 0.67kg 与对比试验相同的水泥，或者用 1.5kg 镍铁渣粉取代 1kg 与对比试验相同的水泥。这种设计思路在水泥和镍铁渣粉用量的计算方面实现了适量取代，准确合理地使用了镍铁渣粉。

表 2-31 给出了镍铁渣粉活性等级、活性指数、活性系数与取代系数的对照关系。

表 2-31　镍铁渣粉活性等级、活性指数、活性系数与取代系数的对照

技术指标	G80		G90		G100	
活性指数/%	80	85	90	95	100	105
活性系数	0.33	0.5	0.67	0.83	1.0	1.17
取代系数	3.0	2.0	1.5	1.2	1.0	0.85

2.10　复合掺合料

2.10.1　混凝土用复合掺合料

1. 复合掺合料的生产

复合掺合料是把粉煤灰、矿渣、硅灰、火山灰、石灰石、炉渣和沸石等由两种或者两种以上矿物质粉磨混合形成的粉体材料。由于我国地域广阔，钢铁企业和热电厂分布不均衡，好多地方没有矿渣粉和粉煤灰资源，为了改善混凝土性能、

节约水泥以及充分利用活性的资源，采用超细粉磨技术生产复合掺合料用于混凝土生产非常普遍。这些地区生产的超细复合掺合料的组分可能含有矿渣粉、钢粉、粉煤灰、火山灰、炉渣粉、石灰石粉和沸石粉等的任意两种或者两种以上。

2. 复合掺合料活性激发机理

1）超细增强

复合掺合料粉磨过程中大多掺加复合催化剂，使材料的易磨性改善，复合催化剂具有强力分散作用。在粉磨过程中，矿渣、粉煤灰、硅灰、沸石、钢渣、磷渣和石灰石等经混合进入磨机后，由于这些原料颗粒内部都存在结构缺陷和微裂纹，复合催化剂的加入就如同楔子一样进入缺陷和微裂纹部位，在原料内部形成强大的膨胀应力，当磨机运转时研磨体撞击和挤压这些原料颗粒，由于内外应力的共同作用，材料更容易磨细，从而提高比表面积，增加了复合掺合料参与化学反应的面积，改善了复合掺合料的颗粒级配，最终使复合掺合料的反应活性和填充效果提高。

2）相似相溶增强原理

粉磨过程中掺加的复合催化剂由多种无机物及有机物经化学反应制成，分子晶体结构中存在各种类似于熟料、矿渣、沸石、粉煤灰、石膏的晶种，在胶凝材料水化反应过程中，由于固相反应生成的固溶胶结构与晶种相似，互相溶解、分散吸收了大量中间产物及自由水，减少了溶胶颗粒的离散性及自由水蒸发引起的空隙、孔洞及结构缺陷，使整个硬化胶凝材料浆体内部趋于密实、均匀、连续，提高了复合掺合料的活性。

3）交互增强机理

采用炉渣、矿渣、沸石、石膏、粉煤灰和复合催化剂混合生产复合掺合料，其中任意两种材料之间在加水水化后都能相互激发，相互反应，形成大量的柱状钙矾石、层片状 $Ca(OH)_2$ 晶体，以及网状、纤维状水化 C-S-H 凝胶。这些产物彼此填充，互相缠绕，将硬化胶凝材料浆体牢固地黏结成一个整体，组成一座含有大量凝胶孔的"密实大厦"，同时各种组分晶格在逐步水化时还能沿不同方向增长，有效补偿了不够密实的部位，减少了单一组分水化不能弥补的缺陷，起到了互相结合、有效利用各自优势的补强作用，产生交互作用，使复合掺合料的活性提高。

3. 复合掺合料的技术指标

复合掺合料是国内供应量很大的一种矿物掺合料，广泛用于 C20～C60 混凝土中，在改善混凝土性能和降低企业生产成本方面发挥了巨大的作用，性能指标满足《混凝土用复合掺合料》(JG/T 486—2015) 的技术要求。在混凝土生产应用过程中主要考虑复合掺合料的化学反应活性。

混凝土用复合掺合料的技术指标应符合表 2-32 的要求。

表 2-32　混凝土用复合掺合料的技术指标

技术指标		普通型			早强型	易流型
		Ⅰ级	Ⅱ级	Ⅲ级		
细度(45μm 方孔筛筛余)/%		≤ 12	≤ 25	≤ 30	≤ 12	≤ 12
流动度比/%		≥ 105	≥ 100	≥ 95	≥ 95	≥ 110
活性指数/%	1d	—	—	—	≥ 120	—
	7d	≥ 80	≥ 70	≥ 65	—	≥ 65
	28d	≥ 90	≥ 75	≥ 70	≥ 110	≥ 65
胶砂抗压强度增长比		≥ 0.95			≥ 0.90	
含水量/%		≤ 1.0				
氯离子质量分数/%		≤ 0.06				
SO₃ 质量分数/%		≤ 3.5				≤ 2.0
安定性	沸煮法	合格				
	压蒸法	压蒸膨胀率不大于 0.50%				
放射性		合格				

注：普通型、易流型在流动度比、活性指数和胶砂抗压强度增长比试验中，胶砂配比中复合掺合料占胶凝材料总质量的 30%；早强型在流动度比、活性指数和胶砂抗压强度增长比试验中，胶砂配比中复合掺合料占胶凝材料总质量的 10%。当复合掺合料组分中含有硅灰时，可不检测细度指标。沸煮法仅针对以 C 类粉煤灰、钢渣或复合掺合料中一种或几种组分的复合掺合料，压蒸法仅针对以钢渣或钢渣粉为组分的复合掺合料。

2.10.2　复合掺合料的主要技术参数

考虑到复合掺合料原材料的复杂性以及成分的多变性，复合掺合料的活性检测借鉴了粉煤灰的检测方法，本书在国家标准基础上提出了复合掺合料活性系数的概念及计算方法，方便大家在配合比设计的过程中实现水泥和复合掺合料之间的等活性换算。本书以表观密度和比表面积作为计算基准，提出了复合掺合料的填充因子计算公式，方便大家在配合比设计过程中实现不考虑化学反应时水泥和复合掺合料之间的等填充换算。

1. 复合掺合料必须检测的技术指标

1)对比强度及活性指数

复合掺合料有一定的化学反应活性，可以为混凝土提供一定的强度，由于复合掺合料加水后各种组分的交互作用，在养护充分的条件下，混凝土强度会稳定增长。复合掺合料水化热较低，配制的混凝土不易开裂。准确检测复合掺合料对比强度，计算活性指数和活性系数，是合理利用复合掺合料配制混凝土的关键。

2) 表观密度

为了计算复合掺合料在混凝土中所占的体积，一旦复合掺合料用量确定，就需要知道其表观密度，因此在混凝土配制及生产应用过程中必须检测复合掺合料的表观密度；同时在配制高强混凝土的过程中计算填充系数时也需要知道超细复合掺合料的表观密度，因此表观密度是复合掺合料使用过程中必检的一项技术指标。由于复合掺合料使用的原材料不同，表观密度差别很大，最低只有 $1500kg/m^3$，最高达 $2950kg/m^3$。

3) 比表面积

对于常用的复合掺合料，一般不需要考虑比表面积，根据反应活性使用。为了降低水化热，在配制高强高性能混凝土时会用到超细复合掺合料，利用超细复合掺合料的填充效应，就需要考虑超细复合掺合料的比表面积。为了确保配制的高强高性能混凝土具有良好的工作性、较高的强度以及良好的耐久性，超细复合掺合料的比表面积控制在 $400\sim600m^2/kg$。

4) 流动度比

流动度比是复合掺合料在搅拌过程中达到与水泥相同的流动状态时所需水分与水泥使用的水分的比值。影响超细复合掺合料流动度比的最主要因素是超细复合掺合料中的各种组成成分，其次是超细复合掺合料的比表面积。流动度比是影响超细复合掺合料性能的一项重要指标，常用复合掺合料的流动度比差异很大，最低为80%，最高可达到110%。

2. 复合掺合料填充系数的计算

超细复合掺合料的填充效应是指超细复合掺合料的微细颗粒均匀分布于水泥浆体的基相中，改善混凝土的性能，提高混凝土的强度。超细复合掺合料的表观密度与比表面积的乘积除以对比试验用水泥的表观密度与比表面积的乘积所得的商开二次方所得数值即是超细复合掺合料的填充系数，计算公式为

$$u_{FH} = \sqrt{\frac{\rho_{FH}S_{FH}}{\rho_C S_C}} \tag{2-46}$$

式中，u_{FH} 为复合掺合料的填充系数；ρ_{FH} 为复合掺合料的表观密度，kg/m^3；S_{FH} 为复合掺合料的比表面积，m^2/kg。

填充系数的物理意义为 1kg 超细复合掺合料填充效应产生的强度相当于 $u_{FH}kg$ 水泥产生的强度。

3. 复合掺合料活性指数的计算

1)强度检测

测定试验胶砂和对比胶砂的抗压强度,以二者抗压强度之比确定复合掺合料试样的活性指数。试验胶砂和对比胶砂材料用量见表2-33。

表 2-33 试验胶砂和对比胶砂材料用量(复合掺合料)

胶砂种类	水泥/g	复合掺合料/g	标准砂/g	水/mL	28d 抗压强度/MPa
对比胶砂	450	—	1350	225	50
试验胶砂	315	135	1350	225	45

2)活性指数的计算

复合掺合料活性指数按式(2-47)计算:

$$H_{28} = \frac{R_{FH}}{R_0} \times 100\%$$

(2-47)

式中,H_{28} 为复合掺合料 28d 的活性指数,%;R_{FH} 为掺复合掺合料试验胶砂 28d 抗压强度,MPa;R_0 为水泥对比胶砂 28d 抗压强度,MPa。

4. 复合掺合料活性系数的计算

1)根据对比强度计算活性系数

根据对比胶砂可知,450g 水泥提供的强度 R_0 为 50MPa,则 315g 水泥提供的强度为 $0.7R_0$=35MPa,135g 水泥提供的强度为 $0.3R_0$=15MPa,那么掺复合掺合料的试验胶砂提供的强度包括 315g 水泥提供的强度(即 $0.7R_0$=35MPa)与 135g 复合掺合料提供的强度(即 R_{FH}–$0.7R_0$=10MPa)。因此,复合掺合料的活性系数由式(2-48)求得:

$$\alpha_{FH} = \frac{R_{FH} - 0.7R_0}{0.3R_0}$$

(2-48)

式中,α_{FH} 为复合掺合料的活性系数;R_{FH} 为掺复合掺合料试验胶砂 28d 抗压强度,MPa;R_0 为水泥对比胶砂 28d 抗压强度,MPa。

2)根据活性指数计算活性系数

$$\alpha_{FH} = \frac{H_{28} - 70}{30}$$

(2-49)

5. 复合掺合料取代系数的计算

复合掺合料的取代系数用 δ_{FH} 表示，其数值为活性系数的倒数，即

$$\delta_{FH} = \frac{30}{H_{28} - 70} \tag{2-50}$$

代入以上数据可得本例中复合掺合料的活性系数 α_{FH} =0.67，复合掺合料的取代系数 δ_{FH} =1.5。在混凝土配合比设计过程中可以用 1kg 复合掺合料取代 0.67kg 与对比试验相同的水泥，或者用 1.5kg 复合掺合料取代 1kg 与对比试验相同的水泥。这种设计思路在水泥和复合掺合料用量的计算方面实现了适量取代，准确合理地使用了超细复合掺合料。

复合掺合料活性等级、活性指数、活性系数与取代系数的对照见表 2-34。

表 2-34　复合掺合料活性等级、活性指数、活性系数与取代系数的对照

技术指标	S75		S95		S105	
活性指数/%	80	90	96	103	106	113
活性系数	0.33	0.67	0.87	1.1	1.2	1.43
取代系数	3.0	1.5	1.15	0.91	0.83	0.70

第3章 砂石骨料

3.1 天然细骨料

3.1.1 天然砂

天然砂是建设用砂的一种，是自然生成，经人工开采和筛分后，粒径小于4.75mm 的岩石颗粒，具体包括河砂、湖砂、山砂、淡化海砂等，但不包括软质、风化的岩石颗粒。天然砂的主要化学成分为石英，质地坚硬，是普通砂浆和混凝土常用的细骨料，按产源可以分为河砂、海砂、山砂等，按细度模数可以分为粗砂、中砂、细砂、特细砂和粉砂五种。

1. 天然砂的来源

1) 河砂

河砂指河水中的天然石经自然力的作用，受河水的冲击和侵蚀而形成的一种符合一定质量标准的建筑材料，常用于混凝土的制备，是我国建筑用天然砂的主要来源。

2) 湖砂

湖砂指产自湖泊的天然砂，这种砂主要分布在我国东部平原湖区和青藏高原湖区，我国的建设用湖砂主要采自淡水湖。

3) 山砂

山砂是岩石风化后在原地沉积而成的天然砂，风化较严重，含有较多泥、有机杂质和轻物质，其中颗粒有棱角。在所有天然砂中，这种砂质量是最差的，在开采时一般需要洗砂，而洗砂对环境污染严重，且我国不需经过洗砂工艺的优质山砂较少，大部分山砂含泥量大，未经洗砂而用于制备混凝土会严重影响混凝土的性能，进而影响工程质量。

4) 淡化海砂

海砂是海里的石头在波浪的冲击下形成的砂子颗粒，多出产于海洋和入海口附近的砂，如滩砂、海底砂、入海口附近的砂。海岸海砂主要分布在我国山东、辽宁、福建、广东、广西、海南、浙江沿海等地，浅海海砂主要分布在我国台湾浅滩、琼州海峡东口、珠江口外等地。

2. 天然砂的技术指标

参考《建设用砂》(GB/T 14684—2022)中天然砂的技术指标,天然砂的含泥量应符合表 3-1 的规定,天然砂的累计筛余应符合表 3-2 的规定,天然砂的分计筛余应符合表 3-3 的规定。

表 3-1　天然砂的含泥量　　　　　　　　　(单位:%)

类别	Ⅰ 类	Ⅱ 类	Ⅲ 类
含泥量	≤1.0	≤3.0	≤5.0

表 3-2　天然砂的累计筛余

方孔筛尺寸/mm	累计筛余/%		
	1 区	2 区	3 区
4.75	10~0	10~0	10~0
2.36	35~5	25~0	15~0
1.18	65~35	50~10	25~0
0.60	85~71	70~41	40~16
0.30	95~80	92~70	85~55
0.15	100~90	100~90	100~90

表 3-3　天然砂的分计筛余

方孔筛尺寸/mm	4.75	2.36	1.18	0.60	0.30	0.15	筛底
分计筛余/%	0~10	10~5	10~15	20~31	20~30	5~15	0~20

注:对于天然砂,筛底的分计筛余不应大于 10%。

天然砂中的有害物质(如云母、轻物质、有机物、硫化物及硫酸盐、氯化物、贝壳)含量应符合表 3-4 的规定。

表 3-4　天然砂中的有害物质含量

有害物质	Ⅰ 类	Ⅱ 类	Ⅲ 类
云母(按质量计)/%	≤1.0	≤2.0	
轻物质(按质量计)[a]/%	≤1.0		
有机物	合格		
硫化物及硫酸盐(按 SO_3 质量计)/%	≤0.5		

有害物质	I 类	II 类	III 类
氯化物(以氯离子质量计)/%	≤ 0.01	≤ 0.02	≤ 0.06[b]
贝壳(以质量计)[c]/%	≤ 3.0	≤ 5.0	≤ 8.0

注：a 天然砂中含有浮石、火山渣等天然轻骨料时，经试验验证，该指标可不做要求。

b 对于钢筋混凝土用净化处理的海砂，其氯化物质量分数应小于或等于0.02%。

c 该指标仅适用于处理的海砂，其他砂不作要求。

3.1.2 天然砂的技术参数

1. 最佳颗粒级配

天然砂的颗粒级配是指大小不同颗粒的搭配程度。采用孔径为 4.75mm、2.36mm、1.18mm、0.60mm、0.30mm、0.15mm 的标准筛，将 500g 干天然砂由粗到细依次筛分，然后称量每一个筛上的筛余量，并计算出各筛的分计筛余。在配制混凝土时，0.15mm、0.30mm 和 0.60mm 三个筛子的分计筛余分别控制在 (20±5)% 时，配制的混凝土拌和物的工作性最佳。

2. 含泥量及泥块含量

国家标准规定，河砂中粒径小于 0.075mm 的黏土、淤泥、石屑等粉状物统称为泥，经过近三十年的实际使用可知，河砂中粒径小于 0.075mm 的颗粒可以溶解于水中的部分属于泥，不溶于水的部分是砂子母岩冲撞过程中形成的粉末，应该属于石粉或者砂粉，不是泥。块状的黏土、淤泥统称为泥块或黏土块(细骨料指粒径大于 1.20mm 的颗粒，经水洗手捏后成为粒径小于 0.60mm 的颗粒；粗骨料指粒径大于 4.75mm 的颗粒，经水洗手捏后成为粒径小于 2.36mm 的颗粒)。泥常包裹在砂的表面，因而会大大降低砂与水泥石间的界面黏结力，使混凝土的强度降低，同时泥的比表面积大，可以吸附大量的外加剂，降低混凝土拌和物的流动性，或增加拌和用水量和水泥用量，加快混凝土的干缩与徐变，并使混凝土的耐久性降低。泥块对混凝土性质的影响与泥基本相同，但危害更大。在混凝土配合比设计计算过程中，考虑资源短缺，本书中混凝土用天然砂控制含泥量小于 5.0%，泥块质量分数小于 1.0%，含泥量用 H_n(%) 表示。

3. 紧密堆积密度

天然砂的密度是混凝土配制过程中非常重要的一个参数。当混凝土中的天然砂处于工作状态时，其真实的密度既不是自然堆积条件下的松散堆积密度，也不是理想状态下的表观密度，而是在一定压力作用下紧密堆积时对应的密度值，称

为紧密堆积密度 ρ_S(kg/m³)。对于质量均匀稳定的混凝土，天然砂的紧密堆积密度是混凝土浇筑完毕后天然砂均匀且紧密地填充于混凝土中对应的密度值，由于混凝土浇筑的高度不同，在工作状态下天然砂的紧密堆积密度不同，天然砂紧密堆积密度测试压力根据混凝土一次浇筑的高度确定。单方混凝土中砂子的合理用量应该用石子的空隙率 P(%) 乘以天然砂的紧密堆积密度 ρ_S(kg/m³) 求得。由于民用建筑的标准层高度为 3m，混凝土柱子一次浇筑的高度为 3m，类似地，市政过街天桥墩柱一次浇筑的高度为 4.5m，高速公路和高速铁路桥梁墩柱一次浇筑的高度大多在 8m。浇筑后没有凝固的混凝土拌和物具有流动性，在模板内部的混凝土拌和物中天然砂受到的压力与液体一样，可根据帕斯卡定律计算该压力，即

$$p = \rho_{混凝土}gh$$

式中，$\rho_{混凝土}$ 为混凝土拌和物的密度，本书取 2400kg/m³；g 为重力加速度，本书取 10N/kg；h 为混凝土拌和物浇筑后的高度，本书中民用建筑取 3m，市政建筑取 4.5m，高速公路和高速铁路桥梁墩柱取 8m。

代入数据可得民用建筑：

$$p = \rho_{混凝土}gh = 2400 \times 10 \times 3 = 72(kN/m^2)$$

市政建筑：

$$p = \rho_{混凝土}gh = 2400 \times 10 \times 4.5 = 108(kN/m^2)$$

高速公路和高速铁路桥梁墩柱：

$$p = \rho_{混凝土}gh = 2400 \times 10 \times 8 = 192(kN/m^2)$$

考虑浇筑过程中混凝土密度有时大于 2400kg/m³，在测量天然砂紧密堆积密度时，用于民用建筑的天然砂测试压力选择 72kN，用于市政建筑的天然砂测试压力选择 108kN，用于高速公路和高速铁路桥梁墩柱的天然砂测试压力选择 192kN。

4. 含石率

国家标准允许砂子中含有少量粒径大于 5mm 的粗颗粒，本书中用含石率 H_G 表示。当天然砂的含石率较高时，小石子也是粗骨料，而天然砂的称量过程没有考虑这些石子的数量问题，因此生产过程中实际的天然砂用量小于配合比设计计算用量，使混凝土拌和物的实际砂率小于计算砂率，这就是相同配合比的条件下含石率提高导致混凝土实际砂率降低从而使混凝土拌和物初始流动性变差、坍落度经时损失变大的原因。因此，在生产过程中必须及时检测天然砂的含石率并及

时调整配合比。

5. 含水率

由于水泥检验采用 0.5 的水胶比，扣除水泥标准稠度用水，润湿标准砂所用的水介于 5.7%～7.7%，这个范围内水的变化对水泥强度造成的影响认为在系统误差值内，可以不用考虑。在混凝土配合比设计过程中，测出天然砂的含水率，计算时以干砂为基准。对于天然砂，控制砂子总用水的合理值为 6%～8%。

3.1.3 天然砂技术参数的测量

(1)将天然砂装入砂子压实仪,用压力机将天然砂压至 72kN、108kN 或 192kN,控制加压速度小于 3kN/s,测出 1L 天然砂的质量(kg),计算天然砂的紧密堆积密度 ρ_S(kg/m^3)。

(2)用 4.75mm 的筛子将粒径大于 4.75mm 的粗颗粒筛出并称取质量(kg),计算出天然砂的含石率 H_G(%)。

(3)按照国家标准检测并计算出天然砂的含水率 H_W(%),用天然砂的紧密堆积密度、含石率和含水率进行配合比设计。

砂子压实仪如图 3-1 所示。

图 3-1　砂子压实仪

3.1.4 市场销售天然砂存在的问题

骨料质量问题是混凝土原材料中一个十分重要的问题，骨料品种繁多，乱象丛生，严重影响到混凝土的质量。骨料供应紧张只是其中的一个方面，主要原因是管理人员对骨料质量不重视，或者混凝土企业管理人员对骨料干涉过多，"重水泥、轻骨料"的思想根深蒂固。有些管理人员认为只要水泥质量不出问题，混凝土质量就有保障，在这种思维的支配下，低价采购了骨料。重视砂石骨料质量的混凝土企业，原材料供应紧张时依然有不错的骨料供应，不重视砂石骨料质量的混凝土企业，即使原材料供应充足，也使用较差的原材料。

砂石骨料质量问题主要表现在以下几方面：

(1)骨料含泥量大。由于多地禁止开采河砂，即使有河砂供应，也是含泥量偏大，质量较差。很多混凝土企业采用石子下脚料——石屑作为细骨料，有时石粉中含泥量惊人。

(2)骨料级配差。主要表现在砂石料厂将石子筛分成 5～10mm、10～25mm、20～31.5mm 等粒级销售，混凝土企业单独使用造成级配差。此外，石子厂的下脚料石屑往往被当成机制砂销售给混凝土企业，石屑的级配大多两头颗粒含量大、中间颗粒不足，给配制混凝土带来困难。

(3)细骨料细度模数变化大。细骨料来源和材质不同，造成细度模数差异很大，混凝土企业细骨料供应商往往有多个，来料交叉进行，加剧了细骨料的细度模数波动。

(4)骨料材质差。骨料中含有大量的风化软弱颗粒，造成压碎值高，吸水率偏高，从而造成混凝土拌和物工作性变差，混凝土强度偏低，耐久性变差。

(5)骨料粒形差。受骨料母岩材质和生产工艺影响，骨料针片状颗粒含量偏高，但不规则的粒形导致混凝土工作性、力学性能变差。

加强砂石骨料检测是控制骨料质量的关键。初步判定细骨料的质量好坏采取"经验+试验"的方法进行，经验为辅，试验为主。细骨料的经验检测方法采取"看、捏、搓、抛和洗"等方法。"看"，即看级配，估计粗细程度，抓一把砂摊在手心，细看粗细砂粒是否分布均匀，分布越均匀，级配越好；"抓"，用手抓一把砂估计含水率，抓一下看砂团的状态，砂团越紧证明含水率越高，反之含水率越低；"搓"，抓一把砂在手心，用两手掌搓后，轻轻拍手，看手心上黏附的泥层，泥层越多且黄证明砂含泥量高，反之含泥量低；"抛"，砂握成团后在手心抛一抛，若砂团不松散，可以判定出砂细、含泥量或含水率较高；"洗"，抓一把砂在水中洗一下，观察浑水的程度判定含泥量，以及洗后砂颗粒的材质、粒形。粗骨料的经验检测主要靠"看和磨"等直观方法。"看"，即看颗粒级配，看粗骨料粒形，看表面杂质及含泥量，看风化软颗粒含量；然后再结合"磨"，即两个或多个粗骨料颗粒在手中磨，判定粗骨料的坚硬程度。

经过初步判定的骨料，如果对质量产生怀疑，应立即试验验证，以便定量分析。

3.2 机制砂骨料

3.2.1 机制砂的制造工艺

机制砂是天然矿山岩石经除土、机械破碎和筛分制得的粒径小于 4.75mm 的岩石颗粒。机制砂工艺大致由锤式破碎机制砂、棒磨机制砂、立轴破制砂的单破碎段制砂工艺发展到立轴破碎机与棒磨机联合制砂、两级立轴破联合制砂的多破碎段联合制砂工艺。根据制砂过程，除尘方式分为干法、湿法、半干法等生产工艺。机制砂在破碎筛分的过程中，由于破碎设备中的筛子安装不合理、筛子在生产过程中出现破损未能及时维修更换，生产的机制砂缺少某一种细颗粒，机制砂在降低含泥量时通过添加絮凝剂在水池中清洗，使机制砂中的细颗粒同机制砂中的泥沉入水底，导致机制砂普遍缺少 0.60mm、0.30mm 和 0.15mm 三级细颗粒。

1. 锤式破碎机制砂工艺

石料由原料仓经给料机、胶带输送机送入锤式破碎机，经破碎后送入筛分机分级，大于 4.75mm 的石料全部返回转料仓进行闭路循环，小于 4.75mm 的石料进入成品砂仓。

锤式破碎机制砂工艺采用干法生产，设备成本低、见效快，但产量低、磨损件消耗大、粉尘飞扬严重，且砂的细度模数及质量控制较难。目前，这种工艺在大、中型水电工程砂石加工系统中已很少使用，但在小型砂石加工系统及工业与民用建设中的砂石系统中仍有使用。

2. 棒磨机制砂工艺

物料由棒磨机给料部的进料中空轴进入筒体内，电动机带动装有钢棒的筒体旋转，物料受到钢棒的撞击以及钢棒与筒体衬板间的粉磨之后从排料中空轴流出，进入洗砂机洗砂、选砂。

棒磨机一般采用湿法生产，具有结构简单、操作方便、设备可靠、产品粒形好、粒度分布均匀、细度模数可调、质量稳定等优点，适用于难碎岩石、中等可碎岩石，虽然棒磨机加工会产生较多石粉，但洗砂环节石粉流失严重，成品砂裹粉后造成脱粉困难，而且存在制砂单位能耗高、钢棒耗量大、齿轮润滑油耗量大、噪声大、成品砂脱水困难、进料粒径小（≤25mm）、运行成本高等缺陷，现已不作为主要制砂设备，仅用于配合立轴破制砂调节砂中石粉含量和细度模数。

湿法制砂工艺，砂的脱水周期长，会影响成品砂的产量，需要较大的砂仓，且砂的石粉流失量大、回收难，造成成品砂的石粉含量低，生产废水对环境造成的污染较大，水处理费用高，较难实现资源循环使用；成品砂含水率不易控制在6%以下。

3. 立轴破制砂工艺

石料由转料仓经给料机送入立轴破碎机，经破碎后送入筛分机，大于 5mm 的石料全部返回转料仓进行循环；5～2.5mm 的石料分两路输出，一路返回转料仓、破碎机再破碎，另一路进入成品砂仓；小于 2.5mm 的石料进入成品砂仓。

立轴破制砂工艺流程简单，特别适用于灰岩破碎，具有单位能量消耗低、产品粒形好、定子磨损低等优点。5～2.5mm 的石料反复循环破碎，破碎效果差，能量损耗略偏大。成品砂中粗颗粒及细颗粒偏多，2.5～1.25mm、1.25～0.63mm 粒径颗粒含量少，即"两头大中间小"的缺陷。

半干法生产工艺一般是指前湿后干生产工艺，即预筛分采用湿法生产并控制出料含水率，部分 5～40mm 的颗粒脱水后作为制砂原料，制砂破碎机排出料的含水率控制在 2%～5%，检查筛分不再喷淋水，主要适用于原料含泥量不太高、砂要求含粉量较高的系统。但缺点是制砂原料经过水洗，在进入立轴破碎机前必须采取可靠措施脱水，需确保进入立轴破碎机的原料含水率不大于 3%，否则会严重影响制砂效果和检查筛分效率。

4. 立轴破碎机与棒磨机联合制砂工艺

石料由转料仓经给料机、胶带机分别送入立轴破碎机和棒磨机，经破碎后送入筛分机分级，大于 4.75mm 的石料全部返回转料仓进行循环，棒磨机粉磨后的物料进入洗砂机洗砂、选砂，再经过脱水筛脱水，小于 2.36mm 的石料与立轴破碎机得到的小于 4.75mm 的粗砂混合进入成品砂仓。该工艺集中了立轴破碎机、棒磨机制砂的优点，克服了各自的缺点，如中间粒径颗粒含量问题、石粉过多流失问题等，提高了出砂率。

采用立轴破碎机与棒磨机联合制砂，既能根据原料变化灵活调节成品的细度模数和石粉含量，保证成品砂质量，又能有效控制制砂成本。

5. 两级立轴破联合制砂工艺

石料由转料仓经给料机、胶带机送入常(低)速度(50～70m/s)的立轴破碎机，破碎后进入筛分机，大于 4.75mm 的石料返回转料仓，4.75～2.36mm 的一部分石料直接进入成品砂仓，另外一部分石料送入高速度(>75m/s)的立轴破碎机再破碎，经再破碎的石料与小于 2.36mm 的石料混合后进入成品仓。

高速立轴破碎机的破碎腔体最好为"石打铁"型,给料量要低些。原因是4.75~2.36mm粒径石料较小、质量较轻,要使其破碎必须获得较多的有效碰撞能量。采用两种速度的立轴破碎机制砂,适当增大高速破碎机进料的粒径,可进一步提高成品砂中的石粉含量及降低成品砂的细度模数。

3.2.2 机制砂的技术指标

参考《建设用砂》(GB/T 14684—2022)中的技术指标,机制砂的泥块含量应符合表3-5的规定,机制砂的累计筛余应符合表3-6的规定,机制砂的分计筛余应符合表3-7的规定,机制砂的压碎指标应满足表3-8的规定,机制砂的石粉含量应符合表3-9的规定。

表3-5 机制砂的泥块含量 (单位:%)

类别	Ⅰ类	Ⅱ类	Ⅲ类
泥块质量分数	≤0.2	≤1.0	≤2.0

表3-6 机制砂的累计筛余

方孔筛尺寸/mm	累计筛余/%		
	1区	2区	3区
4.75	5~0	5~0	5~0
2.36	35~5	25~0	15~0
1.18	65~35	50~10	25~0
0.60	85~71	70~41	40~16
0.30	95~80	92~70	85~55
0.15	97~85	94~80	94~75

表3-7 机制砂的分计筛余

方孔筛尺寸/mm	4.75	2.36	1.18	0.60	0.30	0.15	筛底
分计筛余/%	0~10	10~15	10~15	20~31	20~30	5~15	0~20

注:对于机制砂,4.75mm筛的分计筛余不应大于5%。对于MB>1.4的机制砂,0.15mm筛和筛底的分计筛余之和不应大于25%。

表3-8 机制砂的压碎指标 (单位:%)

类别	Ⅰ类	Ⅱ类	Ⅲ类
单级最大压碎指标	≤20	≤25	≤30

表 3-9　机制砂的石粉含量

类别	亚甲蓝值(MB)	石粉含量/%
Ⅰ类	MB≤0.5	<15.0
	0.5<MB≤1.0	<10.0
	1.0<MB≤1.4 或快速法合格	<5.0
	MB>1.4 或快速法不合格	<1.0
Ⅱ类	MB≤1.0	<15.0
	1.0<MB≤1.4 或快速法合格	<10.0
	MB>1.4 或快速法不合格	<3.0
Ⅲ类	MB≤1.4 或快速法合格	<15.0
	MB>1.4 或快速法不合格	<5.0

注：砂浆用砂的石粉含量不受限制，根据使用环境和用途，经试验验证，由供需双方协商确定，Ⅰ类砂石粉质量分数可放宽至不大于 3%，Ⅱ类砂石粉质量分数可放宽至不大于 5%，Ⅲ类砂石粉质量分数可放宽至不大于 7%。

3.2.3　机制砂的技术参数

1. 最佳颗粒级配

机制砂的颗粒级配是指大小不同颗粒的搭配程度。采用孔径为 4.75mm、2.36mm、1.18mm、0.60mm、0.30mm、0.15mm 的标准筛，将 500g 干砂由粗到细依次筛分，然后称量每一个筛上的筛余量，并计算出各筛的分计筛余。由于机制砂制造过程中过度冲洗和絮凝剂的使用，机制砂普遍存在缺少细颗粒、对外加剂吸附严重的问题。在配制混凝土时，选用的机制砂 0.15mm、0.30mm 和 0.60mm 三个筛子的分计筛余分别控制在(20±5)%时，配制的混凝土拌和物工作性最佳。

2. 含泥量及泥块含量

国家标准规定，机制砂中粒径小于 0.075mm 的一部分为石粉，其中含有的黏土、淤泥、石屑等粉状物统称为泥，块状的黏土、淤泥统称为泥块或黏土块(细骨料指粒径大于 1.20mm 的颗粒，经水洗手捏后成为小于 0.60mm 的颗粒；粗骨料指粒径大于 4.75mm 的颗粒，经水洗手捏后成为小于 2.36mm 的颗粒)。泥常包裹在砂的表面，因而会大大降低砂与水泥石间的界面黏结力，使混凝土的强度降低，同时泥的比表面积大，可以吸附大量的外加剂，降低混凝土拌和物的流动性，或增加拌和用水量和水泥用量，加快混凝土的干缩与徐变，并使混凝土的耐久性降低。泥块对混凝土性质的影响与泥基本相同，但危害更大。在混凝土配合比设计计算过程中，考虑到资源短缺，本书中混凝土用机制砂控制含泥量小于 5.0%，泥块质量分数小于 1.0%，含泥量用 H_n 表示。

3. 机制砂 MB 值

为了区分机制砂中粒径小于 0.075mm 的成分是石粉还是黏土，国家标准引入了亚甲蓝试剂，用 MB 值的大小确定机制砂中的粉末属于黏土质还是石材粉末。如果检测的机制砂属于石灰石质材料，亚甲蓝试剂会与黏土质成分发生反应显示蓝色而与石灰石粉不发生反应，能够准确区分 0.075mm 以下成分是否含泥。由于近年来生产机制砂时使用的母岩品种增加，有的机制砂母岩与石灰石质机制砂具有相同的化学反应属性，用亚甲蓝试剂检测是否含泥是可行的；有的机制砂母岩与石灰石质机制砂完全不同，用亚甲蓝试剂检测会发现 MB 值很高，用水洗法检测则含泥量不高，在配制混凝土的过程中也不吸附外加剂，配制的混凝土工作性、强度和耐久性指标均正常，因此这类机制砂与石灰石质机制砂具有完全不同的化学反应属性，无法用 MB 值确定其含泥量。

4. 紧密堆积密度

机制砂的密度是混凝土配制过程中非常重要的一个参数，当混凝土处于工作状态时，机制砂真实的密度既不是自然堆积条件下的堆积密度，也不是理想状态下的表观密度，而是在一定压力作用下紧密堆积时对应的密度值，称为紧密堆积密度 $\rho_S(kg/m^3)$。对于质量均匀稳定的混凝土，机制砂的紧密堆积密度是混凝土浇筑完毕后机制砂均匀且紧密地填充于混凝土中对应的密度值，由于混凝土浇筑的高度不同，在工作状态下机制砂的紧密堆积密度不同，机制砂紧密堆积密度测试压力根据混凝土一次浇筑的高度确定。单方混凝土中机制砂的合理用量应该用石子的空隙率 $P(\%)$ 乘以砂子的紧密堆积密度 $\rho_S(kg/m^3)$ 求得。由于民用建筑的标准层高度为 3m，混凝土柱子一次浇筑的高度为 3m，市政过街天桥墩柱一次浇筑的高度为 4.5m，高速公路和高速铁路桥梁墩柱一次浇筑的高度大多数在 8m，浇筑后没有凝固的混凝土拌和物具有流动性，在模板最底部的混凝土拌和物中机制砂受到的压力与液体一样，可根据帕斯卡定律计算，即

$$p = \rho_{混凝土}gh$$

式中，$\rho_{混凝土}$ 为混凝土拌和物的密度，本书取 2400kg/m^3；g 为重力加速度，本书取 10N/kg；h 为混凝土拌和物浇筑后的高度，本书中民用建筑取 3m，市政建筑取 4.5m，高速公路和高速铁路桥梁墩柱取 8m。

代入以上数据可得民用建筑：

$$p = \rho_{混凝土}gh = 2400 \times 10 \times 3 = 72(kN/m^2)$$

市政建筑：

$$p = \rho_{混凝土}gh = 2400 \times 10 \times 4.5 = 108(\text{kN/m}^2)$$

高速公路和高速铁路桥梁墩柱：

$$p = \rho_{混凝土}gh = 2400 \times 10 \times 8 = 192(\text{kN/m}^2)$$

考虑混凝土浇筑过程中混凝土密度有时大于 2400kg/m³，在测量机制砂紧密堆积密度时，用于民用建筑的机制砂测试压力选择 72kN，用于市政建筑的机制砂测试压力选择 108kN，用于高速公路和高速铁路桥梁墩柱的机制砂测试压力选择 192kN。

5. 含石率

机制砂在生产过程中含有少量粒径大于 4.75mm 的粗颗粒，本书用含石率 H_G 表示。当机制砂的含石率较高时，由于小石子也是粗骨料，而机制砂称量过程没有考虑这些小石子的数量问题，因此生产过程中实际的机制砂用量小于配合比设计计算用量，使混凝土拌和物的实际砂率小于计算砂率，这就是相同配合比的条件下含石率提高导致混凝土实际砂率降低从而使混凝土拌和物初始流动性变差、坍落度经时损失变大的原因。因此，在生产过程中必须及时检测机制砂的含石率并及时调整配合比。

6. 含水率

由于水泥检验采用 0.5 的水胶比，扣除水泥标准稠度用水，润湿标准砂所用的水介于 5.7%～7.7%，这个范围内水的变化对水泥强度造成的影响认为在系统误差值内，可以不用考虑。在混凝土配合比设计过程中，测出机制砂的含水率，计算时以干砂为基准。对于机制砂，与水泥检验使用的标准砂对应，控制机制砂总用水的合理值为 5.7%～7.7%。

3.2.4　机制砂技术参数的测量

(1)将机制砂装入砂子压实仪，用压力机将机制砂压至 72kN、108kN 或 192kN，控制加压速度小于 3kN/s，测出 1L 机制砂的质量(kg)，计算机制砂的紧密堆积密度 ρ_S(kg/m³)。

(2)用 4.75mm 的筛子将粒径大于 4.75mm 的粗颗粒筛出并称取质量(kg)，计算出机制砂的含石率 H_G(%)。

(3)按照国家标准检测并计算出机制砂的含水率 H_W(%)，用机制砂的紧密堆积密度、含石率和含水率进行配合比设计。

3.3 再生细骨料

3.3.1 再生细骨料的种类

混凝土用再生细骨料主要来源于矿山固废、建筑固废和工业固废。矿山固废再生细骨料主要由铁尾矿、石灰石尾矿和煤矸石等经除土、机械破碎和筛分制得的粒径小于 4.75mm 的固体颗粒组成；建筑固废再生细骨料主要由废弃的红砖、废弃砂浆和废弃混凝土块等经除土、机械破碎和筛分制得的粒径小于 4.75mm 的固体颗粒组成；工业固废再生细骨料由热电厂炉渣、金属冶炼废渣和生活垃圾焚烧炉渣等经过除铁除杂、机械破碎、筛分和精选制得的粒径小于 4.75mm 的固体颗粒组成。

1. 矿山固废

矿山固废指矿石开采过程中，经过剥离围岩排出的废石，矿石经洗选提高品位后排出的尾矿或各种金属矿石，以及提取金属后丢弃的大量矿业固废。可用于混凝土的矿山固废主要包括铁尾矿、石灰石尾矿和煤矸石等。

2. 建筑固废

建筑固废是指在建筑物的建设、拆除、改建等过程中产生的废弃物。建筑垃圾是城市固废的重要组成部分之一，其来源较为广泛，主要包括以下几个方面：建筑施工过程中产生的垃圾，在建筑施工过程中，需要使用大量的材料，如水泥、砖块、钢筋等，这些材料在加工、施工的过程中会产生大量的废弃物，如混凝土碎片、砖块碎片、钢筋切割废料等；建筑物拆除、改建过程中产生的垃圾，在建筑物拆除、改建过程中，需要将原有的建筑物进行拆除或改建，这些工作会产生大量的废弃物，如墙体砖块、木材、石材、玻璃等。

3. 工业固废

工业固废是指在工业生产活动中产生的排入环境的各种废渣、粉尘及其他废物，可分为一般工业废物和危险废物，可以用于混凝土的工业固废属于一般废物，主要包括高炉渣、钢渣、赤泥、有色金属渣、粉煤灰、煤渣、硫酸渣、废石膏、脱硫灰、电石渣、盐泥等。

3.3.2　再生细骨料的特点

1. 矿山固废细骨料

用矿山固废生产的细骨料具有岩性稳定、强度高、结构密实的特点，在配制混凝土方面具有与机制砂接近的优点。目前矿山固废存储比较分散，不同品位的尾矿混合可能引起再生细骨料密度不一样，在生产过程中由于除泥的方法不科学或者除泥措施不到位，经常出现再生细骨料含泥量波动大的问题，引起混凝土拌和物工作性的波动以及外加剂掺量的忽高忽低。因此，矿山固废制作的细骨料在混凝土生产应用过程中需要解决的关键问题是密度的变化和含泥量的监控。

2. 建筑固废细骨料

用建筑固废生产的细骨料具有体积稳定、强度适中、与混凝土结构相似的特点，在配制混凝土方面具有与机制砂接近的优点。目前建筑固废来源不同，成分各异，存储比较分散，红砖类建筑固废疏松多孔，密度较小，砂浆和混凝土类建筑固废结构致密，密度较大，导致不同性能的建筑固废混合可能引起再生细骨料密度不一样，吸水率不一样，在收集和生产过程中，有的企业经过除土除泥处理，有的企业没有采取除土除泥措施，经常出现建筑固废再生细骨料吸水量不稳定、含泥量波动大的问题，在使用过程中影响混凝土拌和物的工作性，达到同样的工作性时外加剂掺量忽高忽低。因此，建筑固废制作的细骨料在混凝土生产应用过程中需要解决的关键问题是实时检测密度的变化、吸水率的变化和含泥量的变化。

3. 工业固废细骨料

用工业固废生产的细骨料具有密度较小、界面黏结牢固、体积贡献率大的特点，在配制混凝土方面具有轻质高强的优点。目前工业固废来源和存储比较分散，不同品质的工业固废混合可能引起工业固废再生细骨料密度不一样，在生产过程中由于密度和吸水率不同，经常出现再生细骨料吸水量和密度波动大的问题，引起混凝土拌和物工作性的波动以及外加剂掺量的忽高忽低，同时工业固废中含有吸水膨胀的组分，影响混凝土的体积稳定性。因此，工业固废制作的细骨料在混凝土生产应用过程中需要解决的关键问题是热体积稳定性、密度变化和吸水率的控制。

3.3.3　再生细骨料的技术指标

参考《混凝土和砂浆用再生细骨料》(GB/T 25176—2010)中的技术指标，再生细骨料的微粉含量和泥块含量应符合表 3-10 的规定，再生细骨料的累计筛余应符合表 3-11 的规定，再生细骨料的压碎指标应符合表 3-12 的规定。

表 3-10   再生细骨料的微粉含量和泥块含量   （单位：%）

技术指标		Ⅰ类	Ⅱ类	Ⅲ类
微粉含量(按质量计)	MB 值<1.40 或合格	<5.0	<7.0	<10.0
	MB 值≥1.40 或不合格	<1.0	<3.0	<5.0
泥块含量(按质量计)		<1.0	<2.0	<3.0

表 3-11   再生细骨料的累计筛余

方孔筛尺寸/mm	累计筛余/%		
	1 区	2 区	3 区
9.50	0	0	0
4.75	10～0	10～0	10～0
2.36	35～5	25～0	15～0
1.18	65～35	50～10	25～0
0.60	85～71	70～41	40～16
0.30	95～80	92～70	85～55
0.15	100～85	100～80	100～75

注：再生细骨料的实际颗粒级配与表中所有数字相比，除 4.75mm 和 0.60mm 筛外，可以略有超出，但是超出总量应小于 5%。

表 3-12   再生细骨料的压碎指标   （单位：%）

类别	Ⅰ类	Ⅱ类	Ⅲ类
单级最大压碎指标	<20	<25	<30

再生细骨料中的有害物质(如云母、轻物质、有机物、硫化物及硫酸盐、氯化物)含量应符合表 3-13 的规定。

表 3-13   再生细骨料中的有害物质含量

有害物质	Ⅰ类	Ⅱ类	Ⅲ类
云母(按质量计)/%		<2.0	
轻物质(按质量计)/%		<1.0	
有机物(比色法)		合格	
硫化物及硫酸盐(按 SO_3 质量计)/%		<2.0	
氯化物(以氯离子质量计)/%		<0.06	

3.3.4　再生细骨料的技术参数

1. 颗粒级配

再生细骨料的颗粒级配是指大小不同颗粒的搭配程度。采用孔径为 4.75mm、2.36mm、1.18mm、0.60mm、0.30mm、0.15mm 的标准筛，将 500g 干再生细骨料由粗到细依次筛分，然后称量每一个筛上的筛余量，并计算出各筛的分计筛余。在配制混凝土时，再生细骨料 0.15mm、0.30mm 和 0.60mm 三个筛子的分计筛余分别控制在(20±5)%时，配制的混凝土拌和物工作性最佳。

2. 含泥量及泥块含量

在混凝土配合比设计计算过程中，考虑到资源短缺，本书中混凝土用再生细骨料控制含泥量小于 5.0%，泥块质量分数小于 1.0%，含泥量用 H_n(%) 表示。

3. 紧密堆积密度

再生细骨料的密度是混凝土配制过程中非常重要的一个参数，当混凝土处于工作状态时，再生细骨料真实的密度既不是自然堆积条件下的堆积密度，也不是理想状态下的表观密度，而是在一定压力作用下紧密堆积时对应的密度值，称为紧密堆积密度 ρ_S(kg/m^3)。对于质量均匀稳定的混凝土，再生细骨料的紧密堆积密度是混凝土浇筑完毕后再生细骨料均匀且紧密地填充于混凝土中对应的密度值，由于混凝土浇筑的高度不同，在工作状态下再生细骨料的紧密堆积密度不同，再生细骨料紧密堆积密度测试压力根据混凝土一次浇筑的高度确定。单方混凝土中再生细骨料的合理用量应该用石子的空隙率 P(%) 乘以再生细骨料的紧密堆积密度 ρ_S(kg/m^3) 求得。由于民用建筑的标准层高度为 3m，混凝土柱子一次浇筑的高度为 3m；市政过街天桥墩柱一次浇筑的高度为 4.5m，高速公路和高速铁路桥梁墩柱一次浇筑的高度大多在 8m，浇筑后没有凝固的混凝土拌和物具有流动性，在模板最底部的混凝土拌和物中再生细骨料受到的压力与液体一样，可根据帕斯卡定律计算，即

$$p = \rho_{混凝土} gh$$

式中，$\rho_{混凝土}$ 为混凝土拌和物的密度，本书取 2400kg/m^3；g 为重力加速度，本书取 10N/kg；h 为混凝土拌和物浇筑后的高度，本书中民用建筑取 3m，市政建筑取 4.5m，高速公路和高速铁路桥梁墩柱取 8m。

代入以上数据可得民用建筑：

$$p = \rho_{混凝土} gh = 2400 \times 10 \times 3 = 72 (\text{kN/m}^2)$$

市政建筑:

$$p = \rho_{混凝土}gh = 2400 \times 10 \times 4.5 = 108(\text{kN/m}^2)$$

高速公路和高速铁路桥梁墩柱:

$$p = \rho_{混凝土}gh = 2400 \times 10 \times 8 = 192(\text{kN/m}^2)$$

考虑混凝土浇筑过程中混凝土密度有时大于 2400kg/m³,在测量再生细骨料紧密堆积密度时,用于民用建筑的再生细骨料测试压力选择 72kN,用于市政建筑的再生细骨料测试压力选择 108kN,用于高速公路和高速铁路桥梁墩柱的再生细骨料测试压力选择 192kN。

4. 含石率

再生细骨料的含石率 $H_G(\%)$ 较高时,因为石子是粗骨料,而再生细骨料的称量过程没有考虑石子的数量问题,所以生产过程中实际的再生细骨料用量小于配合比设计计算用量,使混凝土拌和物的实际砂率小于计算砂率,这就是相同配合比的条件下含石率提高导致混凝土实际砂率降低从而使混凝土拌和物初始流动性变差、坍落度经时损失变大的原因。因此,在生产过程中必须及时检测再生细骨料的含石率并及时调整配合比。

5. 压力吸水率

再生骨料已经大量使用,现实条件下再生细骨料配制混凝土时用水量波动大,因此采用压力吸水率 $Y_W(\%)$ 来确定再生细骨料的用水量 $W_2(\text{kg})$。具体做法是先称取一定量的再生细骨料,用水浸泡至用手可以捏出水分的状态,然后用压力机加压,民用建筑用再生细骨料测试压力选择 72kN,市政建筑用再生细骨料测试压力选择 108kN,高速公路和高速铁路桥梁墩柱用再生细骨料测试压力选择 192kN,挤出水分后称重,计算出再生细骨料的压力吸水率 Y_W,用于混凝土配合比的计算。

3.3.5 再生细骨料技术参数的测量

(1)将再生细骨料装入砂子压实仪,用压力机将再生细骨料压至 72kN、108kN 或 192kN,控制加压速度小于 3kN/s,测出 1L 再生细骨料的质量(kg),计算再生细骨料的紧密堆积密度 $\rho_S(\text{kg/m}^3)$。

(2)用 4.75mm 的筛子将粒径大于 4.75mm 的粗颗粒筛出并称取质量(kg),计算出再生细骨料的含石率 $H_G(\%)$。

(3)称量 1.5 倍 1L 再生细骨料的质量(kg),加水拌湿至能够用手捏出水分,然后将拌湿后的再生细骨料装入砂子压实仪,用压力机将再生细骨料压至 72kN、

108kN 或 192kN，称量压完后的再生细骨料的质量(kg)，计算出再生细骨料吸水的质量(kg)，得到再生细骨料的压力吸水率 $Y_W(\%)$，用再生细骨料的紧密堆积密度、含石率和压力吸水率进行配合比设计。

3.4 粗 骨 料

3.4.1 粗骨料的种类

混凝土常用的粗骨料有碎石、卵石和再生粗骨料三种。碎石是天然岩石、卵石或矿山废石经机械破碎、筛分制成的粒径大于 4.75mm 的岩石颗粒。卵石是由自然风化、水流搬运和分选、堆积而成的粒径大于 4.75mm 的岩石颗粒。再生粗骨料是通过破碎设备将尾矿石、建筑垃圾和工业废渣破碎成粒径大于 4.75mm 的颗粒，经检测各项指标满足国家标准的粗骨料。

3.4.2 粗骨料的技术指标

参考《建设用卵石、碎石》(GB/T 14685—2022)中粗骨料的技术指标，应符合表 3-14 的规定。

表 3-14　粗骨料的技术指标

技术指标		I 类	II 类	III 类
卵石含泥量(按质量计)/%		≤ 0.5	≤ 1.0	≤ 1.5
碎石泥粉含量(按质量计)/%		≤ 0.5	≤ 1.5	≤ 2.0
泥块含量(按质量计)/%		≤ 0.1	≤ 0.2	≤ 0.7
卵石、碎石的针片状颗粒含量(按质量计)/%		≤ 5	≤ 8	≤ 15
有害物含量		合格	合格	合格
硫化物及硫酸盐含量(以 SO₃ 质量计)/%		≤ 0.5	≤ 1.0	≤ 1.0
压碎指标/%	碎石	≤ 10	≤ 20	≤ 30
	卵石	≤ 12	≤ 14	≤ 16
空隙率/%		≤ 43	≤ 45	≤ 47
吸水率/%		≤ 1.0	≤ 2.0	≤ 3.0

3.4.3 粗骨料的技术参数

粒径大于 4.75mm 的骨料称为粗骨料，也称石子。粗骨料公称粒径的上限称为该粒级的最大粒径，石子分为连续级配和单粒级。国家标准按照公称直径将可以用于泵送施工的石子分为六档：10mm、16mm、20mm、25mm、31.5mm、40mm，其中 10mm 主要用于灌浆料，16mm 主要用于自密实混凝土，20mm 和 25mm 主要考虑石子可以通过钢筋间隙，便于施工，31.5mm 和 40mm 主要考虑使用的混凝土泵管的粗细。按照多组分混凝土理论，大流动性混凝土中石子悬浮于水泥混合砂浆中，因此配合比设计计算过程中，砂子体积用量以石子空隙率为计算依据，石子空隙率越小，使用的水泥混合砂浆越少，配制的混凝土体积稳定性越好。在混凝土配合比设计中，石子主要考虑的技术参数是堆积密度、空隙率、吸水率和表观密度。

1. 针片状颗粒

颗粒长度大于该颗粒所属粒级平均粒径的 2.4 倍的称为针状骨料，颗粒厚度小于该颗粒所属粒级平均粒径的 0.4 倍的称为片状骨料，针片状颗粒较多时影响混凝土的流动性、强度及其他力学性能，在选择粗骨料时应控制针片状颗粒的质量分数 I 类小于 5%、II 类小于 8%、III 类小于 15%。

2. 堆积密度

预拌混凝土的支撑体系是胶凝材料浆体凝固后形成的骨架，石子填充在胶凝材料形成的骨架中，流动性混凝土中的石子处于悬浮状态，在配合比设计过程中石子用量的计算以石子的堆积密度 $\rho_{G堆积}(kg/m^3)$ 为基础。我国地域广阔，石子资源的差异特别大，为了满足混凝土和易性的要求，必须根据当地的资源状态及时对混凝土使用石子的堆积密度进行检测。

3. 空隙率

由于石子粒形粒径不同，对于堆积密度相同的石子，空隙率 $P(\%)$ 是不同的，配制混凝土时所用砂子的体积也不同，为了满足混凝土和易性的要求，合理计算砂子用量，必须根据现场状态及时测量石子的空隙率。

4. 表观密度

对于堆积密度相同的石子，由于空隙率不同，石子的表观密度 $\rho_{G表观}(kg/m^3)$ 完全不同，达到相同的工作性时单方混凝土石子用量也不相同，为了合理计算配合比，必须根据现场的材料状态及时对石子进行检测，准确计算石子的表观密度。

5. 吸水率

对于堆积密度、空隙率和表观密度完全相同的石子，由于石子的开口孔隙含量不同，石子的吸水率 $X_W(\%)$ 不同，配制混凝土时单方用水量也不相同，为了合理计算配合比，必须根据现场的材料状态及时对石子的吸水率进行检测，以便于准确确定混凝土的用水量，控制混凝土的质量。

6. 石子技术参数测量

(1)测出 10L 石子的质量(kg)，计算出石子的堆积密度 $\rho_{G堆积}$(kg/m^3)。

(2)将水加入桶中，使石子的空隙完全填满，测出石子和水的总质量(kg)，计算出石子的空隙率 P(%)和表观密度 $\rho_{G表观}$(kg/m^3)。

(3)将水控掉，测出湿石子的质量(kg)，计算石子的吸水率 X_W(%)。

3.5　再生粗骨料

3.5.1　再生粗骨料的来源

混凝土用再生粗骨料主要来源于矿山固废、建筑固废和工业固废。矿山固废再生粗骨料主要由铁尾矿、石灰石尾矿和煤矸石等经除土、机械破碎和筛分制得的粒径大于 4.75mm 的固体颗粒组成；建筑固废再生粗骨料主要由废弃的红砖、废弃砂浆和废弃混凝土块等经除土、机械破碎和筛分制得的粒径大于 4.75mm 的固体颗粒组成；工业固废再生粗骨料由热电厂炉渣、金属冶炼废渣和生活垃圾焚烧炉渣等经过经除铁除杂、机械破碎、筛分和精选制得的粒径大于 4.75mm 的固体颗粒组成。

3.5.2　再生粗骨料的特点

1. 矿山固废粗骨料

用矿山固废生产的粗骨料具有岩性稳定、强度高、结构致密的特点，在配制混凝土方面性能与碎石接近。由于破碎工艺不同，矿山固废再生粗骨料普遍存在棱角多的问题，生产加工过程需要经过整型才能满足国家标准要求。目前各地矿山固废存储比较分散，导致不同品位的尾矿混合，可能引起再生粗骨料密度不一样，在生产过程中由于除泥方法不科学或者除泥措施不到位，经常出现再生粗骨料中泥块和含泥量波动大的问题。因此，矿山固废制作的粗骨料在混凝土生产应用过程中需要解决的关键问题是粗骨料的粒形粒径、密度的变化、泥块含量和含泥量的监控。

2. 建筑固废粗骨料

用建筑固废生产的粗骨料具有体积稳定、强度适中、与混凝土结构相似的特点，在配制混凝土方面性能与碎石接近。目前建筑固废来源不同，成分各异，存储比较分散，红砖类建筑固废疏松多孔、密度较小，砂浆和混凝土类建筑固废结构致密、密度较大，导致不同性能的建筑固废混合可能引起再生粗骨料密度不一样，吸水率不一样。在收集和生产加工过程中，部分过烧石灰和膨胀性成分的存在可能引起粗骨料吸水后膨胀开裂；有的企业对再生资源经过除土除泥处理，有的企业没有采取除土除泥措施，经常出现建筑固废再生粗骨料吸水量不稳定、含泥量波动大的问题。因此，建筑固废制作的粗骨料在混凝土生产应用过程中需要解决的关键问题是实时检测密度的变化、吸水率的变化、含泥量的变化和体积稳定性。

3. 工业固废粗骨料

用工业固废生产的粗骨料具有密度较小、界面黏结牢固、体积贡献率大的特点，在配制混凝土方面具有轻质高强的优点。目前工业固废来源和存储比较分散，不同品质的工业固废混合可能引起工业固废再生粗骨料密度不一样，在生产加工过程中由于密度和吸水率不同，经常出现再生粗骨料吸水量和密度波动大的问题，引起混凝土拌和物工作性的波动以及外加剂掺量的忽高忽低，同时工业固废中含有吸水膨胀的组分，影响混凝土的体积稳定性。因此，工业固废制作的粗骨料在混凝土生产应用过程中需要解决的关键问题是热体积稳定性、密度的变化和吸水率的控制。

3.5.3 再生粗骨料的主要技术指标

参考《混凝土用再生粗骨料》（GB/T 25177—2010），其中微粉含量、泥块含量、针片状颗粒含量、有害物质含量、空隙率、表观密度、吸水率、压碎指标应符合表 3-15 的规定。

表 3-15　再生粗骨料的技术指标

技术指标	I 类	II 类	III 类
微粉含量(按质量计)/%	<1.0	<2.0	<3.0
泥块含量(按质量计)/%	<0.5	<0.7	<1.0
针片状颗粒含量(按质量计)/%	≤10		
有机物含量	合格		
硫化物及硫酸盐含量(折算成 SO_3，按质量计)/%	<2.0		
氯化物(以氯离子质量计)/%	<0.06		
空隙率/%	<47	<50	<53
表观密度/(kg/m³)	>2450	>2350	>2250
吸水率/%	<3.0	<5.0	<8.0
压碎指标/%	<12	<20	<30

3.5.4 再生粗骨料的主要技术参数

为了实现混凝土良好的工作性以及适中的强度，在混凝土配制过程中，再生粗骨料主要考虑堆积密度、空隙率、表观密度和吸水率几个技术参数。为了保障混凝土的耐久性，预防混凝土膨胀开裂，再生骨料使用前必须进行体积稳定性试验。

1. 堆积密度

由于粗骨料是混凝土中的重要组成部分，流动性混凝土中粗骨料处于悬浮状态，在配合比设计过程中再生粗骨料用量的计算以堆积密度 $\rho_{G堆积}$(kg/m³) 为基础。由于我国地域广阔，再生粗骨料资源的差异特别大，为了满足混凝土和易性的要求，必须根据当地再生粗骨料的资源状态及时对混凝土用再生粗骨料的堆积密度进行检测。

2. 空隙率

由于再生粗骨料粒形粒径不同，对于堆积密度相同的再生粗骨料，空隙率 P(%) 是不同的，配制混凝土时所用再生粗骨料的体积也不同，为了满足混凝土和易性的要求，合理计算再生粗骨料用量 S，必须根据现场状态及时测量再生粗骨料的空隙率。

3. 表观密度

对于堆积密度相同的再生粗骨料，由于空隙率不同，再生粗骨料的表观密度 $\rho_{G表观}$(kg/m³) 完全不同，达到相同的工作性时单方混凝土再生粗骨料用量也不相同，为了合理计算配合比，必须根据现场的材料状态及时对再生粗骨料进行检测，准确计算再生粗骨料的表观密度。

4. 吸水率

对于堆积密度、空隙率和表观密度完全相同的再生粗骨料，由于其吸水率 X_W(%) 不同，配制混凝土时单方用水量也不相同，为了合理计算配合比，必须根据现场的材料状态及时对再生粗骨料的吸水率进行检测，以便于准确确定混凝土的用水量，控制混凝土的质量。

5. 体积稳定性

为了预防混凝土膨胀开裂，再生粗骨料使用前必须进行体积稳定性试验，保障混凝土的耐久性。

6. 再生粗骨料技术参数测量

(1)测出 10L 再生粗骨料的质量(kg), 计算出再生粗骨料的堆积密度 $\rho_{G堆积}$ (kg/m^3)。

(2)将水加入桶中, 使再生粗骨料的空隙完全填满, 测出再生粗骨料和水的总质量(kg), 计算出再生粗骨料的空隙率 $P(\%)$ 和表观密度 $\rho_{G表观}(kg/m^3)$。

(3)将水控掉, 测出湿再生粗骨料的质量(kg), 计算再生粗骨料的吸水率 $X_W(\%)$。

第4章 外 加 剂

4.1 常用外加剂

4.1.1 外加剂的分类

外加剂是混凝土的重要组分，其种类繁多，性能各异。搅拌站使用的外加剂多以减水剂为主，再根据需要复配有缓凝剂、引气剂、早强剂、防冻剂等产品。外加剂在使用中的适应性问题已经不再单单指与水泥的适应性，而是包括与矿物掺合料、骨料等所有原材料的适应性问题。外加剂种类不同，其性能也不同，即使种类相同，批次不同也会存在不同程度的差异。此外，原材料的品种改变或质量波动也会使外加剂与之适应性变化，如水泥品种变化，同一外加剂的减水率及保坍性能都有差别。外加剂复配过程中也存在各组分之间的不相溶现象，主要表现在有的分层，有的发生反应降低各自性能，如萘系与聚羧酸减水剂，两种不能复合使用。生产过程中应注意检查外加剂与原材料的适应性波动情况，并通过试验找出波动引起的差距，以便及时调整。

在混凝土施工过程中，大多数混凝土采用大流行性泵送施工，正常情况下都使用外加剂。混凝土外加剂使用过程中需要考虑的主要因素是外加剂的组成、减水率和推荐掺量。用于泵送施工的混凝土外加剂主要原材料是减水剂母液、保坍剂母液、缓凝组分和引气组分。

国家标准《混凝土外加剂》(GB 8076—2008)按照减水率的高低将减水剂分为三类，减水率不小于 8%且小于 14%的称为普通减水剂；减水率不小于 14%且小于 25%的称为高效减水剂；减水率不小于 25%的称为高性能减水剂。在多组分混凝土理论中，定义减水剂达到标准检验指标合格时的掺量为临界掺量，此时的减水率定义为临界减水率。我国生产的普通减水剂临界减水率为 8%，高效减水剂临界减水率为 14%，高性能减水剂临界减水率为 25%。定义减水剂达到最大减水率且其他指标合格时的掺量为饱和掺量，此时的减水率定义为饱和减水率(或者最高减水率)。

保坍剂母液是外加剂最主要的保坍成分，大多数都不会减水，掺入混凝土能够起到很好的保坍效果，根据保坍效果分为保坍剂母液和高保坍剂母液，保坍剂母液可以实现混凝土 3～5h 坍落度无损失，高保坍剂母液和保坍剂母液搭配使用可以实现混凝土 8～10h 坍落度无损失。

缓凝剂是用于混凝土在出现坍落度损失后保证 1～2h 实现初凝的组分，国内使用最多的缓凝剂主要有葡萄糖酸钠、柠檬酸钠和麦芽糊精。

引气剂主要是通过引入大量小的稳定气泡，对混凝土拌和物起到类似轴承滚珠的作用，这些气泡使得砂粒运动更加自由，可增加混凝土拌和物的可塑性，防止混凝土拌和物离析和泌水，目前最常用的引气剂是三萜皂苷和 12-烷基硫酸钠。引气剂气泡还可以对砂粒级配起到补充作用，即减少砂子间断级配的影响。

考虑到施工现场养护不到位引起的混凝土开裂和其他质量问题，本章还介绍了免养护剂的技术指标和性能，目前我国进行大规模高速公路和高速铁路隧道施工，对速凝剂的需求也非常大。

4.1.2　外加剂的技术指标

参考《混凝土外加剂》（GB 8076—2008），掺外加剂混凝土的性能指标应符合表 4-1 的规定，匀质性指标应符合表 4-2 的规定。

4.1.3　减水率的不同测试方法

外加剂的减水率是一个动态数据，检测方法不同，测得的减水率也不同，这里将减水率分为针对水泥的减水率、针对砂浆的减水率及针对混凝土的减水率。

针对水泥的减水率，水泥的凝结时间越短，水泥与外加剂的适应性越差，外加剂减水率越低；水泥的凝结时间越长，水泥与外加剂的适应性越好，外加剂减水率越高。需水量越小，水泥与外加剂的适应性越好，外加剂减水率越高；需水量越大，水泥与外加剂的适应性越差，外加剂减水率越低。石膏是水泥的调凝剂，当石膏的用量不足时，表现为水泥与外加剂的适应性差，减水率低；当石膏的用量足以和铝酸三钙反应时，水泥凝结时间正常，表现为水泥与外加剂的适应性好，减水率高。水泥的比表面积越大，吸附的外加剂就越多，表现为水泥和外加剂的适应性不好，减水率低；水泥的比表面积越小，吸附的外加剂就越少，表现为水泥和外加剂的适应性好，减水率高。

针对砂浆的减水率，假设使用的水泥相同，则砂子的颗粒级配越合理，掺加外加剂的砂浆流动性越好，减水率越高；砂子的颗粒级配越差，掺加外加剂的砂浆流动性越差，减水率越低。砂子的含泥量越低，掺加外加剂的砂浆流动性越好，减水率越高；砂子的含泥量越高，掺加外加剂的砂浆流动性越差，减水率越低。砂子的吸水率越低，掺加外加剂的砂浆流动性越好，减水率越高；砂子的吸水率越高，掺加外加剂的砂浆流动性越差，减水率越低。

针对混凝土的减水率，假设使用的水泥和砂子相同，当石子的含泥量高时，掺加外加剂的混凝土流动性差，减水率低；当石子的含泥量低时，掺加外加剂的混凝土流动性好，减水率高。当石子的开口孔隙较多时，石子对外加剂的吸附量

表 4-1　掺外加剂混凝土的性能指标

性能指标	高性能减水剂			高效减水剂		普通减水剂			引气减水剂	引气剂	泵送剂	早强剂	缓凝剂
	早强型 HPWR-A	标准型 HPWR-S	缓释型 HPWR-R	标准型 HWR-S	缓释型 HWR-S	早强型 WR-A	标准型 WR-S	缓释型 WR-R	AEWR	AE	PA	Ac	Re
减水率/%	≥25	≥25	≥25	≥14	≥14	≥8	≥8	≥8	≥10	≥6	≥12	—	—
泌水率比/%	≤50	≤60	≤70	≤90	≤100	≤95	≤100	≤100	≤70	≤70	≤70	≤100	≤100
含气量/%	≤6.0	≤6.0	≤6.0	≤3.0	≤4.5	≤4.0	≤4.0	≤5.5	≥3.0	≥3.0	≤5.5	—	—
凝结时间差/min　初凝	−90~+90	−90~+120	>+90	−90~+120	>+90	−90~+90	−90~+120	>+90	−90~+120	−90~+120	—	−90~+90	>+90
凝结时间差/min　终凝	−90~+90	−90~+120	—	—	—	−90~+90	—	—	—	—	—	—	—
1h经时变化量　坍落度/mm	—	≤80	≤60	—	—	—	—	—	—	—	≤80	—	—
1h经时变化量　含气量/%	—	—	—	—	—	—	—	—	−1.5~+1.5	−1.5~+1.5	—	—	—
抗压强度比/%　1d	≥180	≥170	—	≥140	—	≥135	—	—	—	—	—	≥135	—
抗压强度比/%　3d	≥170	≥160	—	≥130	—	≥130	≥115	—	≥115	≥95	—	≥130	—
抗压强度比/%　7d	≥145	≥150	140	≥125	≥125	≥110	≥115	≥110	≥110	≥95	≥115	≥110	≥100
抗压强度比/%　28d	≥130	≥140	130	≥120	≥120	≥100	≥110	≥110	≥100	≥90	≥110	≥100	≥100

续表

| 性能指标 | 高性能减水剂 | | | 高效减水剂 | | 普通减水剂 | | | 引气减水剂 | 引气剂 | 泵送剂 | 早强剂 | 缓凝剂 |
| | 早强型 | 标准型 | 缓释型 | 标准型 | 缓释型 | 早强型 | 标准型 | 缓释型 | | | | | |
	HPWR-A	HPWR-S	HPWR-R	HWR-S	HWR-S	WR-A	WR-S	WR-R	AEWR	AE	PA	Ac	Re
收缩率比 /% 28d	≤110	≤110	≤110	≤135	≤135	≤135	≤135	≤135	≤135	≤135	≤135	≤135	≤135
相对耐久性(200次) /%	—	—	—	—	—	—	—	—	>80	>80	—	—	—

注：(1) 表中抗压强度比、收缩率比、相对耐久性为强制性指标，其余为推荐性指标；

(2) 除含气量和相对耐久性外，表中所列数据为掺外加剂混凝土与基准混凝土的差值或比值；

(3) 凝结时间差性能指标中的"—"表示提前，"+"表示延缓；

(4) 相对耐久性(200次)性能指标中的">80"表示将28d龄期的受检混凝土试件快速冻融循环200次后，动弹性模量保值>80%；

(5) 1h含气量经时变化量指标中的"—"表示含气量增加，"+"表示含气量减少；

(6) 其他品种的外加剂是否需要检测相对耐久性指标，由供、需双方协商确定；

(7) 当用户对泵送剂等产品有特殊要求时，需补充试验项目、试验方法及指标，由供、需双方协商确定。

表 4-2   掺加外加剂混凝土的匀质性指标

指标	数值
氯离子含量	不超过生产厂控制值
总碱量	不超过生产厂控制值
含固量	$S>25\%$时，应控制在 $0.90S\sim1.05S$；$S\leqslant25\%$时，应控制 $0.95S\sim1.10S$
含水率	$W>5\%$时，应控制在 $0.90W\sim1.10W$；$W\leqslant5\%$时，应控制 $0.80W\sim1.10W$
密度	$D>1.1\mathrm{g/cm^3}$时，应控制在 $D\pm0.03\mathrm{g/cm^3}$；$D\leqslant1.1\mathrm{g/cm^3}$时，应控制在 $D\pm0.02\mathrm{g/cm^3}$
细度	应在生产厂控制范围内
pH	应在生产厂控制范围内
硫酸钠含量	不超过生产厂控制值

注：(1)生产厂应在相关技术资料中明示产品匀质性指标控制值；
　　(2)对相同和不同批次之间的匀质性和等效性的其他要求，可由供、需双方商定；
　　(3)表中的 S、W 和 D 分别为含固量、含水率和密度的生产厂控制值。

大，掺加外加剂的混凝土流动性差，减水率低；当石子的开口孔隙较少时，石子对外加剂的吸附量小，掺加外加剂的混凝土流动性好，减水率高。当石子的用量合理时，掺加外加剂的混凝土流动性好，减水率高；当石子的用量不合理时，掺加外加剂的混凝土流动性差，减水率低。

为了解决以上问题，在多组分混凝土理论中提出了预湿骨料技术原理和方法，消除了砂子和石子对减水率的影响，在试配和生产混凝土时测量一个减水率就可以配制出优质的混凝土。

4.1.4   外加剂的合理功能

根据多组分混凝土理论，在混凝土配合比设计中外加剂的合理功能就是增加混凝土拌和物的流动性，而混凝土行业的一个误区就是让外加剂减水。当混凝土配合比设计合理时，胶凝材料提供强度和包裹骨料的作用，表面润湿的砂石起到填充作用，水起到化学反应和黏结作用，外加剂起到增加流动性、改善耐久性的作用。外加剂一旦超掺发挥了减水作用，增加的外加剂就会使混凝土拌和物出现离析、抓地、扒底、黏罐和堵泵的情况，同时影响混凝土的强度和耐久性。

4.1.5   外加剂技术参数及掺量的确定方法

1. 科学检测外加剂减水率

1)根据净浆流动扩展度测定外加剂减水率
本书以多组分混凝土理论为基础，采用数字量化技术设计混凝土配合比，以预湿骨料技术指导生产，提出针对现场水泥和混凝土测量外加剂合理减水率的简单办法。

针对水泥的减水率，以标准稠度水泥浆作为检验的基准，此时水泥净浆的初始流动扩展度为 D_0（正常值为60mm，由于存在操作误差，此值有时会大于60mm），加入外加剂，测出水泥净浆的流动扩展度 D，依据减水率每增加1%，水泥净浆的流动扩展度就增加10mm，即可测得外加剂的减水率，计算公式为

$$n(\%) = \frac{D - D_0}{10} \tag{4-1}$$

例如，水泥的标准稠度用水量为 28%，300g 水泥对应的用水量 300g×28%=84g，外加 6g 润锅的水共计 90g，外加剂掺量为 2%，净浆扩展流动度为 260mm，则外加剂的减水率为

$$n(\%) = \frac{260 - 60}{10} = 20$$

2）根据混凝土坍落度测定外加剂减水率

针对混凝土的减水率，用标准稠度的胶凝材料浆体和表面润湿的砂石混合形成基准坍落度混凝土，其初始坍落度为 T_0（由于存在操作误差，此值大多数情况下介于 50～80mm，为了与水泥净浆对应，本书取 50mm），加入外加剂，测出混凝土拌和物的坍落度 T，依据减水率每增加 1%，混凝土拌和物的坍落度就增加 10mm，即可测得外加剂针的减水率，计算公式为

$$n(\%) = \frac{T - T_0}{10} \tag{4-2}$$

例如，混凝土合理用水量为 165kg，试配基准坍落度为 50mm，采用预湿骨料工艺试配，外加剂掺量 2%，混凝土拌和物的坍落度为 240mm，则外加剂减水率为

$$n(\%) = \frac{240 - 50}{10} = 19$$

用这种思路检测外加剂减水率，针对水泥和混凝土得到的数据基本是一致的，并且水泥净浆流动扩展度 D 和混凝土拌和物坍落度 T 的数值基本一致，即 $D=T$。因此在配制混凝土时，只要固定了混凝土拌和物的坍落度，就可以用水泥净浆的流动扩展度对应混凝土拌和物的坍落度，从而一次确定外加剂的合理减水率。

2. 根据混凝土设计坍落度确定外加剂掺量

如果混凝土设计坍落度为 $T(\text{mm})$，则混凝土拌和物的坍落度 $T(\text{mm})$、胶凝材料净浆流动扩展度 $D(\text{mm})$、减水率 $n(\%)$、推荐掺量 $c(\%)$ 和合理掺量 $c_A(\%)$

之间的关系如下。

根据混凝土设计坍落度确定外加剂合理掺量 $c_A(\%)$:

$$c_A(\%) = \frac{T-50}{10n} \times c(\%) \qquad (4\text{-}3)$$

例如，混凝土设计坍落度为 230mm，外加剂减水率为 20%，推荐掺量为 2%，则合适的外加剂掺量为

$$c_A(\%) = \frac{230-50}{10 \times 20\%} \times 2\% = 1.8$$

根据胶凝材料流动扩展度确定外加剂合理掺量 $c_A(\%)$:

$$c_A(\%) = \frac{D-60}{10n} \times c(\%) \qquad (4\text{-}4)$$

例如，要求净浆流动扩展度为 240mm，外加剂减水率为 20%，推荐掺量为 2%，则合适的外加剂掺量为

$$c_A(\%) = \frac{240-60}{10 \times 20\%} \times 2\% = 1.8$$

坍落度、扩展度、减水率、推荐掺量和合理掺量之间的关系见表 4-3。

表 4-3　坍落度、扩展度、减水率、推荐掺量和合理掺量之间的关系

技术指标	推荐参数（泵送剂推荐掺量 c=2%对应的减水率）					
拌和物的坍落度/mm	120	150	180	210	240	270
净浆的流动扩展度/mm	120	150	180	210	240	270
针对水泥减水率/%	6	9	12	15	18	21
针对混凝土减水率/%	7	10	13	16	19	22
外加剂合理掺量/%	0.6	0.9	1.2	1.5	1.8	2.1

4.2　聚羧酸减水剂

4.2.1　聚羧酸减水剂的合成方法

聚羧酸减水剂是目前市场上供应量最大的一类减水剂，根据其主链结构的不同分为两大类：一类以丙烯酸或甲基丙烯酸为主链，接枝不同侧链长度的聚醚；另一类以马来酸酐为主链，接枝不同侧链长度的聚醚。聚羧酸减水剂的合成方法

主要有以下几种。

1. 原位聚合接枝法

原位聚合接枝法以聚醚作为不饱和单体聚合反应的介质，使主链聚合以及侧链的引入同时进行，工艺简单，而且所合成的减水剂分子质量能得到一定的控制。

2. 先聚合后功能化法

先聚合后功能化法主要是先合成减水剂主链，再以其他方法将侧链引入进行功能化，此方法操作难度较大，减水剂分子结构不灵活且单体间相容性不好，其使用受到较大的限制。

3. 单体直接共聚法

单体直接共聚法是先制备出活性大单体，然后在水溶液中将小单体和大单体在引发剂的引发下进行共聚反应。随着大单体的合成工艺日益成熟且种类越来越多，该方法成为现阶段聚羧酸减水剂合成最常用的方法。

以此为基础，衍生了一系列不同特性的高性能减水剂产品，克服了传统减水剂的一些弊端，具有掺量低、保坍性能好、混凝土收缩率低、分子结构上可调性强、高性能化的潜力大、生产过程中不使用甲醛等突出优点。对于聚羧酸减水剂的合成，分子结构的设计是至关重要的，其中包括分子中主链基团、侧链密度及侧链长度等。

4.2.2 聚羧酸减水剂的合成工艺

1. 聚羧酸减水剂母液合成工艺

1) 原材料配比

聚羧酸减水剂母液合成的原材料及配比用量见表 4-4。

表 4-4 聚羧酸减水剂母液合成的原材料及配比用量　　　（单位：kg/t）

原材料		配比用量
底水		400
HPEG 大单体		330
丙烯酸(釜底)		15
过氧化氢		5
B料	滴加水	14
	丙烯酸	32

原材料		配比用量
A 料	滴加水	70
	巯基丙酸	1.8
	V_C(维生素 C)	0.8
稀释水		160

2）工艺流程

准备小料、加底水、滴加水并检查设备，在温度合适的情况下开始搅拌投入甲基烯丙基聚氧乙烯醚（HPEG）大单体，投料完毕待大单体完全溶解后加入丙烯酸（釜底）和过氧化氢，搅拌 10min 后滴加 A 料和 B 料，A 料滴加 3h，B 料滴加 2.5h，A 料和 B 料滴加完成后恒温 1.5h，加入稀释水并用氢氧化钠滴定中和，然后检验成品，检验合格后将成品存入储存罐。

2. 聚羧酸保坍剂母液合成工艺

1）原材料配比

聚羧酸保坍剂母液合成的原材料配比见表 4-5。

表 4-5　聚羧酸保坍剂母液合成的原材料配比

指标	TPEG 大单体	过氧化氢	丙烯酸聚合单体	分子量调节剂	
				抗坏血酸	巯基乙酸
用量/kg	390	17	185	6	5
工艺水/kg	400	—		47	
顺序	进反应釜	直接进大单体溶液		滴定用 2.0h	

2）工艺流程

将 390kg 甲氧基聚乙二醇单甲醚（TPEG）大单体放入 400kg 工艺水中充分搅拌使之完全溶解，加入 17kg 过氧化氢，然后加入 185kg 丙烯酸聚合单体，最后加入 6kg 抗坏血酸和 5kg 巯基乙酸分子量调节剂，搅拌反应 2h，保温 1h 即得成品。

3. 聚羧酸缓释型母液合成工艺

1）原材料配比

聚羧酸缓释型母液合成的原材料配比见表 4-6。

2）工艺流程

将 1650kg 大单体放入 1335kg 水中搅拌使之完全溶解；然后加入 40kg 次亚磷

表 4-6　聚羧酸缓释型母液合成的原材料配比

指标	大单体	次亚磷酸	硫酸亚铁	过氧化氢	吊白块	丙羟乙酯	丙烯酸
兑水/kg	1335	75	—	35	60	50	
用量/kg	1650	40	1	24	14	25	225
滴定条件	大单体完全溶解后加入次亚磷酸搅拌 10min 后加入硫酸亚铁，30min 后滴定后三种						
滴定时间	0			2h	2h	2h	
反应时间	滴定结束后继续搅拌 30min						
稀释时间	加入 33.75kg 片碱和 75kg 水搅拌 15min						
检测及调整	低于 40℃检测						

酸(用 75kg 水溶解)，10min 后加入 1kg 硫酸亚铁，30min 后开始滴定，其中，A 料为 225kg 丙烯酸+25kg 丙羟乙酯+50kg 水；B 料为 24kg 过氧化氢+35kg 水；C 料为 14kg 吊白块+60kg 水，在 2~3h 滴定完毕，保温搅拌 60min 即得成品。

4.2.3　聚羧酸减水剂合成质量问题的处理

1. 概述

常温合成聚羧酸减水剂的应用技术已经非常成熟，但是在生产和应用过程中仍然存在许多问题，表现为夏天质量特别稳定，减水率高，保坍性好。一旦进入秋冬季节，经常出现减水率降低，保坍性变差，当外加剂掺量较低时配制的混凝土流动性差，保坍性差，当外加剂掺量较高时配制的混凝土流动性增加，仍然存在保坍性差，同时出现严重泌水的问题。产生这种问题的原因主要包括环境温度变化、空气相对湿度变化、浓度变化、合成工艺初始反应温度与低价工艺。

2. 生产出现的问题

某建材有限公司主要产品是聚羧酸减水剂，为了解决聚羧酸减水剂母液采购中存在的问题，降低成本，保证质量，该公司投资兴建了两条 5 吨聚羧酸母液生产线，某天生产的聚羧酸减水剂母液出现了黏度大且不减水的问题，经过延长搅拌时间，二次加水均没有解决这个问题，同时生产出的产品数量少于投料数量，因此需要找到产生问题的准确原因。

3. 减水剂合成配比及工艺

(1)先将 1100kg 水加入塑料反应釜，投入 1700kg HPEG 大单体溶化后，往反应釜中加入 12.5kg 过氧化氢搅拌均匀。

(2) 开始滴加。

A 料：200kg 丙烯酸+500kg 水，2.5h 滴完。

B 料：3kg 抗坏血酸+8kg 巯基丙酸+650kg 水，3h 滴完。

(3) 滴完后保温反应 1h 后，补水 550kg。

(4) 中和滴定：40kg 片碱+250kg 水。

4. 产生问题的原因分析

1) 原材料

本次试生产的减水剂所用原材料有 HPEG 大单体、过氧化氢、丙烯酸、抗坏血酸、巯基丙酸和片碱，全部是原装产品，没有过期和其他质量问题。

2) 工艺流程

在本次生产过程中，生产工艺合理，经调查，不存在误操作的问题。

3) 水质问题

由于聚羧酸减水剂合成是化学反应的过程，电导率要求低于 10S/m。本次生产使用的是自来水，电导率达到 500S/m，金属阳离子过多，与聚羧酸合成材料发生反应，形成絮凝状凝胶体，使反应体系黏度过大，阻止了聚羧酸减水剂合成原材料之间的反应，因此水质较差是产生质量问题的一个重要原因。

4) 工艺水的温度

虽然合成工艺为常温工艺，由于生产当天水温在 10℃左右，大单体进入反应釜后溶解特别慢，等完全溶解时反应体系的初始温度低于 10℃，导致整个反应体系无法充分反应，不能形成足够多的减水剂分子进行减水。

5) 成品数量不足

总结以往经验，结合本次生产的实际，聚羧酸减水剂成品数量不足主要是大单体升华引起的。由于常温合成工艺使用的是凉水，水温较低，大单体是一种密度较小的非晶体，当它进入反应釜时，漂浮在水的上面，搅拌过程中剧烈的运动导致大单体表面分子跟着运动，上表面的大单体直接由固体升华为气体，随着气流进入空气中。当大单体全部溶解时，开始滴定其他材料，参与化学反应的大单体减少了，因此生产的成品数量不足。同时由于参与化学反应的大单体数量不足，生成的减水剂浓度降低，减水率下降，同时导致合成产品的过程中其他组分过剩，影响外加剂产品的质量。

5. 生产调整技术方案及应用效果

1) 生产调整技术方案

根据现场观察和原因分析，应该从以下三个方面出发解决这一问题：

(1) 采用去离子水作为合成反应的工艺水，保证聚羧酸减水剂合成材料不被水中的杂质干扰，保证反应环境纯净，预防大黏度凝胶体的产生。

(2)在生产过程中，对溶解大单体的工艺水进行加热，使水温达到 60℃，然后进入反应釜，这时将大单体投入反应釜，大单体很快就溶解，当大单体完全溶解时，形成的大单体溶液温度稳定在 30℃，一方面确保反应体系开始反应的温度保持在 30℃，达到每一次反应的初始温度相同，如果使用的原材料相同，生产工艺相同，那么生产出来的产品质量就一样，不会因为不同季节环境温度的变化影响产品质量，确保产品质量的长期稳定性。另一方面，由于大单体进入热水后快速溶解，缩短了大单体的溶解时间，降低了大单体升华的数量，确保投入反应釜的大单体最大限度地参与化学反应，提高了减水剂成品的有效浓度，增加了减水率，使聚羧酸减水剂生产所得的产品与投入反应的料接近，解决了成品数量不足的问题。

取消中和过程，由于聚羧酸减水剂主要用于复配泵送剂，虽然 pH 较低，但是经过复配和稀释后，中和对 pH 的影响可以忽略不计，因此建议取消中和滴定。

2)生产应用

根据以上技术思路，首先安装去离子水反渗透设备，制作纯净水，然后把水加热到 60℃进行试验。聚羧酸减水剂母液生产配方及工艺见表 4-7。

表 4-7　聚羧酸减水剂母液生产配方及工艺

指标	HPEG 大单体	过氧化氢	巯基丙酸	Vc	丙烯酸
用量/kg	220	12.5	1.6	0.6	40
兑水/kg	495		130		100
滴定时间	0	10min	3h		2.5h
保温时间			1h		

注：检测合格即卸料。

3)检测聚羧酸减水剂母液

检测聚羧酸减水剂母液见表 4-8。

表 4-8　检测聚羧酸减水剂母液

水泥/g	水/g	减水剂母液/g	价格/元	扩展度初始值/(mm×mm)
300	87	0.6	5000	260×275
300	87	0.75	5000	260×275
300	87	0.9	5000	260×300

4)泵送剂配方及成本

泵送剂配方及成本(水泥用量 300g)见表 4-9。

表 4-9　泵送剂配方及成本

序号(掺量)	减水剂/g	葡萄糖酸钠/g	水/g	扩展度初始值/mm	1h 扩展度/mm	成本/元
1(2.0%)	100	12.5	887.5	>240	>220	550
2(2.5%)	80	12.5	907.5	>240	>220	450
3(3.0%)	67	12.5	920.5	>240	>220	385

6. 反应釜中不合格母料的解决办法

1)调整试验

从反应釜提取 500g 减水剂母液,通过引入葡萄糖酸钠改善聚羧酸减水剂进行对比试验,见表 4-10。

表 4-10　引入葡萄糖酸钠改善聚羧酸减水剂的对比试验

指标	水泥/g	水/g	减水剂/g	葡萄糖酸钠/g	扩展度/mm
第一组(当天)	300	87	1.56	0	150
第二组(次日)	300	87	1.52	0	200
第三组(次日)	300	87	1.368	0.152	280

通过试验可知,采用葡萄糖酸钠可以将大黏度低减水聚羧酸减水剂进行调整,具体思路是做水泥净浆流动扩展度试验,葡萄糖酸钠的用量是聚羧酸减水剂的10%,如果这时达到改善流动性的效果,证明葡萄糖酸钠可以通过接枝共聚引入到大黏度低减水聚羧酸减水剂分子上。考虑到反应釜容积较大,葡萄糖酸钠加入大黏度低减水聚羧酸减水剂时反应非常充分,调整用葡萄糖酸钠取小试验用量的一半即可达到效果。

2)生产反应釜调整流程

生产反应釜调整流程见表 4-11。

表 4-11　生产反应釜调整流程

指标	HPEG 大单体	过氧化氢	巯基丙酸	V$_C$	丙烯酸	火碱
兑水/kg	1100	—	650		500	250
用量/kg	1700	12.5	8	3	200	40
滴定时间	0	10min	3h		2.5h	0
保温时间	3h					
加碱时间						
葡萄糖酸钠	加入 250kg 搅拌 30min,检测合格即卸料					

3)检测聚羧酸减水剂母液

加入 5%葡萄糖酸钠复配的减水剂进行检验，见表 4-12。

表 4-12　检验加入 5%葡萄糖酸钠生成的减水剂

水泥/g	水/g	减水剂/g	扩展度/mm	价格/(元/吨)
300	87	1.52	280	5000

4)调整后泵送剂配方及成本

泵送剂配方及成本(水泥用量 300g)见表 4-13。

表 4-13　调整后泵送剂配方及成本

序号(掺量)	减水剂/kg	水/kg	扩展度/mm		成本/(元/吨)
			D_0	D_{1h}	
1(2.0%)	260	740	240	220	1300
2(2.5%)	210	790	240	220	1050
3(3.0%)	173	827	240	220	865

4.2.4　聚羧酸外加剂的复配

1. 外加剂配方设计思路

预拌混凝土应用的外加剂不同于一般的高效减水剂，它在满足大的初始坍落度要求时，还能控制坍落度损失，减少泌水和离析现象。

外加剂的组成和掺量取决于胶凝材料的组成和混凝土配合比。采用多组分混凝土理论配制的混凝土在相同原材料构成系列(C20~C100)大流动混凝土时，由于生产采用预湿骨料工艺，采用标准稠度的胶凝材料浆体检测外加剂，因此外加剂检测过程中掺量变化不大。由于施工现场环境温度相同，对于一定的混凝土体系所要求的缓凝组分的成分和剂量与环境温度成正比，是相对固定的。由于采用相同的原材料构成以及相同的工作环境，在外加剂配方设计中，减水组分、保坍组分和缓凝组分就相对固定了。

2. 外加剂配方设计参数

外加剂配方设计参数是由预拌混凝土的原料性质、配合比、施工工艺和环境温度等确定的。

1)外加剂减水率的确定

外加剂的减水率取决于混凝土基础坍落度、基准混凝土用水量和初始坍落度，研究得出在合理的配合比设计中，减水剂主要起到增加混凝土拌和物流动性的作用，外加剂减水率与混凝土拌和物坍落度是一次函数关系，当混凝土要求的坍落度为 180mm 时，外加剂的减水率应该控制在 13%；当混凝土要求的坍落度为 220mm 时，外加剂的减水率应该控制在 17%；当混凝土要求的坍落度为 250mm 时，外加剂的减水率应该控制在 20%。

保坍组分的掺量取决于混凝土对保坍时间的要求，当使用 40%浓度的聚羧酸纯保坍剂母液时，保坍时间 h 与保坍剂母液用量 m(kg) 呈正比例关系，即 m=40h。

2) 外加剂掺量的确定

经过多年研究，外加剂掺量以水泥标准稠度用水量为基准进行检验，当外加剂配方已经确定时，外加剂掺量以水泥净浆流动扩展度等于混凝土拌和物坍落度时的掺量为合理掺量；当配制混凝土时，外加剂掺量是固定的，其质量以检测水泥净浆流动扩展度等于混凝土拌和物坍落度为准确的控制指标。当混凝土要求的坍落度为 180mm 时，检测外加剂时水泥净浆流动扩展度也是 180mm；当混凝土要求的坍落度为 220mm 时，检测外加剂时水泥净浆流动扩展度也是 220mm；当混凝土要求的坍落度为 250mm 时，检测外加剂时水泥净浆流动扩展度也是 250mm。由于混凝土生产和试配采用预湿骨料工艺，砂石骨料不再吸附外加剂，水泥净浆的流动扩展度损失与混凝土拌和物的坍落度损失一一对应。

3) 等效缓凝系数

为了实现不同气温下混凝土坍落度开始损失后能在 1～2h 初凝、2～3h 终凝，以 20℃为基础，以 1℃每吨外加剂添加 1kg 葡萄糖酸钠缓凝达到混凝土坍落度开始损失后能在 1～2h 初凝、2～3h 终凝为基准，则葡萄糖酸钠的等效缓凝系数是 0.001，配制 1000kg 外加剂混凝土缓凝剂的用量根据施工现场温度乘以等效缓凝系数和环境温度求得。为了实现通用性，针对含泥量大的砂石外加剂，可以用氨基三甲叉膦酸(ATMP)或者 1,2,4-三羧酸磷丁烷(PBTC)代替一半的葡萄糖酸钠，按照 0.3～0.5kg ATMP 或者 PBTC 代替 10kg 葡萄糖酸钠。

4) 凝结时间差

各种缓凝剂不但缓凝作用不同，而且水化速度也不相同，因此除设置等效缓凝系数外，还需设置第二个参数，即凝结时间差：

$$\Delta t = t_2 - t_1 \tag{4-5}$$

式中，t_1 为掺一定量缓凝剂时混凝土的初凝时间，h；t_2 为相同条件下的终凝时间，h；Δt 为凝结时间差，h。

在掺量相同时，凝结时间差排序为：三乙醇胺<葡萄糖酸钠<柠檬酸钠<糖。

根据这四个参数就可以确定用于混凝土外加剂的组成及掺量，实现外加剂配方设计。

3. 常规保坍聚羧酸外加剂复配

1)常规保坍聚羧酸外加剂复配方法及计算公式

常规保坍聚羧酸外加剂复配主要是利用减水剂母液、保坍剂母液和缓凝剂复配外加剂，必要时适量掺加引气剂，主要考虑减水剂的临界掺量 c_0、饱和掺量 c_1 及推荐掺量 c，减水剂的临界减水率 n_0、饱和减水率 n_1 及推荐减水率 n，检测外加剂的水泥的标准稠度用水量 W、C_3A 含量和 SO_3 含量，则每吨外加剂中各种原材料的用量(kg)等按如下公式计算。

确定外加剂的减水率：

$$n(\%) = \frac{T - 50}{10} \tag{4-6}$$

减水剂母液的用量：

$$M_1 = \frac{1000 \times \left[c_0 + \dfrac{(n - n_0) \times (c_1 - c_0)}{n_1 - n_0} \right]}{c} \tag{4-7}$$

保坍剂母液的用量：

$$M_2 = \frac{40 \times h}{c} \tag{4-8}$$

缓凝剂的用量：

$$M_3 = 1000 \times \frac{t \times 0.001}{c} \tag{4-9}$$

引气剂的用量：

$$M_4 = \frac{1}{c} \sim \frac{3}{c} \tag{4-10}$$

溶剂水的用量：

$$M_5 = 1000 - M_1 - M_2 - M_3 - M_4 \tag{4-11}$$

水泥是否缺硫(若 $\Delta S < 0$ 则缺硫)：

$$\Delta S = \frac{C_3A质量分数}{SO_3质量分数} - 3 \tag{4-12}$$

2)常规保坍聚羧酸外加剂复配实例

水泥的标准稠度用水量 $W=29\%$，SO_3 质量分数为 2%，C_3A 质量分数为 7%，减水剂的临界掺量 $c_0=0.25\%$，饱和掺量 $c_1=0.45\%$，推荐掺量 $c=2\%$，临界减水率 $n_0=15\%$，饱和减水率 $n_1=25\%$，保坍剂母液浓度为 40%，缓凝组分使用葡萄糖酸钠，环境温度为 25℃，要求混凝土坍落度为 250mm，保坍 3h 无损失。

由于混凝土坍落度要求达到 250mm，所以外加剂减水率要求达到

$$n(\%) = \frac{250 - 50}{10} = 20$$

减水母液的用量：

$$M_1 = \frac{1000 \times \left[0.25 + \frac{(20-15) \times (0.45-0.25)}{25-15}\right]}{2} = 175(\text{kg})$$

保坍母液的用量：

$$M_2 = \frac{40 \times 3}{2} = 60(\text{kg})$$

缓凝剂的用量：

$$M_3 = 1000 \times \frac{25 \times 0.001}{2} = 12.5(\text{kg})$$

引气剂的用量：

$$M_4 = \frac{1}{2} \sim \frac{3}{2} = 0.5 \sim 1.5(\text{kg})$$

溶剂水的用量：

$$M_5 = 1000 - 175 - 60 - 12.5 - 1.5 = 751(\text{kg})$$

水泥是否缺硫：

$$\Delta S = \frac{7}{2} - 3 = 0.5 > 0$$

4. 超长保坍聚羧酸外加剂复配

1) 超长保坍聚羧酸外加剂复配方法及计算公式

超长保坍聚羧酸外加剂复配主要是利用减水剂母液、保坍剂母液、高保坍剂母液和缓凝剂复配外加剂，必要时适量掺加引气剂，主要考虑减水剂的临界掺量 c_0、饱和掺量 c_1 及推荐掺量 c，减水剂的临界减水率 n_0、饱和减水率 n_1 及推荐减水率 n，保坍剂母液的保坍效果及浓度，高保坍剂母液的保坍效果及浓度，检测外加剂的水泥的标准稠度用水量 W、C_3A 含量和 SO_3 含量，则每吨外加剂中各种原材料的用量(kg)等按如下公式计算。

确定外加剂的减水率：

$$n(\%) = \frac{T - 50}{10} \qquad (4\text{-}13)$$

减水剂母液的用量:

$$M_1 = \frac{1000 \times \left[c_0 + \dfrac{(n - n_0) \times (c_1 - c_0)}{n_1 - n_0} \right]}{c} \qquad (4\text{-}14)$$

保坍剂母液的用量:

$$M_2 = \frac{20 \times h}{c} \qquad (4\text{-}15)$$

高保坍剂母液的用量:

$$M_3 = \frac{10 \times h}{c} \qquad (4\text{-}16)$$

缓凝剂的用量:

$$M_4 = 1000 \times \frac{t \times 0.001}{c} \qquad (4\text{-}17)$$

引气剂的用量:

$$M_5 = \frac{1}{c} \sim \frac{3}{c} \qquad (4\text{-}18)$$

溶剂水的用量:

$$M_6 = 1000 - M_1 - M_2 - M_3 - M_5 \qquad (4\text{-}19)$$

水泥是否缺硫(若 $\Delta S < 0$ 则缺硫):

$$\Delta S = \frac{C_3 A 质量分数}{SO_3 质量分数} - 3 \qquad (4\text{-}20)$$

2)超长保坍聚羧酸外加剂复配实例

水泥的标准稠度用水量 W 为29%,SO_3 质量分数为2%,C_3A 质量分数为7%,减水剂的临界掺量 $c_0=0.25\%$,饱和掺量 $c_1=0.45\%$,推荐掺量 $c=2\%$,临界减水率 $n_0=15\%$,饱和减水率 $n_1=25\%$,保坍剂母液浓度为40%,高保坍剂母液浓度为40%,缓凝成分使用葡萄糖酸钠,环境温度为25℃,要求混凝土坍落度为250mm,保坍5h无损失。

由于混凝土坍落度要求达到250mm,所以外加剂减水率要求达到

$$n(\%) = \frac{250 - 50}{10} = 20$$

减水剂母液的用量：

$$M_1 = \frac{1000 \times \left[0.25 + \dfrac{(20-15) \times (0.45-0.25)}{25-15} \right]}{2} = 175(\text{kg})$$

保坍剂母液的用量：

$$M_2 = \frac{20 \times 5}{2} = 50(\text{kg})$$

高保坍剂母液的用量：

$$M_3 = \frac{10 \times 5}{2} = 25(\text{kg})$$

缓凝剂的用量：

$$M_4 = 1000 \times \frac{25 \times 0.001}{2} = 12.5(\text{kg})$$

引气剂的用量：

$$M_5 = \frac{1}{2} \sim \frac{3}{2} = 0.5 \sim 1.5(\text{kg})$$

溶剂水的用量：

$$M_6 = 1000 - 175 - 50 - 25 - 12.5 - 1.5 = 736(\text{kg})$$

水泥是否缺硫：

$$\Delta S = \frac{7}{2} - 3 = 0.5 > 0$$

5. 超长缓释保坍聚羧酸外加剂复配

1）超长缓释保坍聚羧酸外加剂复配方法及计算公式

超长缓释保坍聚羧酸外加剂复配主要是利用减水剂母液、保坍剂母液、高保坍剂母液和缓凝剂复配外加剂，必要时适量掺加引气剂，主要考虑减水剂的临界掺量 c_0、饱和掺量 c_1 及推荐掺量 c，减水剂的临界减水率 n_0、饱和减水率 n_1 及推荐减水率 n，保坍剂母液的保坍效果及浓度，高保坍剂母液的保坍效果及浓度，检测外加剂的水泥标准稠度用水量 W、C_3A 含量和 SO_3 含量，则每吨外加剂中各种原材料的用量(kg)等按如下公式计算。

复配外加剂的减水率：

$$n(\%) = \frac{T - 50}{10} \tag{4-21}$$

减水剂母液的用量：

$$M_1 = \frac{1000 \times \left[c_0 + \dfrac{(n - n_0) \times (c_1 - c_0)}{n_1 - n_0} \right]}{c} \tag{4-22}$$

保坍剂母液的用量：

$$M_2 = \frac{20 \times h}{c} \tag{4-23}$$

高保坍剂母液的用量：

$$M_3 = \frac{10 \times h}{c} \tag{4-24}$$

缓凝剂的用量：

$$M_4 = 1000 \times \frac{t \times 0.001}{c} \tag{4-25}$$

引气剂的用量：

$$M_5 = \frac{1}{c} \sim \frac{3}{c} \tag{4-26}$$

溶剂水的用量：

$$M_6 = 1000 - M_1 - M_2 - M_3 - M_4 - M_5 \tag{4-27}$$

水泥是否缺硫（若 $\Delta S < 0$ 则缺硫）：

$$\Delta S = \frac{C_3A \text{质量分数}}{SO_3 \text{质量分数}} - 3 \tag{4-28}$$

2) 超长缓释保坍聚羧酸外加剂复配实例

水泥的标准稠度用水量 $W = 29\%$，SO_3 质量分数为 2%，C_3A 质量分数为 7%，减水剂的临界掺量 $c_0 = 0.25\%$，饱和掺量 $c_1 = 0.45\%$，推荐掺量 $c = 2\%$，临界减水率 $n_0 = 15\%$，饱和减水率 $n_1 = 25\%$，保坍剂母液浓度为 40%，高保坍剂母液浓度为 40%，缓凝组分使用葡萄糖酸钠，环境温度为 25℃，要求混凝土坍落度为 250mm，保坍 8h 无损失。

由于混凝土坍落度要求达到 250mm，所以外加剂减水率要求达到

$$n(\%) = \frac{250 - 50}{10} = 20$$

减水剂母液的用量：

$$M_1 = \frac{1000 \times \left[0.25 + \dfrac{(20 - 15) \times (0.45 - 0.25)}{25 - 15} \right]}{2} = 175(\text{kg})$$

保坍剂母液的用量：

$$M_2 = \frac{20 \times 8}{2} = 80(\text{kg})$$

高保坍剂母液的用量：

$$M_3 = \frac{10 \times 8}{2} = 40(\text{kg})$$

缓凝剂的用量：

$$M_4 = 1000 \times \frac{25 \times 0.001}{2} = 12.5(\text{kg})$$

引气剂的用量：

$$M_5 = \frac{1}{2} \sim \frac{3}{2} = 0.5 \sim 1.5(\text{kg})$$

溶剂水的用量：

$$M_6 = 1000 - 175 - 80 - 40 - 12.5 - 1.5 = 691(\text{kg})$$

水泥是否缺硫：

$$\Delta S = \frac{7}{2} - 3 = 0.5 > 0$$

6. 高温环境外加剂复配实例

夏季高温，解决混凝土在运输和施工过程中的坍落度损失较大的问题是目前混凝土行业存在的技术难题。为了保证施工过程中混凝土坍落度损失可控，实现夏季高温施工以及远距离运输过程中混凝土工作性满足设计要求，应配制并生产出满足不同环境温度和运输距离使用的混凝土，实现有效控制混凝土坍落度损失，需要通过调整外加剂配方来解决，采用的技术方案如下。

1）常规项目

施工现场温度低于 30℃，运输距离小于 15km，控制 3h 坍落度无损失。

（1）用于房屋建筑，推荐掺量 2%的外加剂配方：减水剂母液 180kg，保坍剂母液 80kg，葡萄糖酸钠 20kg，水 720kg。

（2）用于铁路公路建设，推荐掺量 1%的外加剂配方：减水剂母液 360kg，保坍剂母液 160kg，葡萄糖酸钠 40kg，水 440kg。

2）夏季高温施工项目

施工现场温度高于 30℃，运输距离介于 15～30km，控制 5h 坍落度无损失。

（1）用于房屋建筑，推荐掺量 2%的外加剂配方：减水剂母液 180kg，保坍剂母液 50kg，高保坍剂母液 50kg，葡萄糖酸钠 20kg，水 700kg。

（2）用于铁路公路建设，推荐掺量 1%的外加剂配方：减水剂母液 360kg，保坍剂母液 100kg，高保坍剂母液 100kg，葡萄糖酸钠 40kg，水 400kg。

3）长距离运输及高温施工项目

施工现场温度大于 30℃，运输距离介于 30～60km，控制 7h 坍落度无损失。

（1）用于房屋建筑，推荐掺量 2%的外加剂配方：减水剂母液 200kg，保坍剂母液 100kg，高保坍剂母液 50kg，葡萄糖酸钠 20kg，水 630kg。

（2）用于铁路公路建设，推荐掺量 1%的外加剂配方：减水剂母液 400kg，保坍剂母液 200kg，高保坍剂母液 100kg，葡萄糖酸钠 40kg，水 260kg。

以上配方中减水剂母液的作用是确保混凝土坍落度达到施工设计要求，保坍剂母液和高保坍剂母液的作用是确保混凝土拌和物在设定的时间范围内没有坍落度损失，葡萄糖酸钠的作用是控制混凝土拌和物在出现坍落度损失并失去流动性的 1～2h 内初凝，初凝后 1h 内终凝，实现初凝要慢，保证施工操作有足够的时间，终凝要快，保证初凝后混凝土强度快速增长的目标。

目前在外加剂复配过程中最大的误区是把缓凝成分葡萄糖酸钠当成保坍成分使用，导致配制出来的混凝土出现严重的离析、泌浆和抓地现象，混凝土静置几分钟就会出现板结现象，到了现场严重影响泵送施工，浇筑后的混凝土表面出现假凝，很难进行收面，拆模后混凝土表面出现分层、水纹和沙线。

经过多年生产实践，根据混凝土需要的性能按照每种材料的功能选择使用，特别是严格控制葡萄糖酸钠用量，复配的外加剂用于控制混凝土拌和物的坍落度损失，工作性全部达到预期效果。通过施工现场观察和检测，泵送入模的混凝土拌和物状态保持良好，没有出现离析、泌水、抓地和扒底现象，混凝土浇筑成型后 1～2h 内正常凝固，成型的混凝土试件强度均匀稳定，达到设计要求。

4.3　混凝土防冻剂

4.3.1　混凝土的冬季施工

1. 冬季施工起止时间规定

混凝土结构工程采取冬季施工措施，可以取第一个出现连续 5d 稳定低于 5℃ 的初日作为冬季施工的起始日期，当气温回升时取第一个连续 5d 稳定高于 5℃ 的末日作为冬季施工的终止日期，二者之间的日期即为混凝土冬季施工期。

2. 温度对混凝土性能的影响

环境温度越低，胶凝材料的水化反应速度越慢，混凝土的强度增长越慢。由试验可知，环境温度每降低 1℃，胶凝材料的水化作用降低 5%～7%，在 0～1℃ 范围内水泥的水化活性剧烈降低，水化作用缓慢。一般当温度低于 0℃ 的某个范围时，游离水将开始结冰，当温度达到–15℃ 左右时，游离水几乎全部冻结成冰，致使胶凝材料的水化和硬化完全停止。

当水转化为固态的冰时，其体积约增大 9%，使混凝土产生内应力，造成骨料与胶凝材料颗粒的相对位移及内部水分向负温表面迁移，在混凝土体内形成冰聚体引起局部结构破坏。

混凝土拌和水中掺入一定量的降低冰点型防冻剂会使水溶液的冰点降低，其冰点的降低幅度与防冻剂的种类和掺量或溶液浓度有关。防冻剂的使用效果在很大程度上取决于溶液浓度以及混凝土硬化过程经受的负温值。混凝土内掺入防冻剂的主要目的是使其在负温度下保持足够的液相，使胶凝材料的水化得以继续进行；转入正温度后，混凝土强度能进一步增长，并达到或超过设计强度。

3. 混凝土冬季施工注意事项

1) 对材料和材料加热的要求

(1) 冬季施工中配制混凝土用的水泥应优先选用活性高、水化热大的硅酸盐水泥和普通硅酸盐水泥，蒸汽养护时用的水泥品种应经试验确定。水泥的强度不应低于 P·O 42.5，水灰比不应大于 0.6。水泥不得直接加热，使用前 1～2d 运入暖棚存放，暖棚温度宜在 5℃ 以上。

(2) 因为水的比热容是砂石骨料的 5 倍左右，所以冬季拌制混凝土时应优先采用加热水的方法，但加热温度要符合规定的数值。

(3) 骨料要求提前清洗和储备，做到骨料清洁，无冻块和冰雪。冬季骨料所有储备场地应选择地势较高不积水的地方。

(4)冬季施工拌制混凝土的砂、石温度要符合热工计算需要的温度。加热的方法可因地制宜，但以蒸汽加热法为好。

(5)原材料无论采用何种方法加热，在设计加热设备时，必须先求出每天的最大用料量和要求达到的温度，根据原材料的初温和比热容，求出需要的总热量，同时考虑加热过程中热量的损失。有了要求的总热量，就可以决定采用热源的种类、规模和数量。

2)搅拌

混凝土不宜露天搅拌，应尽量搭设暖棚，优先选用大容量的搅拌机，以减少混凝土的热量损失。搅拌前，用热水或蒸汽冲洗搅拌机。混凝土的拌和时间比常温规定时间延长 50%。由于水泥和 80℃左右的水拌和会发生骤凝现象，投料顺序是先将水和砂石投入拌和，然后加入水泥。若能保证热水不和水泥直接接触，水可以加热到 100℃。

3)运输

混凝土的运输时间和距离应保证混凝土不离析、不丧失塑性，主要措施为减少运输时间和距离、使用大容积的运输工具并加以适当保温等。

4)浇筑和养护

混凝土在浇筑前，应清除模板和钢筋上的冻雪和污垢，尽量加快混凝土的浇筑速度，防止热量散失过多。混凝土拌和物的出机温度不宜低于 10℃，入模温度不得低于 5℃。采用加热养护时，混凝土养护前的温度不得低于 2℃。

加热养护整体式结构时，施工缝的位置应设置在温度应力较小处。当加热温度超过 40℃时，由于温度高，势必在结构内部产生温度应力。因此，在施工之前应征求设计单位的意见，在跨内适当的位置设置施工缝，留施工缝处，在水泥终凝后立即用 3~5 个大气压的气流吹除结合面的水泥膜、污水和松动石子。

4.3.2　防冻剂的组成及防冻机理

混凝土防冻剂可以分成两大类型：早强型和复合型。

1. 早强型防冻剂

最低气温不超过–10℃，日气温一般在 0℃上下浮动，在气温最高的白天浇筑，混凝土内部温度就可以保持在 0℃以上。若不在最高气温下浇筑，浇筑后用塑料薄膜及草袋等覆盖，混凝土内部温度也会高于气温。在这种情况下，混凝土会很快达到临界强度 3.5MPa 而不会产生冻害。因此，在最低温度高于–10℃时只需添加早强型防冻剂，目的是更快达到临界强度。

2. 复合型防冻剂

根据混凝土产生冻害的原因分析，必须从提高混凝土本身的抗冻能力及防止冻害的发生两个途径来解决。

1）早强组分

为了促进水泥水化作用，使混凝土尽快达到抵御冻害的能力，强度迅速增长，加速模板周转，缩短工期，早强组分是必不可少的。为了避免钢筋锈蚀，采取相应技术措施，使用少量的氯盐，确保对钢筋无促锈作用。

常用的早强剂有硫酸钠、氯化钙、硝酸钙、亚硝酸钙、三乙醇胺等。防冻剂中的早强成分主要使混凝土尽快达到或超过其受冻临界强度。

2）减水组分

减水剂的作用是分散水泥和降低混凝土的水灰比。减少了绝对用水量，使毛细孔变细、减少且分布均匀，提高了混凝土的密实性，实质上是减少了混凝土中可冻水的数量，既减小了受冻混凝土中的含冰率，也相应提高了混凝土的防冻性能。另外，防冻剂掺量是固定的，由于水灰比减小，相应地提高了混凝土中减水剂水溶液的浓度，进一步降低了冰点，从而提高了混凝土防早期冻害能力。

常用的减水剂有木钙、木萘、萘系高效减水剂及三聚氰胺、氨基磺酸盐等。

3）引气组分

水结冰时体积增大 9%，严重时可造成混凝土中骨料与水泥颗粒的相对位移，使混凝土结构受到损伤甚至破坏，形成不可逆转的强度损失。这种引气剂在搅拌混凝土过程中能引入大量均匀分布、稳定而封闭的极小气泡，这些气泡对混凝土主要有四种作用：

（1）减少混凝土的用水量。

（2）引入的气泡对混凝土内冰晶的膨胀力有一个缓冲和削弱作用，减轻冰晶膨胀力的破坏作用。

（3）提高了混凝土的耐久性能。

（4）小气泡起到阻断毛细孔的作用，使毛细孔中的可冻结水减少。

4）防冻组分

防冻剂的主要功能是在负温度条件下降低混凝土内游离水的冰点，减小混凝土内部水分的成冰率，使之有较多的液态水供水泥水化，更重要的是改变成冰结构，使冰晶变得疏松且呈立体网状结构，因而对混凝土结构没有破坏作用。防冻组分一般掺量都比较大，考虑到对混凝土耐久性能的要求，应尽量减少 K^+ 和 Na^+ 的引入量，这也是防冻剂的突出特点。

4.3.3 防冻剂的生产

防冻剂在我国北方地区大量使用，粉状防冻剂属于早强型防冻剂，推荐掺量为胶凝材料用量的 0.2%～1%，最常用的成分有亚硝酸钠、亚硝酸钙、氯化钙、氯化钠、氯化铵、碳酸钠、碳酸钾、甲酸钙、甲酸钠和硫酸钠等，早强型防冻剂与加热原材料和蓄热保温养护工艺配合使用，主要通过提高胶凝材料化学反应程度，增加胶凝材料浆体的量，提高混凝土的强度，使混凝土在停止养护时的强度大于混凝土临界强度，保证混凝土不会因为内部水分结冰膨胀引起破坏。液体防冻剂大多属于降低冰点型防冻剂，推荐掺量为胶凝材料用量的 0.1%～2%，选择原材料时必须考虑各组分之间在水溶液中的相容性，最常用的成分有丙三醇、二甲基亚砜、二乙二醇、乙二醇和三乙醇胺等，降低冰点型防冻剂的作用是降低混凝土拌和物中液相的冰点，使混凝土拌和物在负温度下不结冰，胶凝材料能够在负温度下正常水化，保证混凝土强度正常增长，液态防冻剂中不允许有沉淀、结晶和絮状物。防冻剂生产的关键在于配方的选择，选定了原材料以后搅拌均匀即可。

4.3.4 防冻剂的选用

冬施混凝土大致分为两类：降低冰点型防冻混凝土和早强防冻型混凝土。

在施工现场不具备采取其他保温和防冻措施时，采用降低冰点型防冻混凝土进行施工。降低冰点型防冻混凝土是指除拌和水必须保持液态外，其他骨料均不保温，浇筑后也不采取任何保温措施，主要依靠防冻组分保证混凝土在低温下不结冰且胶凝材料在负温度下能够正常进行水化。

在施工现场具有保温和加热养护条件时，采用早强防冻型混凝土进行施工。早强防冻型混凝土是指混凝土生产过程中对砂、石、拌和水进行保温和热处理，在混凝土养护过程中采取保温防护和蓄热法进行混凝土养护，主要依靠防冻组分保证胶凝材料在养护过程中能够正常进行水化，使混凝土在停止养护前强度达到临界强度以上，保证混凝土不会在停止养护后因内部水分结冰膨胀破坏混凝土。

4.4 免 养 护 剂

1. 概述

免养护剂主要用来预防混凝土塑性开裂，提高同条件养护试件实体强度和回弹强度，使同条件试件的回弹强度达到或者接近实体强度，同时降低混凝土的成本。在混凝土中掺加免养护剂，混凝土拌和物凝固前使免养护剂漂浮到混凝土表面，在混凝土上表面形成一层薄薄的膜，这层膜在空气中快速硬化，使水分无法在上表面蒸发散失，混凝土拆除模板后，侧面和底部的混凝土表面由于免养护剂的渗透作用，渗透到拆模后的混凝土外漏表层形成一层隔离膜并很快硬化，使混凝土表面封闭起来，水分无法蒸发，对于水泥和胶凝材料水化过程中出现的小缺陷，免养护剂会快速渗透到该部位修补使其愈合，使水泥水化体系在较长时间内保持较高的内部相对湿度，既保证了水泥水化的持续进行，又抑制了混凝土界面的早期干燥。这样有效预防了混凝土的塑性收缩和化学缩减引起的开裂，保证混凝土拆模后，免养护混凝土比标准养护混凝土具有更好的抗裂性和高回弹强度。

2. 性能指标

免养护剂是一种高分子合成材料，具有直链、支链、交链共存的复杂网状分子结构，其分子特征及交联的微观结构使其具有良好的分散性，不溶于水，不影响混凝土拌和物的流动性，不参与胶凝材料的水化。免养护剂可以使水泥水化体系在较长时间内保持较高的内部相对湿度，既保证了水泥水化的持续进行，又抑制了混凝土界面的早期干燥，可以显著降低混凝土的自收缩率和干缩率，改善混凝土内部结构，使之更加致密。免养护剂在水泥水化过程中形成微型气泡，这和引气剂一样能够提高混凝土的抗冻性能。免养护剂性能稳定，可以在高温下正常使用。免养护剂的技术指标见表 4-14。

表 4-14　免养护剂的技术指标

序号	技术指标	数值
1	酸值/(mgKOH/g)	≤1
2	黏度(25℃)/(mPa·s)	≤12000
3	密度(25℃)/(kg/m³)	1240
4	羟值/(mgKOH/g)	120~320
5	水分	<0.1

3. 适用范围

混凝土免养护剂可以广泛应用于工业与民用建筑、道路、桥梁、港口、码头、市政、水利、电力、机场和海工工程，使用免养护剂可以有效预防混凝土开裂，提高混凝土的表面密实度，降低混凝土的碳化深度，提高混凝土的回弹强度，特别是干燥多风的西北、华北和东北地区。

4. 使用方法

免养护剂的推荐掺量为 $1kg/m^3$，在混凝土搅拌过程中直接加入，拆模后混凝土无需养护。由于免养护剂固定的水分较多，在混凝土硬化过程中水分没有蒸发，混凝土塑性收缩很小，混凝土单位面积上裂缝数量明显减少，预防了混凝土早期开裂，降低了混凝土碳化深度，同时提高了混凝土表面的密实度，提高了混凝土回弹强度，改善了混凝土耐久性。

5. 工程应用实例

混凝土免养护剂已经在兰张高速铁路、渝黔铁路、兴泉高速铁路、石济客运专线专箱梁、青连高速铁路墩柱、广巴高速公路墩柱、纳黔高速公路墩柱、安康高速公路墩柱、衡水市政桥梁墩柱、济南恒大龙奥御苑住宅项目和邯郸金隅太行混凝土等项目中大量应用，取得了良好的效果。

第5章 多组分混凝土

5.1 多组分混凝土理论

随着混凝土化学外加剂和超细矿物掺合料的普遍使用，原有的混凝土配合比设计方法已经不能满足多组分混凝土配制及施工的实际需要，特别是传统观念下配制混凝土时水泥强度要比混凝土强度高，粉煤灰及矿渣粉等矿物掺合料用量不能超过规定比例，在混凝土生产过程中已经失去了指导意义。以水胶比决定强度的假设为基础的混凝土配合比设计技术规程在许多方面已经不能满足混凝土材料自身性能和特点。基于以上观点，本章首先对混凝土的体积组成模型进行了分析，以 Powers 胶空比理论、晶体强度计算理论和 Griffith 脆性材料断裂理论为基础，结合水灰比公式建立了多组分混凝土理论数学模型及计算公式。

以此为基础，本章提出多组分混凝土体积组成石子填充模型，并对混凝土中水泥标准稠度浆体强度、硬化密实浆体在混凝土中的体积比、掺合料的活性系数和胶凝材料的填充系数等进行定义和计算公式的推导；根据混凝土体积组成石子填充模型，进行多组分混凝土强度的早期推定和配合比设计计算，推导出多组分混凝土强度与水泥、掺合料、砂、石、外加剂及拌和用水定量计算的科学计算公式。

5.1.1 多组分混凝土强度理论基础

1. 混凝土强度理论回顾

从 20 世纪波特兰水泥大量应用于混凝土实践以来，混凝土材料科学技术人员对大量使用的混凝土强度理论进行了不断的探索，先后提出了多种假设和理论，从不同的角度阐述了混凝土强度的形成机理和影响因素。目前国际上公认的主要有以下几种：1918 年艾布拉姆斯(Abrams)建立的水灰比强度公式和 Powers 的胶空比理论，1920 年格里菲斯(Griffith)提出的脆性断裂理论，1930 年瑞典学者鲍罗米(Belomy)提出的混凝土强度与水泥标号及水灰比之间的关系式。

2. 中心质假说

1958 年，吴中伟院士提出中心质假说，认为水泥基复合材料是由中心质(分散相)和介质(连续相)组成的，中心质对介质的吸附、化合、黏结、晶核、晶体取向和连生等一系列物理化学作用称为中心质效应。中心质效应及其叠加有利于改善混凝土的密实性，提高混凝土的性能，作为次中心质的活性胶凝材料，在掺量一定的前提下，只有通过减小粒径、增大比表面积，才能更好地发挥中心质效应，从而提高混凝土的性能。中心质假说重在机理分析，没有详细计算配合比的具体方法，在混凝土试配和生产环节中无法落实。

3. 全计算法

陈建奎教授和王栋民教授在1996年提出了混凝土配合比设计全计算法，认为现代混凝土是由水泥、矿物细掺料、砂、石、空气、水和外加剂等组成的多相聚集体，混凝土由干砂浆、水分和石子组成，为了保证混凝土拌和物的工作性，干砂浆体积应该大于 $0.33m^3$。全计算法设计中提出外加剂的功能是增加混凝土的流动性而不是减水的概念是开创性的，准确地界定了混凝土外加剂的功能是改善工作性而不是减水，为外加剂的科学利用指明了方向。全计算法仍然以水灰比公式为基础，在计算过程中需要假定一些参数，因此在推广的过程中仍然有一定的局限。

以上不同的强度理论从不同角度提出了降低孔隙率、增加密实度、增大胶空比、提高弹性模量、减少缺陷和微裂缝是增强混凝土性能的途径。这些强度理论之间有着本质的联系，但都没有将胶凝材料技术指标、砂石骨料技术指标、外加剂技术指标和用水量的多少与混凝土性能指标之间直接建立对应关系。

5.1.2　多组分混凝土强度理论数学模型

由长时间的试验研究、数据分析以及工程应用可知，由于混凝土所使用的砂石在混凝土凝固前后没有发生化学反应，混凝土凝固后形成的强度来源为胶凝材料，胶凝材料本质上是一种复合水泥，混凝土的强度形成过程本质上是复合水泥水化形成强度的过程。

水泥水化形成的浆体强度与水灰比之间的关系是这样的：从加水搅拌开始，随着水灰比的增大，由于水泥水化越来越充分，水泥的强度提高，当水灰比达到标准稠度对应的水灰比时，水泥水化形成的浆体强度最高，当水灰比大于标准稠度对应的水灰比时，随着水灰比的增大，由于水泥凝固后多余水分的蒸发，水泥浆体内部会留下很多孔洞，使浆体的密实度降低，水泥的强度降低。这就解释了当水泥水灰比达到标准稠度对应的水灰比时强度最高的原因。

国内外关于水灰比越大、强度越低的结论指的是水灰比大于标准稠度用水量对应的水灰比之后的部分，以变化水灰比控制混凝土强度，浪费的是胶凝材料，在技术上是可行的，但在经济上是不合理的，由于生产条件和强度等级的范围限制得很小，以前的理论非常适用于不掺减水剂、水胶比大于 0.30 以及强度等级介于 C20～C40 的塑性混凝土，对掺加了减水剂、强度等级超出此范围的混凝土则失去了指导意义。

本书在研究混凝土的配合比设计时，利用的是胶凝材料浆体最高强度值对应的水灰比，即胶凝材料标准稠度对应的水胶比。这个数是不变的，不考虑砂石对强度的影响。为了充分利用以上优点，控制复合胶凝材料拌制最合理的水胶比为标准稠度用水量对应的水胶比。这一水胶比对应的水有两个作用：一是保证胶凝材料充分水化的水；二是保证胶凝材料颗粒达到充分水化所需的匀质性的水。当复合胶凝材料的水胶比小于这个值时，由于水化和黏结不充分，水胶比越小，复合胶凝材料形成的强度越低；当复合胶凝材料的水胶比大于这个值时，由于胶凝材料水化后还有剩余的水分填充于胶凝材料浆体中，这些水分蒸发后会形成孔洞，胶凝材料浆体的密实度降低导致胶凝材料形成的强度降低，此时水胶比越大，胶凝材料强度越低；当水胶比在标准稠度对应的水胶比范围上下变化时，适当增大水胶比，可以增大水化反应的接触面积，使水化速度加快，早期强度提高，但水胶比过大会使水泥石结构中孔隙太多，从而降低其强度，故水胶比不宜太大。若水胶比过小，复合胶凝材料水化反应所需水量不足，会延缓反应的进行；同时，没有足够的孔隙来容纳水化产物而阻碍未水化部分进一步水化，也会降低水化速度，强度降低，因此水胶比也不宜太小。

在混凝土配合比设计过程中，采用胶凝材料水化强度最高时对应的水胶比作为混凝土的有效水胶比，将砂石用水与胶凝材料用水区分开来。与现有设计方法最大的区别是不再改变胶凝材料的有效水胶比，以达到充分利用胶凝材料的活性，实现胶凝材料强度最节约的目的。使用胶凝材料前先检测复合胶凝材料的标准稠度用水量，再以此作为确定胶凝材料的合理水胶比的依据。

砂石料由于表面积的变化和孔结构的不同，在混凝土拌制过程中所用的水是变化的，这个数值的变化与胶凝材料用水量没有直接的关系，因此与有效水胶比也没有关系，但是与总用水量有关，由于外加剂溶解于水中，与外加剂有很大的关系。外加剂作为胶凝材料的添加剂，当全部用于胶凝材料时才充分发挥了作用，现有的设计方法没有将胶凝材料用水和砂石用水区分开来，用于拌制砂石料的水中含有的外加剂被浪费了。现有的生产工艺也没有考虑这个因素，导致砂石料吸收了部分外加剂但没有起到应有的作用，因此在多组分混凝土配合比设计过程中采用预湿骨料工艺解决这个问题。

根据以上分析可知，多组分混凝土作为一种复杂的物理化学反应产物，主要由砂、石子、水泥、矿渣粉、粉煤灰、硅粉、水、外加剂等成分组成，由于水泥和胶凝材料的水化过程极其复杂，内部结构不能直接测量。作为一种承重材料，认为混凝土强度的形成大体可分为两部分：一部分由粗骨料(石子)提供，因为石子的强度大于混凝土的设计强度，大多数混凝土在工作状态时骨料都具有足够的强度；另一部分由硬化浆体提供，对于强度等级较低的混凝土，其硬化浆体主要由水泥水化形成的 C-S-H 凝胶和粉煤灰等惰性或活性较低的掺合料填充组成，它的强度主要来源于水泥；而对于强度等级较高的混凝土，其硬化浆体主要由水泥水化形成的 C-S-H 凝胶、活性较高的矿渣粉水化形成的凝胶、填充于孔隙中的超细矿渣粉和硅粉等组成，这样就决定了混凝土的强度在低强度等级范围内与水泥强度和黏结强度相关，在高强度等级范围内，由于黏结强度大，混凝土的强度与水泥浆体强度、超细矿物掺合料填充系数密切相关，特别是超细掺合料的微粉填充效应表现得非常明显。

基于以上观点，通过对混凝土的体积组成进行分析，结合生产试验、数据分析和工程实践建立了多组分混凝土强度理论数学模型及计算公式，即

$$f = \sigma u m \tag{5-1}$$

式中，σ 为胶凝材料水化形成的标准稠度浆体的强度，MPa；u 为胶凝材料填充强度贡献率；m 为硬化密实浆体在混凝土中的体积比。

$$u = \frac{\sum\limits_{i=1}^{n} u_i m_i}{\sum\limits_{i=1}^{n} m_i} \tag{5-2}$$

$$m = \sum\limits_{i=1}^{n} \frac{m_i}{\rho_i} \tag{5-3}$$

由多组分混凝土理论数学计算公式可知，多组分混凝土硬化后单位体积内的石子、砂均没有参与胶凝材料的水化硬化，其体积没有发生改变，混凝土的强度由硬化胶凝材料标准稠度浆体的强度、胶凝材料的填充强度贡献率和硬化密实浆体的体积比决定。以下分别介绍多组分混凝土配合比设计方法以及固定胶凝材料调整配合比的方法。

5.2 普通砂石混凝土配合比设计方法

5.2.1 设计依据

根据多组分混凝土理论以及混凝土耐久性设计原理，数字量化混凝土配合比设计优先考虑了混凝土的耐久性指标，通过控制胶凝材料的总量解决浆体对砂石的包裹性，通过控制胶凝材料拌和用水量提高浆体的密实度，通过预湿骨料工艺提高浆体和砂石的黏结力。在设计过程中根据混凝土企业质量控制水平，确定合

理的配制强度，根据原材料技术指标以及混凝土的工作性、强度和耐久性指标要求设计配合比。

5.2.2　胶凝材料主要技术参数

胶凝材料主要技术参数见表 5-1。

表 5-1　胶凝材料主要技术参数

技术参数	水泥	矿渣粉	粉煤灰	硅灰
强度	R_{28}	—	—	—
密度	ρ_C	ρ_K	ρ_F	ρ_{Si}
比表面积	S_C	S_K	S_F	S_{Si}
需水量(比)	W_0	β_K	β_F	β_{Si}
活性指数	—	A_{28}	H_{28}	—

1. 水泥质量强度比的计算

1) 水泥在砂浆中的体积比

$$V_C = \frac{\dfrac{m_{C_0}}{\rho_C}}{\dfrac{m_{C_0}}{\rho_C} + \dfrac{m_{S_0}}{\rho_{S_0}} + \dfrac{m_{W_0}}{\rho_{W_0}}} \tag{5-4}$$

2) 标准稠度水泥浆体的强度

$$\sigma = \frac{R_{28}}{V_C} \tag{5-5}$$

3) 标准稠度水泥浆体的密度

$$\rho_0 = \frac{\rho_C \times \left(1 + \dfrac{W_0}{100}\right)}{1 + \dfrac{\rho_C}{\rho_W} \times \dfrac{W_0}{100}} \tag{5-6}$$

4) 水泥的质量强度比

$$R_C = \frac{\rho_0}{\sigma} \tag{5-7}$$

2. 矿渣粉的活性系数

$$\alpha_K = \frac{A_{28} - 50}{50} \tag{5-8}$$

3. 粉煤灰的活性系数

$$\alpha_F = \frac{H_{28} - 70}{30} \tag{5-9}$$

4. 硅灰的填充系数

$$u_{Si} = \sqrt{\frac{\rho_{Si} S_{Si}}{\rho_C S_C}} \tag{5-10}$$

5.2.3 砂石主要技术参数

1. 石子的主要技术参数

石子的主要技术参数见表 5-2。

表 5-2 石子的主要技术参数

堆积密度	空隙率	表观密度	吸水率
$\rho_{G\,堆积}$	P	$\rho_{G\,表观}$	X_W

2. 砂子的主要技术参数

砂子的主要技术参数见表 5-3。

表 5-3 砂子的主要技术参数

紧密堆积密度	含石率	含水率	含泥量	压力吸水率
ρ_S	H_G	H_W	H_n	Y_W

5.2.4 外加剂主要技术参数

称取水泥、水，按照厂家推荐掺量试验，要求混凝土拌和物坍落度为 T，水泥净浆流动扩展度 $D=T$，确定外加剂掺量。

5.2.5　混凝土配合比设计计算方法

1. 混凝土配制强度的确定

$$f_{cu0} = f_{cuk} + 1.645\sigma \tag{5-11}$$

2. 基准水泥用量

$$m_{C_0} = R_C \times f_{cu0} \tag{5-12}$$

3. 胶凝材料的分配

1) $m_{C_0} \leqslant 300\text{kg}$

$$m_{C_0} = \alpha_1 \times m_C + \alpha_F \times m_F \tag{5-13}$$

$$m_B = m_C + m_F \tag{5-14}$$

2) $300\text{kg} < m_{C_0} < 600\text{kg}$

$$m_{C_0} = m_C + \alpha_F \times m_F + \alpha_K \times m_K \text{(等活性替换)} \tag{5-15}$$

$$m_{C_0} = m_C + u_F \times m_F + u_K \times m_K \text{(等填充替换)} \tag{5-16}$$

$$m_B = m_C + m_F + m_K \tag{5-17}$$

也可以先确定水泥、矿渣粉和粉煤灰代替基准水泥的比例 x_C、x_F、x_K，按下面公式计算：

$$m_C = m_{C_0C} = x_C \times m_{C_0} \tag{5-18}$$

$$m_F = \frac{m_{C_0F}}{\alpha_F} = \frac{x_F \times m_{C_0}}{\alpha_F} \tag{5-19}$$

$$m_K = \frac{m_{C_0K}}{\alpha_K} = \frac{x_K \times m_{C_0}}{\alpha_K} \tag{5-20}$$

3) $m_{C_0} \geqslant 600\text{kg}$

$$m_{C_0} = \alpha_1 \times m_C + \alpha_K \times m_K + \alpha_{Si} \times m_{Si} \tag{5-21}$$

$$m_{C_0} = u_1 \times m_C + u_K \times m_K + u_{Si} \times m_{Si} \tag{5-22}$$

$$m_C + m_K + m_{Si} = 600 \tag{5-23}$$

也可以先确定水泥、矿渣粉和硅灰代替基准水泥的比例 x_C、x_K、x_{Si}，用下式计算：

$$m_C = m_{C_0C} = x_C \times m_{C_0} \tag{5-24}$$

$$m_K = \frac{m_{C_0K}}{\alpha_K} = \frac{x_K \times m_{C_0}}{\alpha_K} \tag{5-25}$$

$$m_{Si} = \frac{m_{C_0Si}}{\mu_{Si}} = \frac{x_{Si} \times m_{C_0}}{\mu_{Si}} \tag{5-26}$$

4. 胶凝材料标准稠度用水量

1) 试验法

$$W_B = \left(m_C + m_F + m_K + m_{Si} \right) \times \frac{W_0}{100} \tag{5-27}$$

2) 计算法

$$W_B = \left(m_C + m_F \times \beta_F + m_K \times \beta_K + m_{Si} \times \beta_{Si} \right) \times \frac{W_0}{100} \tag{5-28}$$

5. 泌水系数

$$M_W = \frac{m_C + m_F + m_K + m_{Si}}{300} - 1 \tag{5-29}$$

6. 胶凝材料拌和用水量

$$W_1 = W_B \times \frac{2}{3} + W_B \times \frac{1}{3} \times \left(1 - M_W \right) \tag{5-30}$$

7. 胶凝材料浆体体积

$$V_{浆体} = \frac{m_C}{\rho_C} + \frac{m_F}{\rho_F} + \frac{m_K}{\rho_K} + \frac{m_{Si}}{\rho_{Si}} + \frac{W_1}{\rho_W} \tag{5-31}$$

8. 外加剂掺量

$$m_A = (m_C + m_F + m_K + m_{Si}) \times c_A \qquad (5-32)$$

9. 砂子用量及用水量

1) 砂子用量

$$m_S = \frac{\rho_S \times P}{1 - H_G} \qquad (5-33)$$

2) 机制砂用水量

$$W_{2\min} = (5.7\% - H_W) \times m_S \qquad (5-34)$$

$$W_{2\max} = (7.7\% - H_W) \times m_S \qquad (5-35)$$

3) 天然砂用水量

$$W_{2\min} = (6\% - H_W) \times m_S \qquad (5-36)$$

$$W_{2\max} = (8\% - H_W) \times m_S \qquad (5-37)$$

4) 再生细骨料用水量

$$W_2 = m_S \times Y_W \qquad (5-38)$$

10. 石子用量及用水量

$$m_G = (1 - V_{浆体} - P) \times \rho_{G表观} - m_S \times H_G \qquad (5-39)$$

$$W_3 = m_G \times X_W \qquad (5-40)$$

11. 混凝土配合比用量参数

混凝土配合比用量参数见表 5-4。

表 5-4 混凝土配合比用量参数

水泥	矿粉	粉煤灰	硅灰	外加剂	砂	石子	拌和水	预湿水
m_C	m_K	m_F	m_{Si}	m_A	m_S	m_G	W_1	W_{2+3}

5.2.6 混凝土配合比设计方法特点

由以上推导可知，多组分混凝土配合比设计方法是适用于各种强度等级多组分混凝土配合比设计的数学模型，经过数学推导得到混凝土配合比设计中水泥、掺合料、砂、石、外加剂和拌和用水量等组成材料的准确计算公式，解密了混凝土各组成与强度之间的定量关系，实现了现代混凝土配合比设计和强度的科学定量计算。在此基础上编制了混凝土配合比设计计算软件，提出了预湿骨料生产工艺，应用于重点工程的预拌混凝土生产，取得了良好的技术经济效果。

多组分混凝土理论解决了利用硅酸盐系列水泥配制高性能混凝土降低成本的技术难题，突破了利用不同品种不同等级硅酸盐水泥配制不同强度等级的高性能混凝土的关键技术，技术效果明显，降低成本的作用比较理想，从而为这项技术的推广应用奠定了坚实的理论基础。

多组分混凝土理论对水泥行业、混凝土行业和外加剂行业的发展具有重大的指导意义，对合理使用水泥、矿物掺合料、砂、石和外加剂，特别是推广应用高性能混凝土、合理使用掺合料、解决外加剂的适应性、降低企业生产成本、节约社会资源起到了技术桥梁的作用。

多组分混凝土理论使用硅酸盐系列水泥配制高性能混凝土，由于水泥和掺合料的掺加比例科学合理，进厂水泥和外加剂的适应性明显改善，混凝土出厂稳定性大大提高。

多组分混凝土理论用水泥实际强度作为配合比计算的依据，考虑了水泥 28d 强度的波动，配制的混凝土标养强度离散性较小，标准差降低，大大提升了混凝土质量控制的稳定性，有利于提高混凝土耐久性，延长混凝土使用寿命。

第6章 混凝土试配机器人

6.1 多组分混凝土网络计算器

6.1.1 混凝土配合比计算软件

搜索网址：http://a.hntkjw.com，进入混凝土配合比计算软件并注册，登录操作界面见图 6-1。

图 6-1 登录操作界面

6.1.2 混凝土配合比设计软件

配合比设计参数输入界面如图 6-2 所示。

1. 水泥

需要输入水泥 28d 抗压强度、表观密度、需水量。

(1)28d 抗压强度值范围：32.5～60.0MPa。

(2)表观密度值范围：2000～3200kg/m³。

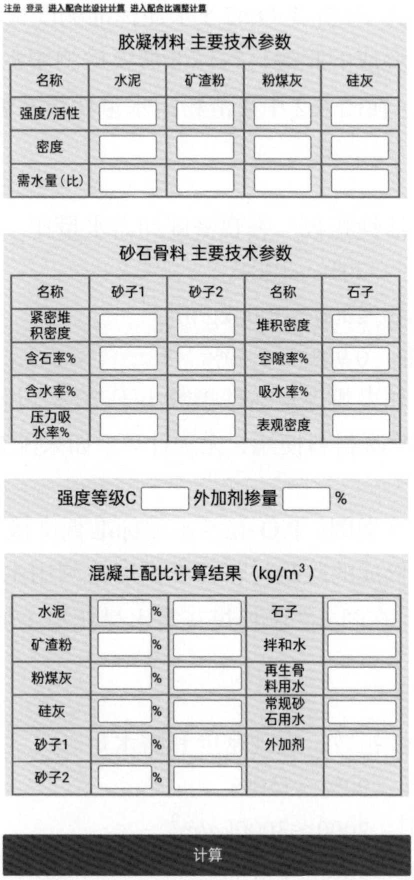

注册 登录 进入配合比设计计算 进入配合比调整计算

胶凝材料 主要技术参数

名称	水泥	矿渣粉	粉煤灰	硅灰
强度/活性				
密度				
需水量（比）				

砂石骨料 主要技术参数

名称	砂子1	砂子2	名称	石子
紧密堆积密度			堆积密度	
含石率%			空隙率%	
含水率%			吸水率%	
压力吸水率%			表观密度	

强度等级C [ ]　外加剂掺量 [ ] %

混凝土配比计算结果（kg/m³）

水泥		%	石子	
矿渣粉		%	拌和水	
粉煤灰		%	再生骨料用水	
硅灰		%	常规砂石用水	
砂子1		%	外加剂	
砂子2		%		

计算

图 6-2　配合比设计参数输入界面

（3）需水量值范围：25%～33%。

水泥需水量计算举例：P·O 42.5 水泥标准稠度检测用水量为 130g，由于检测时水泥用量为 500g，则需水量=（130÷500）×100%=26%，在图 6-2 中水泥需水量填 26。

2. 矿渣粉

需要输入矿渣粉的活性指数、表观密度和流动度比。

（1）活性指数值范围：50%～120%。

（2）表观密度值范围：2000～3000kg/m³。

（3）流动度比值范围：90%～120%。

参数输入过程中，如果矿渣粉活性指数小于 50%，说明矿渣粉没有活性，对强度没有贡献，不能当胶凝材料使用，无法计算。如果配合比设计不使用矿渣粉，在密度一栏填 2850。

矿渣粉流动度比计算举例：P·O 42.5 水泥标准稠度检测用水量为 130g，矿渣粉和水泥按照 1:1 混合形成的胶凝材料标准稠度检测用水量为 125g，则矿渣粉流动度比=125÷130=0.96，在图 6-2 中矿渣粉需水量比填 0.96。

3. 粉煤灰

需要输入粉煤灰的活性指数、表观密度和需水量比。

(1) 活性指数值范围：70%～120%。

(2) 表观密度值范围：2000～3000kg/m³。

(3) 需水量比值范围：0.90%～1.50%。

参数输入过程中，如果粉煤灰活性指数小于 70%，说明粉煤灰没有活性，对强度没有贡献，不能当胶凝材料使用，无法计算。如果配合比设计不使用粉煤灰，在密度一栏填 2000。

粉煤灰需水量比计算举例：P·O 42.5 水泥标准稠度检测用水量为 130g，水泥和粉煤灰按照 7:3 混合形成的胶凝材料标准稠度检测用水量为 140g，则粉煤灰需水量比=140÷130=1.08，在图 6-2 中粉煤灰需水量比填 1.08。

4. 硅灰

需要输入硅灰的活性指数、表观密度和需水量。

(1) 活性指数值范围：90%～150%。

(2) 表观密度值范围：2000～3000kg/m³。

(3) 需水量比值范围：90%～150%。

参数输入过程中，如果硅灰活性指数小于 90%，说明硅灰没有活性，对强度没有贡献，不能当胶凝材料使用，无法计算。如果配合比设计不使用硅灰，在密度一栏填 2000。

硅灰需水量比计算举例：P·O 42.5 水泥标准稠度检测用水量为 130g，水泥和硅灰按照 9:1 混合形成的胶凝材料标准稠度检测用水量为 135g，则硅灰需水量比=135/130=1.04，在图 6-2 中硅灰需水量比填 1.04。

5. 砂子

(1) 常规砂子，主要指符合国家标准的机制砂和河砂，需要填入砂子的紧密堆积密度、含石率和含水率。

(2) 再生细骨料，主要指用建筑垃圾、石灰石尾矿、铁尾矿和石棉尾矿等制作的细骨料，需要填入再生细骨料的紧密堆积密度、含石率和压力吸水率。

紧密堆积密度是将砂子加入砂子压实仪中，用于民用建筑的砂子测试压力选择 72kN，用于市政建筑的砂子测试压力选择 108kN，用于高速公路和高速铁路桥梁墩柱的砂子测试压力选择 192kN。将砂子压实后测得密度值，紧密堆积密度值正常情况下都大于 1700kg/m³，如果小于这个值，就需要重新检测复核数据是否有误。含石率是砂子中粒径大于 4.75mm 的颗粒所占的质量分数，含水率指砂子按照国家标准检测得到的含水质量分数，这个数正常情况下不会大于 8%，如果大于 8% 就要重新检测复核数据是否有误。压力吸水率是再生细骨料在 72kN、108kN 或者 192kN 的压力下对应的吸水率，必须现场检测。

6. 石子

石子包括卵石和碎石，需要输入的技术参数有堆积密度、空隙率、吸水率和表观密度。

石子的参数都是现场检测得到的数据，其中空隙率是石子的空隙和石子的开口孔隙之和，以现场检测数据为准，这个数一般介于 33%～50%，如果不在这个范围内，就需要重新检测复核数据是否有误。吸水率是石子表面润湿状态时对应的吸水率，应该以现场检测得到的数据为准，正常情况下介于 0.5%～3.5%，超出这个范围就需要重新检测复核数据是否有误。

7. 外加剂

外加剂包括泵送剂和其他功能性外加剂，主要输入试验确定的掺量就可以。

8. 强度等级

只需录入设计等级即可，软件设定的范围为 C20～C120。

9. 胶凝材料比例设定

胶凝材料包括水泥、矿渣粉、粉煤灰和硅灰四种，用量以基准水泥用量的百分比计算，四种材料百分比之和为 100%，且胶凝材料用量之和的计算结果介于 300～600kg 时才可以用于试配，小于 300kg 或者大于 600kg 时需要重新设定胶凝材料比例。

10. 砂子比例设定

在计算砂子用量时可以使用一种砂子，也可以使用两种砂子，用量以百分比计算，两种砂子百分比之和为 100%，在砂子级配不好时要通过调整两种砂子不同的比例或者加粉煤灰的方式解决。

6.1.3　固定胶凝材料调整配合比软件

配合比调整参数输入界面如图 6-3 所示。

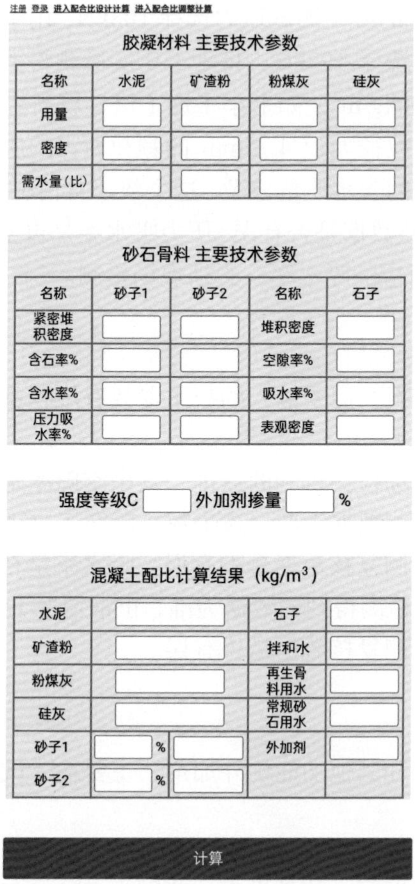

注册　登录　进入配合比设计计算　进入配合比调整计算

胶凝材料 主要技术参数

名称	水泥	矿渣粉	粉煤灰	硅灰
用量				
密度				
需水量(比)				

砂石骨料 主要技术参数

名称	砂子1	砂子2	名称	石子
紧密堆积密度			堆积密度	
含石率%			空隙率%	
含水率%			吸水率%	
压力吸水率%			表观密度	

强度等级C ☐　外加剂掺量 ☐ %

混凝土配比计算结果（kg/m³）

水泥		石子	
矿渣粉		拌和水	
粉煤灰		再生骨料用水	
硅灰		常规砂石用水	
砂子1	%	外加剂	
砂子2	%		

计算

图 6-3　配合比调整参数输入界面

1. 水泥

需要填入单方混凝土水泥用量、表观密度、需水量。

需水量计算举例：P·O 42.5 水泥，标准稠度检测用水量为 130g，由于检测时水泥用量为 500g，则需水量=(130÷500)×100%=26%，在图 6-3 中水泥需水量填 26。

2. 矿渣粉

需要输入单方混凝土矿渣粉用量、表观密度和流动度比。

如果配合比设计不使用矿渣粉，在密度一栏填 2850。

矿渣粉流动度比计算举例：P·O 42.5 水泥标准稠度检测用水量为 130g，矿渣粉和水泥按照 1:1 混合形成的胶凝材料标准稠度检测用水量为 125g，则矿渣粉需水量比=125÷130=0.96，在图 6-3 中需水量比填 0.96。

3. 粉煤灰

需要输入单方混凝土粉煤灰用量、表观密度和需水量比。

如果配合比设计不使用粉煤灰，在密度一栏填 2000。

粉煤灰需水量比计算举例：P·O 42.5 水泥标准稠度检测用水量为 130g，水泥和粉煤灰按照 7∶3 混合形成的胶凝材料标准稠度检测用水量为 140g，则粉煤灰需水量比=140÷130=1.08，在图 6-3 中粉煤灰需水量比填 1.08。

4. 硅灰

需要输入单方混凝土硅灰用量、表观密度和需水量比。

如果配合比设计不使用硅灰，在密度一栏填 2000。

硅灰需水量比计算举例：P·O 42.5 水泥标准稠度检测用水量为 130g，水泥和硅灰按照 9∶1 混合形成的胶凝材料标准稠度检测用水量为 135g，则硅灰需水量比=135÷130=1.04，在图 6-3 中硅灰需水量比填 1.04。

5. 砂子

(1)常规砂子，主要指符合国家标准的机制砂和河砂，需要填入砂子的紧密堆积密度、含石率和含水率。

(2)再生细骨料，主要指用建筑垃圾、石灰石尾矿、铁尾矿和石棉尾矿等制作的细骨料，需要填入再生细骨料的紧密堆积密度、含石率和压力吸水率。

紧密堆积密度是将砂子加入砂子压实仪中，用于民用建筑的砂子测试压力选择 72kN，用于市政建筑的砂子测试压力选择 108kN，用于高速公路和高速铁路桥梁墩柱的砂子测试压力选择 192kN。将砂子压实后测得密度值，紧密堆积密度值正常情况下都大于 1700kg/m³，如果小于这个值，就需要重新检测复核数据是否有误。含石率是砂子中粒径大于 4.75mm 的颗粒所占的质量分数，含水率指砂子按照国家标准检测得到的含水质量分数，这个数正常情况下不会大于 8%，如果大于 8%就要重新检测复核数据是否有误。压力吸水率是再生细骨料在 72kN、108kN 或者 192kN 的压力下对应的吸水率，必须现场检测。

6. 石子

石子包括卵石和碎石，需要输入的参数有堆积密度、空隙率、吸水率和表观密度。

石子的参数都是现场检测得到的数据，其中空隙率是石子的空隙和石子的开口孔隙之和，以现场检测数据为准，这个数一般介于 33%~50%，如果不在这个范围内就需要重新检测复核数据是否有误。吸水率是石子表面润湿状态时对应的吸水率，应该以现场检测得到的数据为准，正常情况下介于 0.5%～3.5%，超出这个范围就需要重新检测复核数据是否有误。

7. 外加剂

外加剂包括泵送剂和其他功能性外加剂，主要输入试验确定的掺量就可以。

8. 强度等级

只需录入设计等级即可，软件设定的范围为 C20～C120。

9. 砂子比例设定

在计算砂子用量时可以使用一种砂子，也可以使用两种砂子，用量以百分比计算，两种砂子百分比之和为 100%，在砂子级配不好时要通过调整两种砂子不同的比例或者加粉煤灰的方式解决。

6.2 多组分混凝土触摸屏计算器

6.2.1 概述

智能化混凝土配合比设计计算器是为混凝土企业管理人员和技术人员设计的一款专用配合比设计调整计算系统，主要解决四个问题：①已知原材料参数条件下，快速设计最佳混凝土配合比；②已知混凝土配合比的基础上，保持胶凝材料不变，通过计算准确调整砂石用量以及用水量；③在现有原材料不变的情况下，计算已知配合比混凝土的成本，用已知混凝土配合比参数快速设计一系列配合比；④已知配合比设计参数和坍落度的条件下，推定标准养护混凝土试件的 28d 强度。

智能化混凝土配合比设计计算器发明和制造的理论依据是多组分混凝土理论，采用的计算公式来源于数字量化混凝土实用技术。使用智能化混凝土配合比设计计算器的主要目的是降低混凝土从业技术人员配合比设计计算的劳动量，实现混凝土配合比设计计算的科学定量，利用已知原材料和配合比参数快速配制出符合设计要求的混凝土，根据已知检测数据及时准确调整混凝土配合比。实现在现代化生产的过程中混凝土拌和物质量稳定，凝固后的混凝土产品内部结构均匀，强度检测数据离散性小。保证成品混凝土优异的同时提高客户的满意度，适应不同地区的砂石骨料，预防质量事故的发生。

6.2.2 组成

智能化混凝土配合比设计计算器系统主要包括砂石测量部分和配合比设计计算系统两部分。

1. 砂石测量设备

砂石测量设备包括砂子压实仪、压力机、10L 容积升、4.75mm 方孔筛、20L 不锈钢石子漏桶。

2. 混凝土配合比设计计算系统

混凝土配合比设计计算系统主要包括配合比设计模块、配合比调整模块、配合比调整及成本核算模块、混凝土强度的预测模块。

6.2.3　系统需要的技术参数

1. 胶凝材料技术参数

(1) 水泥的强度、需水量和表观密度。
(2) 粉煤灰和矿渣粉的对比强度、需水量比和表观密度。
(3) 硅灰的比表面积、需水量比和表观密度，三个计算参数均通过国家标准测试方法取得。

2. 外加剂技术参数

外加剂计算参数主要包括减水率和推荐掺量，本系统中取胶凝材料在标准稠度浆体中加入外加剂使流动扩展度达到配合比设计控制的坍落度时对应的掺量，以现场测试数据为准。

3. 砂子技术参数

砂子的技术参数主要包括紧密堆积密度、含石率、含水率以及分计筛余，参数测量方法参见 3.3 节相关内容。

为了降低计算劳动量，对于常规砂子，在计算器使用过程中只测量记录 1L 砂子的质量、1L 砂子中含石子的质量和砂子的含水率，直接录入界面即可；对于再生细骨料，在计算器使用过程中只测量记录 1L 再生细骨料的质量、1L 再生细骨料中含粗骨料的质量和湿再生细骨料的质量，直接录入界面即可。

4. 石子技术参数

石子的技术参数主要包括堆积密度、空隙率和吸水率，参数测量方法参见 3.4 节相关内容。

为了降低计算劳动量，在计算器使用过程中只测量记录 10L 石子的质量、10L 石子加满水后的质量和倒掉水后湿石子的质量，直接录入界面即可。

6.2.4 混凝土配合比设计模块

1. 配合比设计条件

已知原材料参数，要求设计混凝土配合比，实现混凝土配合比最佳。

2. 胶凝材料和外加剂参数输入

输入水泥的强度、需水量和表观密度，粉煤灰和矿渣粉的对比强度、需水量比和表观密度，硅灰的比表面积、需水量比和表观密度；外加剂推荐掺量。

3. 细骨料参数输入

1) 常规砂子

输入 1L 砂子的质量、含石量和含水率(砂子紧密堆积密度、含石率、含水率计算参数)。

2) 再生细骨料

输入 1L 再生细骨料的质量、1L 再生细骨料中含粗骨料的质量和湿再生细骨料质量(再生细骨料紧密堆积密度、含石率、压力吸水率计算参数)。

4. 粗骨料参数输入

输入 10L 粗骨料的质量、10L 粗骨料加满水后的质量、倒掉水后湿粗骨料的质量(粗骨料的堆积密度、空隙率和吸水率计算参数)。

5. 混凝土设计参数输入

混凝土设计强度等级、胶凝材料比例、砂子比例和试配量。

6. 计算

点"计算"即可得到混凝土合理的配合比。

6.2.5 混凝土配合比调整模块

1. 配合比调整条件

已知混凝土配合比，胶凝材料用量不变，调整砂石骨料和用水量，实现工作性最佳。

2. 胶凝材料和外加剂参数输入

输入已知配合比中水泥、矿渣粉、粉煤灰、硅灰和外加剂的用量，水泥的需水量和表观密度，粉煤灰、矿渣粉和硅灰的需水量比和表观密度。

3. 细骨料参数输入

1)常规砂子

输入 1L 砂子的质量、含石量和含水率(砂子紧密堆积密度、含石率、含水率计算参数)。

2)再生细骨料

输入 1L 再生细骨料的质量、1L 再生细骨料中含粗骨料的质量和湿再生细骨料质量(再生细骨料紧密堆积密度、含石率、压力吸水率计算参数)。

4. 粗骨料参数输入

输入 10L 粗骨料的质量、10L 粗骨料加满水后的质量、倒掉水后湿粗骨料的质量(粗骨料的堆积密度、空隙率和吸水率计算参数)。

5. 混凝土设计参数输入

输入混凝土设计强度等级、不同细骨料比例和试配量。

6. 计算

点"计算"即可得到混凝土合理的配合比。

6.2.6　混凝土配合比调整及成本核算模块

1. 配合比调整及成本核算条件

已知混凝土配合比以及混凝土实测强度,在使用原材料不变的条件下调整混凝土配合比,使混凝土技术效果最佳,成本最低,同时出具采用相同原材料时配制不同强度等级的混凝土最佳配合比。

2. 胶凝材料和外加剂参数输入

输入已知混凝土配合比中水泥、矿渣粉、粉煤灰、硅灰和外加剂的用量,水泥的需水量和表观密度,粉煤灰、矿渣粉和硅灰的需水量比和表观密度。

3. 细骨料参数输入

1)常规砂子

输入 1L 砂子的质量、含石量和含水率(砂子紧密堆积密度、含石率、含水率计算参数)。

2)再生细骨料

输入 1L 再生细骨料的质量、1L 再生细骨料中含粗骨料的质量和湿再生细骨料质量(再生细骨料紧密堆积密度、含石率、压力吸水率计算参数)。

4. 粗骨料参数输入

输入 10L 粗骨料的质量、10L 粗骨料加满水后的质量、倒掉水后湿粗骨料的质量(粗骨料的堆积密度、空隙率和吸水率计算参数)。

5. 混凝土实际强度和坍落度输入

输入混凝土实际强度和坍落度值。

6. 混凝土设计参数输入

输入混凝土设计强度等级和设计坍落度。

7. 计算

点"计算"即可得到原配合比混凝土成本以及调整后的最佳混凝土配合比。

6.2.7　混凝土强度的预测模块

1. 强度预测的条件

已知原材料参数、混凝土配合比和坍落度，预测用这个配合比配制的混凝土在标准养护条件下 28d 抗压强度值，用于混凝土生产质量控制。

2. 胶凝材料和外加剂参数输入

输入已知配合比中水泥、矿渣粉、粉煤灰、硅灰和外加剂的用量，水泥的需水量和表观密度，粉煤灰、矿渣粉和硅灰的需水量比和表观密度。

3. 细骨料参数输入

1)常规砂子

输入 1L 砂子的质量、含石量和含水率(砂子紧密堆积密度、含石率、含水率计算参数)。

2)再生细骨料

输入 1L 再生细骨料的质量、1L 再生细骨料中含粗骨料的质量和湿再生细骨料质量(再生细骨料紧密堆积密度、含石率、压力吸水率计算参数)。

4. 粗骨料参数输入

输入 10L 粗骨料的质量、10L 粗骨料加满水后的质量、倒掉水后湿粗骨料的质量(粗骨料的堆积密度、空隙率和吸水率计算参数)。

5. 混凝土实际坍落度输入

输入坍落度值。

6. 混凝土设计参数输入

输入混凝土设计强度等级。

7. 计算

点"计算"即可得到已知配合比和坍落度的混凝土在标准养护条件下对应的强度值。

6.2.8　智能化混凝土配合比设计计算器操作示例

(1)打开智能化混凝土配合比设计计算器电源，显示界面见图6-4。

图6-4　登录界面

(2)输入密码，点"登录"，进入计算主界面，见图6-5。

图6-5　混凝土配合比设计计算系统界面

(3)点配合比设计模块下的"常规砂石"，显示输入原材料参数、外加剂用量、胶凝材料比例和砂子比例，见图6-6。

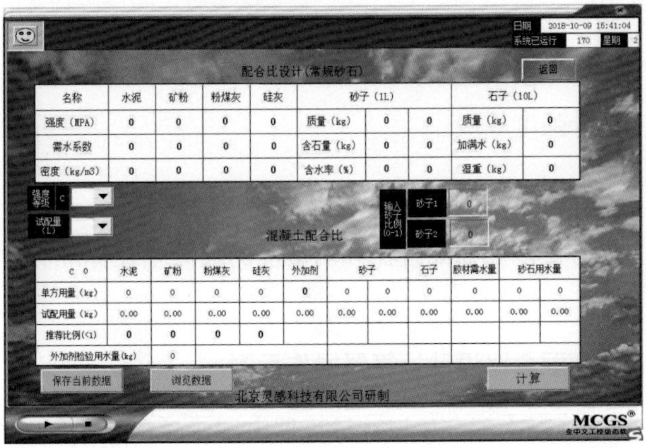

图6-6　配合比设计输入参数界面

(4)输入各参数值，点"强度等级"下拉菜单，选择强度设计等级，见图6-7。

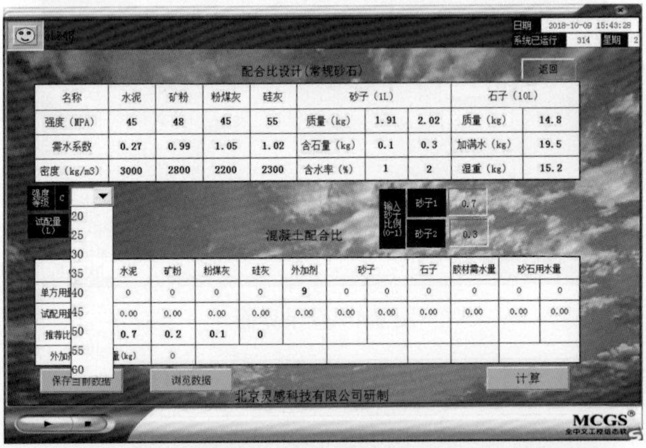

图6-7　强度等级选择界面

(5)点"试配量"下拉菜单，选择试配量，见图6-8。

(6)点"计算"，计算结果会在界面显示，见图6-9。

(7)点"保存当前数据"即可存储计算结果，点"浏览数据"可查询数据，点"导出常规砂石数据"即可传输数据至指定的U盘，在浏览状态下，点"删除几小时前常规砂石数据"即可删除数据，界面显示见图6-10。配合比调整技术的操作方法与设计一致。

(8)在已知原材料参数、配合比、坍落度和强度的情况下，验证配合比是否经济，调整计算时点配合比调整及成本核算模块下的"常规砂石"，录入原材料参数、混凝土配合比、坍落度和实测强度，界面显示见图 6-11。

图 6-8 试配量选择界面

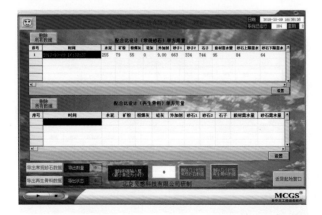

图 6-9 配合比设计计算结果界面

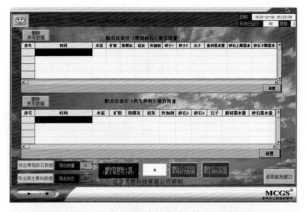

图 6-10　配合比设计数据保存和删除界面

图 6-11　配合比调整及成本核算界面

(9)点"强度等级"下拉菜单，选定设计强度等级，点"计算"，计算结果界面显示见图 6-12。

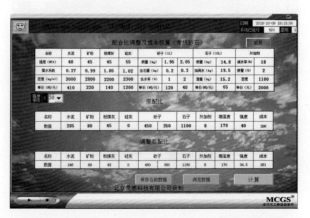

图 6-12　配合比调整后及成本核算计算结果界面

(10)点"保存当前数据"即可存储计算结果,点"浏览数据"可查询数据,点"导出常规砂石数据"即可传输数据至指定的 U 盘,点"删除几小时前常规砂石数据"即可删除数据,界面显示见图 6-13。

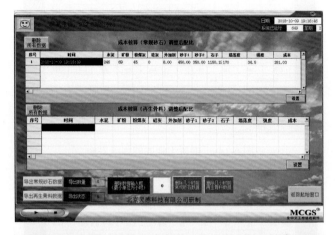

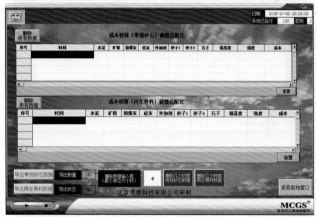

图 6-13　配合比调整及成本核算数据保存和删除界面

(11)在已知原材料参数、配合比和坍落度的情况下,推定预测已知配合比的混凝土在现有坍落度值时成型的试件标准养护后 28d 强度是否达到设计要求。点混凝土强度的预测模块下的"常规砂石",录入原材料参数、混凝土配合比和现场坍落度值,界面显示见图 6-14。

(12)点"计算"即可得到预测强度值,界面显示见图 6-15。

(13)点"保存当前数据"即可保存计算结果,点"浏览数据"即可查询数据,点"导出常规砂石数据"即可传输数据至指定的 U 盘,点"删除几小时前常规砂石数据"即可删除数据,界面显示见图 6-16。

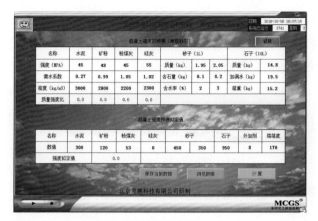

图 6-14　　混凝土强度的预测界面

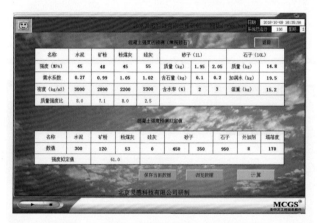

图 6-15　混凝土强度的预测计算结果界面

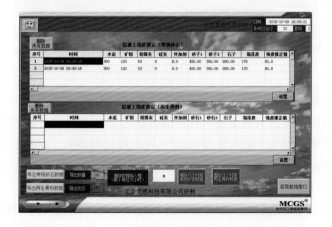

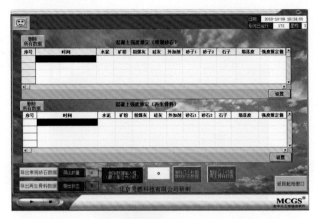

图 6-16　混凝土强度的预测数据保存和删除界面

6.3　混凝土试配机器人使用说明

6.3.1　概述

　　混凝土试配机器人的技术理论基础是多组分混凝土理论，所有计算公式和控制程序公式来源于数字量化混凝土实用技术。混凝土试配机器人推广应用的主要目的是降低混凝土从业人员配合比设计计算的劳动量，实现配合比设计的科学定量计算，利用已知原材料参数直接配制出符合设计工作性的混凝土，配制的混凝土强度以试配制作的试件检测数据为准。采用混凝土试配机器人可以实现混凝土企业生产的混凝土配合比设计合理、拌和物质量稳定、配制成本最佳、客户满意度高，特别适用于不同地区的砂石骨料，可有效预防混凝土质量事故的发生。混凝土试配机器人见图 6-17 和图 6-18。

图 6-17　混凝土试配机器人 LG-04A

6.3.2　试配机器人工作原理

　　首先检测胶凝材料及砂石骨料得出其技术参数，将所得技术参数输入配合比

图 6-18　混凝土试配机器人 LG-05A

设计计算系统，计算出配合比。将检测的胶凝材料和砂石骨料存放至对应储存仓内，使其存有一定的试验量。点"搅拌正转启动"，然后点"骨料称量"，骨料依次累加称量，骨料称量完成后，点"上料启动"，运料车将称好的骨料运送到搅拌机上口自动卸料，同时将计算出的预湿骨料的水加入搅拌机，卸完料运料车自动回位，指示灯亮；点"胶材称量"，胶凝材料依次累加称量，胶凝材料称量完成后，点"上料启动"，运料车将称好的胶凝材料运送到搅拌机上口自动卸料，同时将计算出的胶凝材料用水和外加剂加入搅拌机，卸完料运料车自动回位，指示灯亮。骨料和胶凝材料通过二次投进搅拌机进行混合搅拌，根据设计要求调整混凝土拌和物的工作性，达到要求后长点"卸料启动"，将混凝土拌和物卸至推拉小车内。

6.3.3　设备参数及系统结构概述

1. 设备主要参数

1) 搅拌机

搅拌机参数见表 6-1。

表 6-1　搅拌机参数　　　　　　　　　　　　　　　　　（单位：L）

型号	进料容量	出料容量
CSS60	90	60

2) 骨料储存仓

骨料储存仓参数见表 6-2。

表 6-2　骨料储存仓参数　　　　　　　　　（单位：L）

骨料	砂子 1	砂子 2	砂子 3	石子 1	石子 2	石子 3
最大装载量	100	100	100	100	100	100

3）胶凝材料储存仓

胶凝材料储存仓参数见表 6-3。

表 6-3　胶凝材料储存仓参数　　　　　　（单位：L）

胶凝材料	水泥	矿渣粉	粉煤灰	硅灰
最大装载量	60	60	60	60

4）水和外加剂储存仓

水和外加剂储存仓参数见表 6-4。

表 6-4　水和外加剂储存仓参数　　　　　　（单位：L）

储存仓	最大装载量
水	150
外加剂	20

2. 设备主要结构

混凝土试配机器人由搅拌机、骨料储存仓 、胶凝材料储存仓、水储存仓、外加剂储存仓、骨料和胶凝材料计量装置、骨料和胶凝材料计量装置运料车、水计量装置、外加剂计量装置、机架、气路系统、电控系统等部分组成。

搅拌机：主要由传动装置、搅拌装置、搅拌筒、卸料装置、筒盖装置等组成。

储存仓：由 4 个胶凝材料储存仓、3 个砂子储存仓、3 个石子储存仓、1 个水储存仓和 1 个外加剂储存仓组成。

计量装置：主要由骨料和胶凝材料计量装置、水计量装置、外加剂计量装置组成。

骨料计量和胶凝材料计量装置：主要由计量斗、传感器、卸料门、气缸等组成。

骨料计量和胶凝材料计量是通过二次传动运输多次累加称量，在设备中采用多次累加计量。第一次传动运输累加计量的是骨料，砂子 1、砂子 2、砂子 3、石子 1、石子 2 和石子 3 通过储存仓分别上料称料(砂子 1、砂子 2 和砂子 3 通过螺旋铰刀上料称料，石子 1、石子 2 和石子 3 通过皮带上料称料)依次累加计量，计量斗通过三个压式传感器固定在机架平台上，位于机器中间的上料称料口下方。第二次传动运输累加计量的是胶凝材料，水泥、矿渣粉、粉煤灰和硅灰通过储存仓分别上料称料(均通过螺旋铰刀上料称料)依次累加计量,计量斗通过三个压式传感器固定在机架平台上,位于机器中间的上料称料口下方。

水的计量是通过所需骨料的上限水、下限水、再生水和胶凝材料用水的质量选择计量称量方式。当骨料的上限水、下限水、再生水和胶凝材料用水的量大于500g时,系统自动采用流量传感器的流量计量;当骨料的上限水、下限水、再生水和胶凝材料用水的量小于等于500g时,系统采用蠕动泵的转速计量。

外加剂的计量通过蠕动泵的转速计量。

机架:是用于支撑搅拌机等各设备工作的,主要由框架、支腿、支腿斜撑、搅拌机平台、上料平台、计量及输送平台等组成,包含观察门等结构。

气路系统:由空气压缩机、管路等组成。气体从空气压缩机、储气罐、三联体出来后,接至骨料储存仓和胶凝材料储存仓及计量秤的各气缸和各振动器,控制骨料和胶凝材料的称重计量和卸料。

电控系统:由微机控制系统和强电控制系统两部分组成。

3. 操作概述

1)设备启动

打开混凝土试配机器人,弹出图 6-19 所示界面,点"进入登录界面",弹出图 6-20 所示界面,点"试验员 1",显示弹出图 6-21 所示界面,输入密码(图 6-22),点"登录",弹出图 6-23 所示界面,机器人启动完成。

2)设备参数输入

点图 6-23 中的"登录",弹出图 6-24 所示界面,点配合比设计模块下的"常规

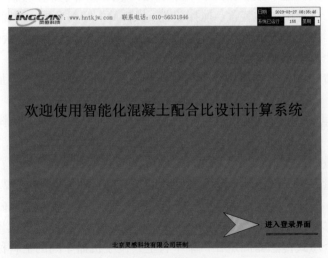

图 6-19　进入登录界面

图 6-20　登录选择界面

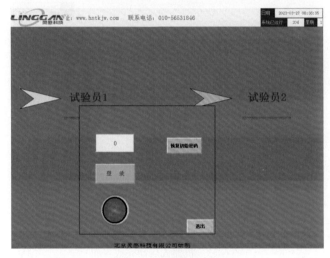

图 6-21　密码登录界面

砂石",弹出图 6-25 所示界面,点"上限搅拌"或"下限搅拌",进入图 6-26 所示工作流程界面,点"校称设置"、"手动调试"、"参数设置"和"参数比较",可对设备的参数进行输入。

6.3.4　配合比设计试配与调整试配

1. 常规砂石配合比设计试配

点配合比设计模块下的"常规砂石",进入常规砂石配合比设计界面,见图 6-25。

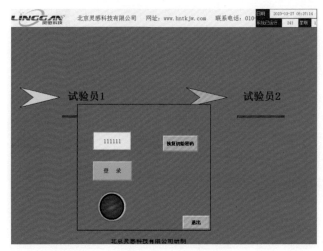

图 6-22　密码输入界面

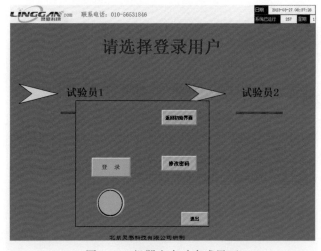

图 6-23　机器人启动完成界面

1）胶凝材料和外加剂的技术参数输入

输入水泥的强度、需水量和表观密度，矿渣粉的对比强度、流动度比和表观密度，粉煤灰的对比强度、需水量比和表观密度，硅灰的比表面积、需水量比和表观密度，外加剂推荐掺量，强度等级，基准水泥用量的比例。

2）砂子的技术参数输入

输入 1L 砂子的质量、1L 砂子中含石子的质量、砂子的含水率以及砂子 1、砂子 2 和砂子 3 的比例。

3）石子的技术参数输入

输入 10L 石子的质量、10L 石子中加满水后的质量和湿石子的质量，输入石

图 6-24 混凝土配合比设计调整系统界面

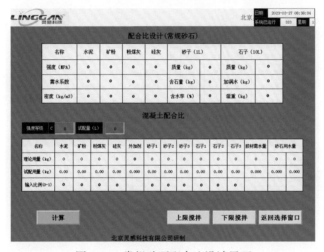

图 6-25 常规砂石配合比设计界面

子 1、石子 2 和石子 3 的比例。

4)试配计算

输入试配强度等级与试配量，点"计算"，计算出试配用量，见图 6-27。

5)常规设计试配

在完成计算后，点图 6-27 所示界面"上限搅拌"或"下限搅拌"，弹出界面见图 6-26。

(1)准备操作：点"初始化"。

(2)骨料称量：点"骨料称量"，骨料开始自动累加称量，直至称量完成。

(3)骨料卸料：点"上料启动"，运料车将称好的骨料运送到搅拌机卸料口上

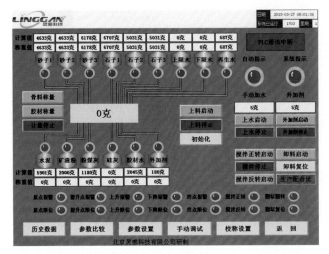

图 6-26　配合比工作流程界面

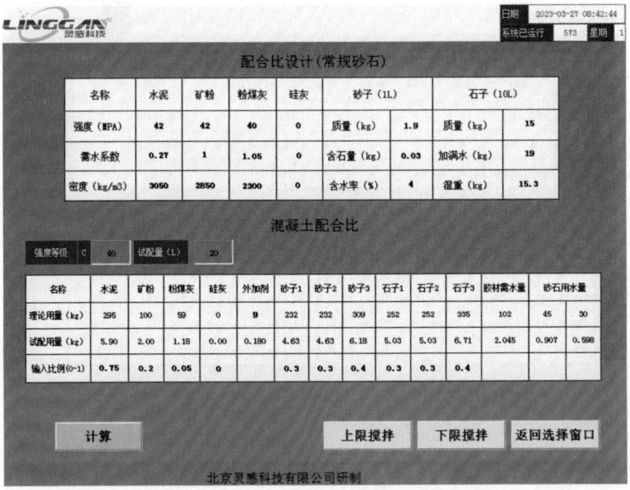

图 6-27　试配计算界面

方，自动卸料，同时搅拌机正转启动，开始计量加砂石预湿水，卸料完成后，运料车将称自动运回原点处。

（4）胶凝材料称量：点"胶材称量"，称自动清零，胶凝材料开始自动累加称量，直至称量完成。

（5）胶凝材料卸料：点"上料启动"，运料车将称好的胶凝材料运送到搅拌机卸料口上方，自动卸料，同时搅拌机正转转动，开始计量加胶凝材料水和外加剂，胶凝材料卸料完成后，运料车将称自动运回原点处。

（6）混凝土拌和物卸料：长点"卸料启动"，搅拌机开始翻转，将混凝土拌和物通过翻转卸到接料手推小车上面。混凝土拌和物卸料完成后，长点"卸料复位"，将搅拌机翻缸复位。

(7)生产配合比与历史数据导出：测量接料小车上混凝土拌和物表观密度，转换成单方混凝土的表观密度，然后点"生产配合比"，弹出图 6-28 所示界面，在"实测容重"下方输入框中输入转换成单方混凝土的表观密度，点"计算"，生产配合比生成并保存到数据库，见图 6-29。选取起始时间与结束时间，点"导出历史数据"将数据导入 U 盘中。

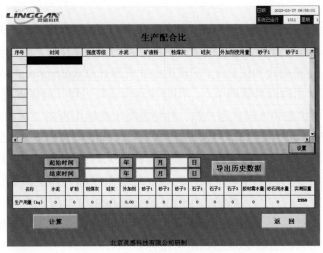

图 6-28　录入实测表观密度界面

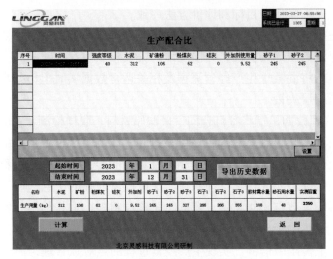

图 6-29　配合比浏览及保存界面

第7章 混凝土智能制造管理技术

7.1 生产管理思路

为了实现混凝土智能制造过程的全流程管控，确保整个生产过程中实现主观上不让错、生产过程不能错、最后结果错不了的目标，在整个管理环节实现流程化、标准化、规范化、精确化和信息化，应该用企业资源计划(enterprise resource planning, ERP)管理数据，用微信群管理节点，用监控录像监督过程，确保混凝土试配状态、出场状态、入泵状态和入模状态一致，杜绝混凝土在施工现场二次加水，实现实验室配合比与混凝土实体配合比一致，最终实现试验强度与实体强度一致。

流程化是将混凝土质量管控按照签订合同、采购原材料、取样检测、实验室试配、混凝土生产、出场检验、罐车运输、现场泵送和实体浇筑等过程按时间排序，实现管理过程的连续和顺畅，生产经营必须按照这个流程执行。

标准化是指对混凝土生产经营流程中每一个环节所要做的工作要点规定明确的指标，生产经营的过程必须达到这个指标。

规范化是指混凝土生产经营流程中每一项工作必须按照企业制定的标准进行规范化操作，保证操作的目标和评价方法一致。

精确化是指对混凝土生产经营流程中每一个环节所要做的工作要点精确到准确的数据，保证数据的真实性，方便统计、决策和处理各种问题。

信息化是指将混凝土生产经营流程及相关运行数据实时上传共享，方便企业经营管理和管理层决策。

用ERP管理数据是指将签订合同、采购原材料、取样检测、实验室试配、混凝土生产、出场检验、罐车运输、现场泵送和实体浇筑等过程产生的数据按照时间排序进行上传管理，实现经营管理相关资料的同步，保证管理过程中信息的连续和顺畅，为管理层实现科学管理和科学决策提供准确的信息。

用微信群管理节点是指将签订合同、采购原材料、取样检测、实验室试配、混凝土生产、出场检验、罐车运输、现场泵送和实体浇筑等过程产生的视频、图片和数据同步上传至微信群，实现生产经营过程的点对点管理，消除管理死角。

用监控录像监督过程是指管理者通过微信群或者其他渠道得到生产经营出现的问题后在对应时间段调阅录像，直接查找出现问题的节点，准确分析问题产生的原因，提出合理的解决方案。

7.1.1 签订合同

这个环节由营销部门负责。

(1)合同中需要确定的主要内容包括强度等级、供货量、供货地址、运输方式、泵送、浇筑以及施工方式。

(2)合同中关于表观密度的部分，国家标准按照表观密度将混凝土分为三类，表观密度≤1950kg/m³的属于轻混凝土，表观密度介于2000～2800kg/m³的属于普通混凝土，表观密度>2800kg/m³的属于重混凝土。在签订合同的过程中，一定要注明罐车到达现场后实际测量混凝土的表观密度，以现场测量的混凝土表观密度作为结算的依据，不能将普通混凝土的表观密度取固定值，所有将混凝土表观密度固定为2380kg/m³或2400kg/m³的合同条文都是错误的。

(3)合同中关于混凝土结算的部分应按照国家标准规定的方式进行，混凝土供货量以体积计，单位为立方米(m³)，混凝土体积应由运输车实际装载的混凝土拌和物的质量除以混凝土拌和物的表观密度求得。

7.1.2 选择原材料

这个环节由物资供应部门负责。

(1)确保生产原材料充足(确保库存材料全部通过检验后进行使用)。

(2)监督外加剂(确保减水率和保坍时间达到使用要求)。

(3)监督胶凝材料用量(确保混凝土包裹性满足运输和泵送施工要求)。

(4)监督强度(确保强度满足工程项目使用要求)。

(5)监督视频(实时上传视频，确保施工过程顺利进行)。

(6)确定胶凝材料用量(根据强度、活性指数和填充系数计算最佳用量及比例)。

7.1.3 胶凝材料取样、检测/外加剂取样

这个环节由生产技术部门负责。

(1)胶凝材料检测(需水量(比)、密度和强度)。

(2)胶凝材料取样(必须选取生产使用库对应的胶凝材料)。

(3)外加剂取样(取生产大货，确保试验样品与生产大货性能一致)。

(4)骨料取样(确保试验材料名称、规格和级配与库存生产材料一致)。

(5)确定理论配合比(根据检测数据得到理论配合比，试配完成后校正提供生产配合比)。

7.1.4 砂石检测

这个环节由试验部门负责。

(1) 紧密堆积密度(检验数据准确,确保配合比设计过程中砂子用量准确)。

(2) 含石率(确保配合比设计过程中粒径大于 5mm 的组分全部按照石子计算)。

(3) 含水率或压力吸水率(确保配合比设计过程中砂子用水量准确)。

(4) 堆积密度(确保砂石计算基准一致)。

(5) 空隙率(确保配合比设计过程中砂子体积准确)。

(6) 表观密度(确保配合比设计过程中石子用量准确)。

(7) 吸水率(确保配合比设计过程中石子用水量准确)。

(8) 上传检测照片(确保操作人员不弄虚作假)。

7.1.5　理论配合比计算

这个环节由技术主管部门负责。

(1) 复核用水量(确保配合比设计过程中胶凝材料和骨料用水量准确)。

(2) 确定外加剂掺量(确保试配过程中外加剂基准用量准确)。

7.1.6　生产配合比确定

这个环节由生产主管部门负责。

(1) 通过试配确定外加剂掺量(确保外加剂合理掺量)。

(2) 固定基准用水量(确保胶凝材料和骨料合理用水量)。

(3) 检测试配表观密度并拍摄照片(预防试验人员弄虚作假)。

(4) 上传试配视频(预防试验人员弄虚作假)。

(5) 确定生产配合比(根据校正系数确定准确的生产配合比)。

在混凝土试配时尽量在砂石骨料检测结束后马上试配,防止由于试配之间间隔太长,砂子中的水分蒸发了,具体操作按照以下流程进行。

1)砂石检测

(1) 检测砂子。主要检测砂子的紧密堆积密度和含石率。当砂子中 0.15mm 以下颗粒含量大于 20%时,检测砂子的压力吸水率,当砂子中 0.15mm 以下颗粒含量小于 20%时,检测砂子的含水率。当使用 2~3 种砂子时,先把各种砂子按照比例混合后再检测。

(2) 检测石子。主要检测石子的堆积密度、空隙率和吸水率,计算表观密度。当使用 2~3 种石子时,先把各种石子按照比例混合再检测。

2)计算配合比

可以手工计算配合比,当使用软件计算配合比时,硅灰密度一栏必须填写不为零的数据,胶凝材料需水量一栏单位要符合表格要求,砂子必须录入比例。

3) 试配

(1) 称量原材料。砂石骨料一个盘子，胶凝材料一个盘子，预湿骨料水一个杯子，胶凝材料拌和水一个杯子，外加剂称两份。

(2) 试配前应该先润湿搅拌机，保证搅拌机不粘混凝土。试配按照先加砂石骨料和预湿骨料水分搅拌 15～20s，预湿骨料后用手抓一把，一捏成团，一拍散开，扔掉骨料，手掌潮湿为准。当无法捏成团时，证明预湿骨料的水分不够，这时按照砂子质量的 2% 加入骨料中进行预湿，一次达不到效果就进行第二次，直到一捏成团，一拍散开，扔掉骨料，手掌潮湿为准。然后搅拌并加入胶凝材料和一半的胶凝材料拌和水，这时加入外加剂同时逐渐加入剩余的水分，至混凝土在搅拌机内流平时停止滴加。正常情况下一份外加剂就可以实现自流平的目标，有时由于砂子中含有与外加剂发生化学反应的成分，消耗掉一部分外加剂，这时就拿备用的一份外加剂逐步加入搅拌机，至混凝土实现自流平时停止滴加。称量剩余外加剂的量，计算出外加剂的实际掺量。

(3) 目测评定，当搅拌结束后，如果搅拌机内的混凝土实现了自流平，混凝土表面有亮光，石子不沉底，浆体不分离，证明混凝土试配成功，可以卸料。如果混凝土没有流平或者流动性不好，就需要进行调整。

(4) 状态调整，对流动性欠佳的混凝土，用肉眼观察，如果石子上面黏附的砂浆颗粒像芝麻饼上黏附的芝麻一样，则混凝土缺水，应该往混凝土中加入砂子质量 2% 的水分调整，一次不行就进行第二次调整，直至达到预期状态。如果石子上面黏附的砂浆颗粒像冰糖葫芦中黏附的细颗粒一样，则混凝土缺少外加剂，应该往混凝土中加入胶凝材料用量 0.2% 的外加剂调整，一次不行就进行第二次调整，直至达到预期状态。

7.1.7　试配试件留样

这个环节由质量管控部门负责。

(1) 成型试配试件。

(2) 60℃饱和石灰水煮 48h 试件强度。

(3) 反馈试件抗压强度数据、照片(预防试验人员弄虚作假)。

试件的快速养护蒸煮主要用于推定混凝土强度，实现对混凝土强度的预先跟踪管控，对于强度较高的，可以通过调整配合比降低成本，对于强度不能满足设计要求的，在后续生产过程中可以通过提高胶凝材料用量增加强度，对于已经用于施工的混凝土，可以和施工单位沟通加强养护和增强措施，确保实体混凝土强度达到设计要求。

7.1.8 生产开盘

这个环节由生产操作部门负责。

(1)负责操作人员固定外加剂掺量,通过调整用水量调整混凝土状态。

(2)监督罐车装车前反转排水,预防车内存水影响混凝土拌和物的工作性。

由于库存砂石的含水率一直在波动,生产过程中采用固定外加剂掺量,加减水调整混凝土状态(加减水的范围控制在砂子用水量±2%)。罐车装车前反转排水可以有效预防混凝土罐车中存储水导致混凝土与出机状态不一致造成混凝土离析。

1)针对干砂子生产混凝土开盘流程

将操作系统打到手动,先让石子进入搅拌机,然后将砂子投入搅拌机,投放砂子的同时将预湿骨料的水分加入搅拌机,待砂石和预湿骨料的水分加完并预湿均匀后,将胶凝材料投入搅拌机,同时将外加剂全部投入搅拌机,然后手动加水,边加边搅拌,直至混凝土搅拌均匀,此时观测并检测混凝土状态。

(1)如果目测坍落度达到设计要求,就卸料。

(2)如果目测坍落度没达到设计要求,就继续加水搅拌,直至达到设计坍落度,可以确定正常生产合适的用水量,然后卸料。

2)针对雨后泡水砂子生产混凝土开盘流程

将操作系统打到手动,先让石子进入搅拌机,然后将砂子投入搅拌机,不需要预湿骨料,最后将胶凝材料和外加剂同时投入搅拌机,直至混凝土搅拌均匀,此时观测并检测混凝土状态。

(1)如果混凝土坍落度较小,不能达到设计要求,就手动加水搅拌,直至达到设计坍落度时卸料,可以确定正常生产合适的用水量。

(2)如果混凝土坍落度达到设计要求,就直接卸料。

(3)如果混凝土坍落度明显太大,说明砂子含水量太大,将这一盘料卸到罐车,重新打一盘,可以确定正常生产合适的用水量。

7.1.9 调整表观密度

这个环节由生产操作部门负责。

(1)检测开盘表观密度(确保试配确定的表观密度与生产出来的产品一致)。

(2)上传开盘表观密度照片(预防出厂混凝土与试验混凝土不一致)。

(3)调整配合比(确保由砂石含水变化引起的混凝土质量波动得到校正)。

(4)上传开盘接料视频(预防操作人员弄虚作假)。

检测出场坍落度和表观密度主要解决混凝土生产用砂石含水与试验用砂石含水的一致性以及外加剂掺量的合理性,预防混凝土运输和泵送过程中的坍落度损失,实现运输和泵送过程的顺利进行,有效预防堵管和堵泵。

7.1.10　生产出厂前试件留样

这个环节由质量管控部门负责。

(1)成型生产出厂前试件。

(2)60℃饱和石灰水煮 48h 试件强度。

(3)反馈试件强度数据并拍摄照片。

试件的快速养护蒸煮主要用于推定混凝土强度，实现对混凝土强度的预先跟踪管控，对于强度较高的混凝土，可以通过调整配合比降低成本，对于强度不能满足设计要求的混凝土，在后续生产过程中可以通过提高胶凝材料用量增加强度，对于已经用于施工的混凝土，可以和施工单位沟通加强养护和增强措施，确保实体混凝土强度达到设计要求。

7.1.11　运输

这个环节由运输部门负责。

(1)监督施工过程中混凝土不加水(预防混凝土强度降低)。

(2)现场拍摄混凝土入泵和入模视频(确保混凝土拌和物试验和施工状态一致)。

7.1.12　泵送

(1)监督泵送不加水(确保泵送过程中混凝土配合比与试验配合比一致)。

(2)泵送排量开到 60%～70%(确保泵送管路无气体，减少水分蒸发预防泵损)。

(3)上传混凝土泵送视频(待与客户出现纠纷时作证)。

(4)监督入模不加水(确保浇筑实体混凝土配合比与试验配合比一致)。

(5)上传泵送和入模视频(待与客户出现纠纷时作证)。

泵送过程跟踪主要解决混凝土泵送施工过程中是否顺利的问题，通过观察入泵视频和入模视频，确定混凝土产品与试验视频的一致性，只要试验视频、入泵视频和入模视频状态相同，泵送和浇筑过程中没有进行二次加水，就可以确保实体混凝土和试配混凝土配合比的一致性，有效预防混凝土质量事故的发生以及质量纠纷的解决。

7.1.13　现场试件留样

这个环节由质量管控部门负责。

(1)成型现场试件。

(2)60℃饱和石灰水煮 48h 试件强度。

(3)反馈试件强度数据并拍摄照片。

现场试件留样主要解决混凝土成品的质量跟踪问题，通过快速水煮的方法推定混凝土强度，确保标准养护混凝土试件合格。当同条件养护试件不合格时用于和施工企业区分责任，预防质量事故的发生以及质量纠纷的解决。

混凝土配合比的动态调整、混凝土生产质量管理流程及负责人见图 7-1。

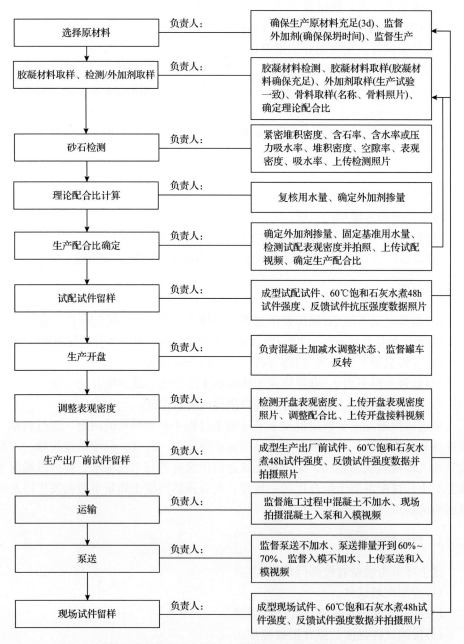

图 7-1　混凝土配合比的动态调整、混凝土生产质量管理流程及负责人

7.2 混凝土预湿骨料技术

7.2.1 技术背景

随着外加剂的大量使用以及砂石料质量的不断劣化，减水剂在混凝土生产应用过程中出现了许多新问题。当砂石含泥量较高时，经常出现外加剂在做水泥净浆流动度试验时效果很好，但当用相同掺量配制混凝土时，混凝土拌和物流动性很差或者不流动。对于使用聚羧酸系减水剂的厂家，这个问题特别突出。为了使混凝土拌和物满足泵送施工要求，有的单位将外加剂掺量成倍增加，使混凝土的生产成本大大增加，影响混凝土生产企业的生产成本和直接经济效益；有的单位采用多加水的办法来解决混凝土拌和物流动性不足的问题，导致混凝土实际水胶比变大，严重影响混凝土的强度。

7.2.2 原理分析

1. 砂子含泥对外加剂适应性和拌和物工作性的影响

砂子孔隙率大和含泥量高对混凝土拌和物工作性的影响在混凝土拌和物初期就表现得非常明显，对减水剂的适应性也特别明显，造成混凝土初始坍落度小，坍落度经时损失大。在其他材料没有变化的情况下，砂子孔隙率提高或者含泥量增加，由于含泥量实际上是黏土质的细粉末，与胶凝材料具有相同的吸水性能，而在配合比设计时没有考虑这些粉料的吸水问题，因此增加的黏土需要等比例的需水量才能达到表面润湿，同时润湿之后的黏土质材料也需要等比例的外加剂达到同样的流动性。这就是在相同配合比的条件下，当外加剂和用水量不变时，含泥量提高，混凝土初始流动性变差、坍落度经时损失变大、外加剂掺量成倍增加的根本原因。

2. 石子含泥及吸水对外加剂适应性和拌和物工作性的影响

石子含泥及吸水对外加剂适应性和混凝土拌和物工作性的影响主要表现在坍落度损失方面，高吸水量石子配制的混凝土初始坍落度不受影响，但是当混凝土从搅拌机中卸出时，几分钟之内就失去了流动性，并且石子的表面粘有很多砂浆颗粒，加水之后仍然没有流动性，强度明显降低。产生这种现象的原因主要是石子吸水。当混凝土的原材料按比例投入搅拌机后，在搅拌机内快速旋转，水泥砂浆的搅拌过程就像洗衣机的甩干过程一样，砂浆在搅拌机内做切线运动，水分无法进入石子内部，流动性很好。一旦停止搅拌，混凝土拌和物处于静止状态，则水泥混合砂浆中的水分就像洗衣机甩干桶中甩出的水分再次渗入衣服一样，快速渗入石子的孔隙中，由于外加剂全部溶解到水中，石子吸收了多少水，外加剂也等比例地被吸收，造成砂浆中的拌和水量快速减少，混凝土拌和物很快失去流动性，同时外加剂在胶凝材料中的浓度也快速降低。最终出现混凝土在搅拌过程中的流动性很好，初始坍落度很大，停止搅拌后几分钟之内混凝土拌和物完全失去流动性的现象。

3. 砂子含泥问题的解决思路

1) 单独加水思路

在只保证工作性、不考虑强度的情况下，可以通过增加水的办法解决。加水的量分为两部分，一部分为润湿黏土所需水，可以根据配合比设计水胶比乘以黏土的质量求得；另一部分为黏土所需外加剂减水对应的水。这种方法是施工现场经常采用的方法，由于成本低廉，操作随意，没有专业人员指导，经常导致混凝土强度不能满足设计要求。

2) 单独增加外加剂思路

为了保证混凝土用水量不变，且必须满足强度和工作性的要求，许多混凝土生产企业采用只增加外加剂的方法解决这一问题。外加剂的增加量分为两部分：一部分是为了补充与胶凝材料同样重量的黏土所需的外加剂，另一部分是润湿黏土所需的水。这种方法既保证了混凝土的强度，又实现了混凝土拌和物的工作性良好，但是成本较高，企业难以承受，同时在技术方面还存在混凝土浆体扒底、拌和物容易分层、泵送压力大等问题。

3) 加水同时掺加适量外加剂思路

为保证混凝土的强度，同时满足混凝土的施工性能，可以通过加水同时掺加适量外加剂的办法解决这个问题。加水的量为润湿黏土所需水，可以根据配合比设计水胶比乘以黏土的质量求得；加外加剂的量用黏土的质量乘以外加剂的推荐掺量求得。这种方法是混凝土生产企业技术人员可以采用的合理的科学方法。

4. 石子含泥及吸水问题的解决思路

解决这一问题的根本思路就是采用表面润湿的石子作为混凝土的粗骨料，一方面可以减少石子吸水引起的混合砂浆失水，增加混凝土的流动性；另一方面减少石子吸水，还可以有效提高外加剂在胶凝材料中的利用率，从而增加混凝土的流动性。

7.2.3　砂石吸附外加剂解决方案

1. 砂石料场预湿

砂石作为混凝土的主要骨料，占混凝土体积的比例很大，因此为了解决这一问题，就必须从实际出发。在条件许可的情况下，可以采用建立砂石骨料预湿生产线的方案，确保预湿后砂石的含泥量达到国家标准规定的范围，另外，预湿的过程可以让砂石达到表面润湿状态，实现减少混凝土坍落度损失、节约减水剂用量、保证混凝土质量的目的。

2. 调整投料顺序

对于现有的混凝土搅拌站，由于场地的限制，大多数单位都无法建设砂石骨料预湿生产线。在多次现场调研和实践的基础上，作者提出了改变投料顺序，让砂石骨料和预湿水先进入搅拌机预湿骨料，然后投放胶凝材料、外加剂和拌和水的方法。在生产过程中先对砂石进行预湿，使砂石料所含泥和石粉充分润湿，内部孔隙充分吸水饱和，不再吸附水分和外加剂，从而达到外加剂用量最少、坍落度损失最小、混凝土强度最高、技术经济效果最佳的目的。

7.2.4　预湿骨料技术

1. 技术原理

预湿骨料技术是在混凝土生产过程中，由于砂石已经达到内部饱水和表面湿润，砂石骨料首先进入搅拌机，当胶凝材料进入搅拌机时，胶凝材料很快粘到润湿的砂石表面，外加剂和水分按设计比例进入了胶凝材料，在搅拌过程中，胶凝材料形成的浆体在搅拌机内做切线运动，很快变得均匀，实现了拌和物工作性良好、初始坍落度较大的目标。当搅拌机停止运转时，混凝土拌和物处于静止状态，由于流动性胶凝材料浆体内部的水分密度与砂石料内部的水分密度接近，渗透压接近平衡，砂石料及其所含的粉末料内的水分无法渗透到胶凝材料浆体中，胶凝材料浆体内的水分和外加剂无法渗透到砂石以及所含的粉末料内部。由于胶凝材料浆体中的拌和水量等于配合比设计时确定的水量，外加剂的实际掺量等于按胶凝材料设计的掺量，实现了混凝土初始坍落度合理、坍落度损失较小的目标。

2. 技术方案

为了保证混凝土质量的稳定性，作者提出采用预湿骨料和调整砂率相结合的技术措施解决砂石含泥、石粉以及吸水导致的混凝土拌和物初始坍落度小、坍落度经时损失大、外加剂掺量高的技术难题。针对搅拌站砂石料特定的条件，通过试验计算求出最佳砂率、胶凝材料达到标准稠度用水量、润湿砂石用水量，通过调整生产工艺改变投料顺序的方法用于生产，即可实现控制质量、降低成本的目标。

3. 技术措施

在混凝土生产过程中先投入砂石骨料，同时搅拌并加入预湿骨料的水分，使砂石料进入搅拌机之后实现表面润湿和内部空隙的饱水状态，待砂石骨料预湿完毕，投入胶凝材料、外加剂和拌和水搅拌，由于外加剂和拌和水全部用于胶凝材料的润湿以及工作性的改善，混凝土初始坍落度提高，坍落度经时损失减小，达到节约减水剂、保证工作性、预防坍落度损失且降低混凝土成本的目的。

4. 实施效果

采用混凝土预湿骨料技术生产混凝土后，降低了砂石进入中间仓时粉尘的数量，除尘设备寿命由 2 年延长到 4 年；混凝土出机坍落度和施工现场泵送坍落度较为稳定，可减少混凝土拌和物工作性的调整次数，减少混凝土退灰造成的损失占年混凝土产量的 1%；搅拌机电流峰值大大降低 20A，可节省单方混凝土电耗 0.033kW·h；由于搅拌电流降低，搅拌叶片和衬板的生产磨损相比将有所减轻，可延长电机、搅拌叶片和衬板的使用寿命 1.5 年；混凝土拌和物预湿骨料后可以节省混凝土外加剂 10%～25%，合计 2kg；提高混凝土 28d 标准养护强度 2～3MPa，折合节约水泥 20kg。

7.3 固定胶凝材料调整混凝土配合比

7.3.1 生产过程存在的问题

近年来由于水泥行业的大规模兼并重组，我国的水泥企业越来越大，设备越来越先进，生产的水泥产品质量相对而言比以前稳定。矿物掺合料的生产由于资源的相对集中、生产企业设备的大型化，产品质量也比以前稳定。外加剂作为一种化工合成的产品，由于各厂家都采用现场试验的方法验收，质量是稳定的。随着建设规模的增大以及环境治理力度的增加，砂石的供应渐趋紧张，导致砂子的质量波动非常大，严重影响混凝土的质量。

在当前混凝土的生产过程中，除根据原材料技术参数设计配合比外，大多数混凝土生产企业都已经有固定的配合比，当原材料质量稳定时，生产过程是稳定的，混凝土产品的质量也是稳定的。当原材料质量发生变化时，如果配合比没有调整，就会引起混凝土质量的变化。经过现场调研和分析，当前混凝土生产过程中影响质量的最主要因素是砂子质量的波动，表现在紧密堆积密度的变化、含石率的变化、吸水率的变化以及颗粒级配的变化。

砂子紧密堆积密度变化的主要原因是矿山资源的多元化、母岩密度的变化以及机制砂中石粉含量的波动。砂子含石率变化的主要原因是砂子生产、运输及堆垛过程中砂子离析。在混凝土生产过程中，铲车总是先铲取外围含粗颗粒的砂子，再使用中间细粉较多的砂子，导致混凝土生产过程中粒径 4.75mm 以上的小石子含量不同。砂子吸水率变化的主要原因是制造砂子的母岩开口孔隙不同、砂子含粉量不同以及砂子含水率不同。砂子颗粒级配变化的主要原因是在堆垛过程中砂子离析。

7.3.2 解决问题的技术原理

为了解决由砂子质量波动引起的混凝土质量问题,在固定胶凝材料的情况下,可以通过现场测量砂石技术参数以及科学计算的方法调整混凝土配合比,以满足工程设计的要求。具体的方法是首先对砂石进行测量,石子的测量包括石子堆积密度、空隙率、吸水率的测量及表观密度的计算,砂子的测量包括砂子紧密堆积密度、含石率、含水率和压力吸水率。在配制混凝土时,天然砂用水量控制在 6%～8%,主要考虑的是砂的溶胀;机制砂用水量控制在 5.7%～7.7%,主要考虑的是与水泥检测使用的标准砂对应;对于再生骨料,配合比设计过程中水的用量是以压力吸水法测得的吸水率作为依据,土建项目压力值控制在 72kN、市政项目压力值控制在 108kN、高速公路与高速铁路桥梁墩柱项目压力值控制在 192kN。然后根据砂石检测出来的参数,采用数字量化混凝土配合比设计方法进行配合比调整计算。

7.3.3 固定胶凝材料调整混凝土配合比的方法

1. 原配合比用量参数及原材料参数

1)混凝土原配合比用量参数
混凝土原配合比用量参数见表 7-1。

表 7-1 混凝土原配合比用量参数

水泥	粉煤灰	矿渣粉	硅灰	砂	石子	水	外加剂
m_C	m_F	m_K	m_{Si}	m_S	m_G	W	m_A

2)胶凝材料主要技术参数
胶凝材料主要技术参数见表 7-2。

表 7-2 胶凝材料主要技术参数

技术参数	水泥	粉煤灰	矿渣粉	硅灰
密度	ρ_C	ρ_F	ρ_K	ρ_{Si}
需水量(比)	W_0	β_F	β_K	β_{Si}

3)砂子主要技术参数
砂子主要技术参数见表 7-3。

表 7-3　砂子主要技术参数

紧密堆积密度	含石率	含水率	压力吸水率
ρ_S	H_G	H_W	Y_W

4)石子主要技术参数

石子主要技术参数见表 7-4。

表 7-4　石子主要技术参数

堆积密度	空隙率	表观密度	吸水率
$\rho_{G堆积}$	P	$\rho_{G表现}$	X_W

2. 配合比调整计算步骤

1)胶凝材料标准稠度用水量

$$W_B = \left(m_C + m_F \times \beta_F + m_K \times \beta_K + m_{Si} \times \beta_{Si} \right) \times \frac{W_0}{100} \qquad (7\text{-}1)$$

2)泌水系数

$$M_W = \frac{m_C + m_F + m_K + m_{Si}}{300} - 1 \qquad (7\text{-}2)$$

3)胶凝材料拌和用水量

$$W_1 = \frac{2}{3} \times W_B + \frac{1}{3} \times W_B \times \left(1 - M_W \right) \qquad (7\text{-}3)$$

4)胶凝材料浆体体积

$$V_{浆体} = \frac{m_C}{\rho_C} + \frac{m_K}{\rho_K} + \frac{m_F}{\rho_F} + \frac{m_{Si}}{\rho_{Si}} + \frac{W_1}{\rho_W} \qquad (7\text{-}4)$$

5)砂子用量及用水量

(1)砂子用量。

$$m_S = \frac{\rho_S \times P}{1 - H_G} \qquad (7\text{-}5)$$

(2)常规砂石用水量。

$$W_{2min} = \left(5.7\% - H_W \right) \times m_S \qquad (7\text{-}6)$$

$$W_{2\text{max}} = (7.7\% - H_{\text{W}}) \times m_{\text{S}} \tag{7-7}$$

(3)再生骨料用水量。

$$W_2 = m_{\text{S}} \times Y_{\text{W}} \tag{7-8}$$

6)石子用量及用水量

$$m_{\text{G}} = (1 - V_{\text{浆体}} - P) \times \rho_{\text{G表观}} - m_{\text{S}} \times H_{\text{G}} \tag{7-9}$$

$$W_3 = m_{\text{G}} \times X_{\text{W}} \tag{7-10}$$

7)砂石用水量

$$W_{2\text{min}+3} = W_{2\text{min}} + W_3 \tag{7-11}$$

$$W_{2\text{max}+3} = W_{2\text{max}} + W_3 \tag{7-12}$$

3. 调整后的配合比用量参数

调整后的配合比用量参数见表 7-5。

表 7-5　调整后的配合比用量参数

水泥	矿渣粉	粉煤灰	硅灰	砂	石子	外加剂	拌和水	预湿水
m_{C}	m_{K}	m_{F}	m_{Si}	m_{S}	m_{G}	m_{A}	W_1	W_{2+3}

7.3.4　试配及现场调整

采用调整后的配合比进行试配，会出现以下三种结果：

(1)混凝土拌和物工作性达到预期效果。

(2)混凝土拌和物工作性不好，加入水分调整，混凝土拌和物出现泌水现象，加入外加剂调整，混凝土拌和物出现泌浆现象。

(3)混凝土拌和物工作性不好，加入水分调整，混凝土拌和物看起来很稀，测量时出现有坍落度没有流动性的现象，加入外加剂调整，外加剂掺量成倍增加，掺量达到一定值后出现明显的离析泌浆现象。

根据试配现场存在的问题，必须在现场进行总结和调整处理，对于大多数企业，经过调整计算配合比，混凝土拌和物工作性均能够达到预期效果，可以直接用于生产。但是对于出现混凝土拌和物工作性不好，加入水分调整，混凝土拌和物出现泌水现象，加入外加剂调整，混凝土拌和物出现泌浆现象的情况，是砂子中缺少细颗粒引起的，将砂子中 0.15mm、0.30mm 和 0.60mm 三个筛分计筛余调整到(20±5)%就可以达到预期的工作性。对于混凝土拌和物工作性不好，加入水分调整，混凝土拌和物看起来很稀，测量时出现有坍落度没有流动性的现象，加入外加剂调整，外加剂掺量成倍增加，掺量达到一定值后出现明显的离析泌浆现象，是砂子中缺少粗颗粒引起的，将砂子中 0.60mm、1.18mm 和 2.36mm 三个筛分计筛余调整到(20±5)%就可以达到预期的工作性。

7.4　石子洗车技术

7.4.1　技术背景

当搅拌站出现退灰或者搅拌车结束一天工作准备收工前，将罐子清洗干净是必经的一步。湿法洗车用水量大，残料洗出来后不仅废水横流造成污染，而且在砂石分离机分离以后，砂石以外的浆体残渣还需要压滤机压滤，压滤后还需要花钱找外部合作伙伴运输出去；即使将废水回收使用，也往往因为废水量太大不好使用完，搅拌站在质量控制方面也面临很大压力。为了改善环境，解决由于冲洗罐车形成的废水和废渣的排放问题，本书提出了采用石子洗车的方法。

7.4.2　石子洗车时石子用量计算方法

石子洗车最关键的问题就是石子用量如何计算，目的是实现在罐车中加入石子把车清洗干净，保证洗车的石子卸出来后不会出现结块现象，同时又要预防由于加入过多石子引起的浪费。

单方混凝土原材料中，常用的有水泥、矿渣粉、粉煤灰、砂、石子、外加剂和水，用量依次用 m_C、m_K、m_F、m_S、m_G、m_A 和 W 表示，水泥的标准稠度用水量用 W_0 表示，矿渣粉流动度比用 β_K 表示，粉煤灰需水量比用 β_F 表示，单方混凝土原材料总用量用 $m_{混凝土}$ 表示，罐车剩灰质量用 M 表示。石子洗车过程中石子用量的计算过程推导如下。

1. 胶凝材料不结块对应的用水量

混凝土中的胶凝材料在没有凝固之前以胶凝材料浆体流动状态存在，其中含有的水分包括化学反应用水和黏结用水，化学反应用水占标准稠度用水量的 2/3，可以与胶凝材料结合，消耗形成水化产物，变成固体，不需要洗车石子吸附；黏结用水占标准稠度用水量的 1/3，以游离态存在于混凝土中，因此在石子洗车的过程中，这部分水需要被洗车石子吸附。

$$W_胶 = \frac{2}{3} \times (m_C + m_F \times \beta_F + m_K \times \beta_K) \times \frac{W_0}{100} \qquad (7\text{-}13)$$

2. 砂子不结块对应的用水量

混凝土中的砂子在没有凝固之前以表面润湿状态存在，其中含有的水分包括开口孔吸附的水、砂子润湿表面黏结的水和砂子表面的游离水，开口孔吸附的水进入砂子内部与砂子形成一个整体，不需要吸附；砂子润湿表面黏结的水被砂子凹凸不平的表面吸附，不需要洗车石子吸附；砂子表面的游离水容易从砂子表面滑落，需要洗车石子吸附。砂子达到表面润湿状态对应的水包含了开口孔隙吸附的水和砂子润湿表面黏结的水，对于天然砂这一数值在 6%～8%，对于机制砂这一数值在 5.7%～7.7%，为了生产和计算方便，取 6%含水率作为砂子不结块的计算依据，砂子表面的游离水存在于混凝土中会引起结块，因此在石子洗车的过程中，这部分水需要被洗车石子吸附。

$$W_{砂} = m_{S} \times 6\% \tag{7-14}$$

3. 石子不结块对应的用水量

混凝土中的石子在没有凝固之前以表面润湿状态存在，其中含有的水分包括开口孔吸附的水、石子润湿表面黏结的水和石子表面的游离水，开口孔吸附的水进入石子内部与石子形成一个整体，不需要吸附；石子润湿表面黏结的水被石子凹凸不平的表面吸附，不需要洗车石子吸附；石子表面的游离水容易从石子表面滑落，需要洗车石子吸附。石子达到表面润湿状态对应的水包含了开口孔隙吸附的水和润湿表面的水，对于卵石和碎石，这一数值在 1%～2%，为了生产和计算方便，取 2%含水率作为石子不结块的计算依据，石子表面的游离水存在于混凝土中会引起结块，因此在石子洗车的过程中，这部分水需要被洗车石子吸附。

$$W_{石} = m_{G} \times 2\% \tag{7-15}$$

4. 单方混凝土需要石子吸干的水量

石子洗车的过程中单方混凝土需要石子吸干的水量为

$$
\begin{aligned}
W_{石子吸干} &= W - W_{胶} - W_{砂} - W_{石} + W_{A} \\
&= W - \frac{2}{3} \times \left(m_{C} + m_{F} \times \beta_{F} + m_{K} \times \beta_{K} \right) \times \frac{W_{0}}{100} - m_{S} \times 6\% - m_{G} \times 2\% + m_{A}
\end{aligned}
$$

$$\tag{7-16}$$

5. 单方混凝土对应的洗车石子用量

石子洗车的过程中单方混凝土对应的洗车石子用量为

$$m_{单方洗车石子} = W_{石子吸干} \div 2\%$$

$$= \left[W - \frac{2}{3} \times (m_C + m_F \times \beta_F + m_K \times \beta_K) \times \frac{W_0}{100} - m_S \times 6\% - m_G \times 2\% + m_A \right] \div 2\%$$

$$(7\text{-}17)$$

6. 罐车剩余混凝土所需洗车石子用量

罐车剩余混凝土所需洗车石子用量为

$$\frac{M_G}{m_{单方洗车石子}} = \frac{M}{m_{混凝土}} \qquad (7\text{-}18)$$

$$M_G = \frac{M}{m_{混凝土}} \times m_{单方洗车石子}$$

$$= \frac{M \times \left[W - \frac{2}{3} \times (m_C + m_F \times \beta_F + m_K \times \beta_K) \times \frac{W_0}{100} - m_S \times 6\% - m_G \times 2\% + m_A \right]}{(m_C + m_F + m_K + m_S + m_G + m_A + W) \times 2\%}$$

$$(7\text{-}19)$$

例 1：混凝土配合比见表 7-6。

表 7-6　例 1 混凝土配合比　　　　　　（单位：kg/m³）

水泥	矿渣粉	粉煤灰	砂	石子	水	外加剂	罐车剩余混凝土
250	80	50	780	980	173	8	3150

洗车石子用量为

$$M_G = \frac{3150 \times \left[173 - \frac{2}{3} \times (250 + 50 \times 1.1 + 80 \times 1.0) \times \frac{27}{100} - 780 \times 6\% - 980 \times 2\% + 8 \right]}{(250 + 50 + 80 + 780 + 980 + 8 + 173) \times 2\%}$$

$$= 3074 (\text{kg})$$

例 2：混凝土配合比见表 7-7。

表 7-7　例 2 混凝土配合比　　　　　　（单位：kg/m³）

水泥	矿渣粉	粉煤灰	砂	石子	水	外加剂	罐车剩余混凝土
300	50	50	800	930	175	8	4850

洗车石子用量为

$$M_{\mathrm{G}} = \dfrac{4850 \times \left[175 - \dfrac{2}{3} \times (300 + 50 \times 1.1 + 50 \times 1.0) \times \dfrac{27}{100} - 800 \times 6\% - 930 \times 2\% + 8\right]}{(300 + 50 + 50 + 800 + 930 + 8 + 175) \times 2\%}$$

$$= 4561(\mathrm{kg})$$

7.4.3 石子洗车操作方法

罐车中实际需要添加石子量确定后，由于混凝土罐车从工地回来后无法确定究竟有多少混凝土，建议在罐车回搅拌站后先过磅秤，准确计量罐车内剩余料的质量，计算得到洗车所用石子的质量，在搅拌站建立洗车台直接把石子加入罐车进行清洗，或者在搅拌站生产系统直接把石子加入罐车进行清洗。这样确定的石子用量用来清洗罐车，不仅可以快速将罐车中的残料清洗干净，还可以大大减少废水的产生；清理出来的残料不会结块，也不用通过砂石分离机分离，即可在实验室的指导下配制非结构混凝土的生产，由于这些石子表面被混凝土浆体紧紧包裹，孔隙率降低，对水分和外加剂的吸附减弱，配制混凝土时外加剂掺量降低0.2%～0.3%。

已经应用石子洗车的混凝土企业普遍反映釜车的洗车效率高、清洗干净，没有废水排放压力。

第8章 免养护混凝土在铁路中的应用

8.1 项目概况

郑济高速铁路起自豫鲁省界，于南乐县千口镇樊村西侧设南乐站，出站后往西南走行跨越 S301、S214 省道，经仙庄乡西、伍仙镇村北，于南寨村折向南，依次跨越范辉高速公路、卫都路、G342 国道，终至濮阳东站。新建郑济高速铁路濮阳至省界段，线路正线全长 39.797km，其中正线桥梁 2 座 38.134km，桥梁比为 95.82%。全线共新建车站 1 座，路基长度 1.663km，占比为 4.18%。为了解决混凝土在施工过程中由于环境受限而导致轨枕床板、箱梁、墩柱和护坡等部位无法养护的问题，提出研究混凝土免养护技术解决养护技术难题。

8.2 技术原理和路线

8.2.1 技术原理

混凝土免养护技术的原理是在混凝土搅拌过程中加入免养护剂，使免养护剂在混凝土拌和物凝固前漂浮到混凝土表面，在混凝土上表面形成一层薄薄的膜，这层膜在空气中快速硬化，使水分无法在上表面蒸发散失，拆除模板后，侧面和底部的混凝土表面由于免养护剂的渗透作用，已经在混凝土外表形成一层隔离膜，使混凝土表皮封闭起来，水分无法蒸发。对于水泥和胶凝材料水化过程中出现的小缺陷，免养护剂会快速渗透到该部位修补使其愈合，使胶凝材料水化体系在水化过程中保持较高的内部相对湿度，既保证了水泥水化的持续进行，又抑制了混凝土界面的早期干燥，显著降低混凝土的自收缩率和干缩率，改善混凝土内部结构，使混凝土更加致密。掺加免养护剂还可以减少甚至消除塑性裂缝、降低碳化深度、提高混凝土界面的光洁度以及混凝土的硬度，提高混凝土的回弹强度，改善混凝土的耐久性，这样就有效解决了养护不到位引起的混凝土质量问题。

8.2.2 技术路线

混凝土免养护技术路线就是在掺加免养护剂的同时采取预先将骨料加湿以及调整最佳砂石用量的技术方案，解决砂石骨料含泥量偏高、机制砂石粉含量高、细骨料吸水率高引起的混凝土拌和物初始坍落度小、坍落度经时损失大、外加剂掺量高以及拆模后混凝土水分蒸发快的技术难题。针对搅拌站砂石骨料已经确定的状况，品种规格固定的石子空隙率是一定的，对应砂子的体积用量也是固定值，通过现场试验就可以计算出合理的砂率，提高混凝土的体积稳定性预防开裂；求得胶凝材料达到标准稠度时的用水量，预防胶凝材料浆体收缩引起的开裂；经试验计算得出润湿砂石合理的用水量，利用混凝土凝固后砂石骨料吸附的水分释放渗进胶凝材料浆体起到内养护作用；通过掺入免养护剂的方法解决混凝土表面水分蒸发引起的开裂问题。

具体的操作过程中，在上料皮带位置增加一根喷水水管，实现免养护剂添加过程和砂石骨料计量上料过程同步，预先加湿砂石骨料，可以节约时间，使砂石骨料进入混凝土搅拌机时表面已经润湿，内部空隙已经完全处于饱水状态，在免养护混凝土生产过程中外加剂和拌和水全部用于胶凝材料的化学反应以及拌和物工作性的改善，免养护剂在混凝土中充分分散开来并且均匀分布，混凝土拌和物的初始坍落度提高，坍落度经时损失减小，达到节约聚羧酸减水剂、保证混凝土拌和物工作性、预防混凝土拌和物坍落度损失、实现混凝土免养护的目的。

8.3 对 比 试 验

8.3.1 原材料的选用

水泥：采用金隅太行 P·O 42.5 级；

粉煤灰：Ⅱ级粉煤灰；

石子：粒径为 5～25mm 的碎石；

砂：选用铁尾矿制作中砂，模数 2.7，含泥量 0.7%，0.60mm、0.30mm、0.15mm 三级分计筛余在严格控制在(20±5)%；

外加剂：生产线上使用聚羧酸外加剂；

免养护剂：采用北京灵感科技有限公司研制的免养护剂；

水：符合国家标准的饮用水。

以 C30 混凝土配合比为基准进行试验，一组作为基准混凝土，另一组为掺加 1kg 免养护剂的免养护混凝土。C30 混凝土配合比见表 8-1。

表 8-1 C30 混凝土配合比 （单位：kg/m³）

混凝土	水泥	粉煤灰	砂	石子	外加剂	水	免养护剂
基准混凝土	320	112	723	1084	4.23	157	0
免养护混凝土	320	112	723	1084	4.23	157	1.0

8.3.2 混凝土工作性能试验

混凝土拌和物工作性能试验结果见表 8-2。

表 8-2　混凝土拌和物工作性能试验结果　　　　（单位：mm）

混凝土	初始状态	T_{0h}	T_{1h}	D_{0h}	D_{1h}
基准混凝土	和易性良好，流动性良好	230	200	600	560
免养护混凝土	和易性良好，流动性良好	240	220	610	560

从表 8-2 可以看出，掺加免养护剂配制的混凝土含气量为 3%，符合铁路工程耐久性技术要求，坍落度达到施工设计要求，扩展度满足自密实自流平要求，适合郑济高速铁路大型箱梁和墩柱混凝土结构泵送施工。

8.3.3 混凝土力学性能试验

混凝土力学性能试验结果见表 8-3。

表 8-3　混凝土力学性能试验结果　　　　（单位：MPa）

混凝土	3d 抗压强度	3d 回弹强度	7d 抗压强度	7d 回弹强度	28d 抗压强度	28d 回弹强度
基准混凝土	18.8	21.9	27.3	30.9	38.7	37.4
免养护混凝土	22.4	23.7	28.9	31.3	39.3	38.4

从表 8-3 可以看出，免养护混凝土的抗压强度和回弹强度接近，这是因为加入免养护剂减少了内部水分的流失。采用免养护技术配制出的混凝土不用浇水养护，28d 抗压强度就能达到设计标准，且回弹强度和标准养护抗压强度接近，均高于基准混凝土，加入免养护剂有效防止了养护不到位导致的混凝土强度低，降低了养护人员劳动量，节约了混凝土养护成本。

8.3.4 混凝土碳化试验

为了检测免养护混凝土抗碳化性能，现场制作了碳化试验专用混凝土试件，养护到 3d、7d、14d、28d 进行碳化试验，碳化箱中 CO_2 浓度为（20±3）%、温度为（20±5）℃、相对湿度为（70±5）%，测量 3d、7d、14d、28d 免养护混凝土的碳化深度，试验数据见表 8-4。

从表 8-4 可以看出，免养护混凝土表面密实度较高，3d、7d 免养护混凝土的碳化深度均为零，14d、28d 免养护混凝土的碳化深度小于 2mm，说明掺加免养护剂的混凝土具有很好的抗碳化能力。

表 8-4 混凝土的碳化深度　　　　　　　　（单位：mm）

混凝土	3d 碳化深度	7d 碳化深度	14d 碳化深度	28d 碳化深度
基准混凝土	0	0.5	1.5	2.5
免养护混凝土	0	0	0.5	1.0

8.3.5 混凝土收缩性能试验

收缩是引起混凝土开裂的关键因素，为了检测免养护混凝土的收缩性能，现场作了 5 组收缩试验用混凝土试件，其中基准混凝土试件 1 组，免养护混凝土试件 4 组，分别放在水中养护 1d 和 3d；然后放入温度（20±3）℃、相对湿度（60±5）%的恒温恒湿室，测量免养护混凝土试件长度的变化。

试验结果表明，掺加免养护剂的混凝土在自然环境中具有自养护功能，混凝土抗压强度提高，而且早期养护不到位引起的收缩开裂减少，同时减少了内部水分的流失，降低了混凝土的收缩。

8.3.6 混凝土抗渗性能试验

良好的抗渗性能是提高混凝土耐久性的关键，为了检测免养护混凝土的抗渗性能，制作了 3 组免养护混凝土试件进行检测，3 组试件在拆模后外观完整，试压过程渗水压力达到 3.6MPa，抗渗等级达到 P35，证明免养护混凝土具有良好的抗渗性能。

8.3.7 混凝土抗冻性能试验

掺加免养护剂的混凝土具有自养护功能，且能减少内部水分流失，从而减少内部水分流失产生的通道，提高混凝土内部的密实度，所以抗冻融性能好。经过300 次冻融循环后，抗冻试件失重为 0，相对动弹性模量仍保持 93.2%，在不养护的条件下远远优于不加免养护剂的基准混凝土，且混凝土表面和内部水化更完全。因此，免养护混凝土具有良好的耐久性能，使用寿命更长。

8.4 工程应用

8.4.1 免养护混凝土生产应用技术要求

（1）免养护混凝土使用的原材料计量通过自动控制系统实现，数据由计算机实时记录。各种材料的计量精度规定：水泥±1%，粉煤灰±1%，砂石骨料±2%，聚羧酸外加剂±0.5%，拌和水±1%，免养护剂±0.1%。

(2)必须先进行物料的均化。

(3)生产实现全自动化,质量通过在线检查进行控制。

8.4.2　生产过程控制

(1)试验技术人员配合采购部门做好进场检验,确保胶凝材料、外加剂以及砂石骨料符合国家标准,其中胶凝材料和外加剂必须车车抽检,不符合国家标准的直接退货。

(2)为保证免养护混凝土质量均匀稳定,在混凝土生产上料时,必须对砂石骨料进行均化,没有均化的砂石骨料禁止使用。为实现免养护混凝土颜色的一致性,要严格控制水泥、粉煤灰、砂、石子和拌和用水的碱含量,限制聚羧酸外加剂中的 Na_2SO_4 含量,预防免养护混凝土拆模后表面出现泛白的现象。为预防免养护混凝土表面出现微裂缝,应严格控制水泥和粉煤灰的细度及比表面积,同时降低砂石骨料的含泥量;依据多组分混凝土理论进行配合比设计,确定免养护混凝土的最佳配合比,选用聚羧酸减水剂提高混凝土的流动性,减水率介于 15%～20%;免养护剂黏度不能太高。

(3)提前一天对混凝土搅拌设备进行全面的检查、维修和计量校秤,确保生产配合比精准,保证免养护混凝土正常生产。

(4)技术质量部要做好免养护混凝土生产过程的监督实施方案,加强生产过程监督检查,确保免养护混凝土生产顺利进行。

8.4.3　施工过程控制

1. 模板

模板材质对免养护混凝土外观会产生很大的影响,选择合适的模板可以明显改善免养护混凝土的外观质量,根据现场对比试验,可知不同模板拆模后外观效果为:酚醛覆模板>聚氯乙烯内衬模板>木模板。

2. 脱模剂

脱模剂是在混凝土硬化后,使模板和混凝土结构容易脱开的一层涂层。为了起到很好的脱模作用,同时在混凝土硬化后对混凝土外观影响最小,脱模剂必须和模板粘接牢固。脱模剂材质不同,硬化后混凝土外观差异非常大,由试验可知,采用不同脱模剂的混凝土硬化后外观效果为:模板漆>乳化石蜡>用色拉油>柴机油>水质脱模剂。

3. 浇筑及振捣

高速铁路墩柱浇筑高度在 8m 以上,因此当免养护混凝土拌和物浇筑进入模板后，在混凝土下料口与浇筑面之间安装串桶，可以有效预防混凝土离析；由于混凝土振捣棒铁头部分长 500mm，大于这个厚度就超出振捣棒的有效作用范围，混凝土拌和物中的气体无法排出，因此免养护混凝土每层浇筑厚度不能超过600mm。振捣混凝土以表面浮出浆体为准，不能长时间在同一振点振捣，避免过振。为了实现免养护混凝土表面密实和光洁，施工过程中在模板内部插入一块帆布，振捣时缓慢向上拉伸帆布，模板周围的水分就会向帆布周围聚集并随着帆布上升，从而消除免养护混凝土内部的自由水分，确保免养护混凝土外表面光洁、致密和美观。

4. 施工评价

2022 年 7 月在郑济高速铁路施工过程中采用现浇免养护混凝土，工地拆模后对结构混凝土外观进行观察，免养护混凝土的表面更加光滑，光洁度提高，并且无气孔，对混凝土失水引起的自收缩裂缝有明显的改善作用，混凝土的塑性裂缝基本消除，且同条件下的抗压强度和回弹强度基本一致，得到业主、监理和施工单位的一致好评。

8.4.4 强度评定

免养护混凝土运输到施工现场后，在现场留置了 3d、7d、28d 三个龄期共 5 组试件进行标准养护，达到龄期后送第三方检测机构进行检测，综合评定为合格。C30 免养护混凝土强度评定结果见表 8-5。

表 8-5　C30 免养护混凝土强度评定结果

组数	抗压强度		验收函数 A $\mu_{f_{cu}} - \lambda_4 S_{f_{cu}}$	验收界限 B $[0.90 \times f_{cu,k}]$	结果
	均值 $\mu_{f_{cu}}$	方差 $S_{f_{cu}}$			
25	36.7	3.2	31.9	27	A>B
			$f_{cu,min}$	$[0.85 \times f_{cu,k}]$	A>B
			34.6	25.5	
结论			强度合格		

8.4.5 结论

采用免养护混凝土进行施工，混凝土拆模后不需要养护，降低了混凝土养护成本。免养护混凝土在同条件下养护与标准条件下养护的抗压强度与回弹强度基本一致，保证了混凝土实体强度达到设计要求。采用免养护混凝土进行施工具有明显的经济效益和良好的社会效益，推广应用的前景非常广阔。

第9章 高原混凝土质量控制与应用

9.1 技 术 背 景

CZ 铁路某标位于西藏自治区贡觉县境内，地处青藏高原东南部，唐古拉横断山脉北段，金沙江上游西岸。群山连绵，山高峰锐，谷深坡陡，丘原交错，河流纵横，湖泊星罗棋布，高山、森林、草原并存。地势由东南向西北倾斜，最低海拔 2570m，最高海拔 5443m，平均海拔 4021m。主要工程包括隧道 38383m/(0.8+1+0.4)座，桥梁 1450.7m/3 座(含单、双线箱梁节段预制及拼装 70 孔)，区间路基 118m/1 段，车站 1 座(则巴站)。重难点隧道工程为贡觉隧道 11631m(26211m)、孜拉山隧道 25820m(30028m)。在 CZ 铁路某标的二衬施工中出现混凝土流动性差、气泡多、拆模后影响外观与质量问题，本章通过对产生气泡的原因进行分析，提出了气泡控制的关键技术并在现场得到应用。

9.2 气泡产生的原因及分类

9.2.1 气泡产生的原因

1. 砂石吸水及砂子的级配

1)砂石吸水

由于外界因素，砂子和石子中存在一些缝隙，这些缝隙与砂子和石子的内部相通，同时砂子和石子的内部存在缺陷。由于施工现场处于高原地区，在使用传统技术配制混凝土的过程中，先加入砂石和胶凝材料，再加入水和外加剂。在混凝土搅拌的过程中，随着搅拌机的搅动与大气压力的作用，水通过砂子和石子中的缝隙慢慢渗进砂子和石子内部缺陷，将砂子和石子缝隙以及砂子和石子内部缺陷中的空气挤出，形成气泡。

2)砂子的级配

砂子的分计筛余是各号筛子的筛余量占砂子总量的比例。通过检测砂子的分计筛余，计算出砂子中 0.60mm、0.30mm、0.15mm 颗粒的比例，将砂子中 0.60mm、0.30mm 和 0.15mm 三级分计筛余分别控制在(20±5)%，如果砂子中缺少相对应的 0.60mm、0.30mm 和 0.15mm 的砂子，配制的混凝土流动性差。

2. 粉煤灰中的 NH_3

电厂的燃煤通过氨法脱硫脱硝工艺，粉煤灰中残留了大量的氨氮化学产物。混凝土搅拌处于碱性环境中，在混凝土搅拌过程中发生的化学反应产生大量的热量，粉煤灰中铵盐发生分解，释放出 NH_3，这些释放出来的 NH_3 带有刺鼻的气味，而且产生大量的气泡。在混凝土搅拌过程还残留未反应的 NH_4^+，在混凝土浇筑完成后，缓慢反应，释放出 NH_3。

3. 外加剂

1)外加剂中的引气剂

引气剂是一种憎水性表面活性剂，在外加剂复配的过程中掺入引气剂。在混凝土搅拌的过程中，由于水化粒子向空气表面靠近和引气剂分子在空气水界面上的吸附作用，将降低水表面的张力，混凝土拌和物产生大量微型气泡，这些气泡带有相同的电荷，它们之间相互排斥且均匀分布在混凝土拌和物中。引气剂掺入混凝土中生成的微型气泡是稳定存在的，导致混凝土的强度降低，引气剂的过多掺入使混凝土拌和物成型拆完模后外观出现直径大于 1mm 的球冠状圆泡。

2)外加剂中的葡萄糖酸钠

在配制混凝土过程中，葡萄糖酸钠作用是控制混凝土拌和物在出现坍落度损失并失去流动性的 1～2h 内初凝，初凝后 1h 内终凝。为了提高外加剂的含固量，在外加剂合成和复配的过程中加入葡萄糖酸钠，葡萄糖酸钠掺入过多会使混凝土拌和物中的粉煤灰飘起，在混凝土表面形成黑色浮渣；同时混凝土拌和物在搅拌的过程中和易性良好，静置一会儿，葡萄糖酸钠将混凝土拌和物中的水分由底部挤向表面，造成混凝土拌和物出现扒底现象，在挤出混凝土拌和物中水分的同时将气泡一同挤出，造成混凝土拌和物出现泌水现象，同时泌出水的表面夹杂着气泡。

4. 水泥助磨剂

水泥助磨剂是一种改善水泥粉磨效果和性能的化学添加剂，在粉磨系统中加入助磨剂可以改善物料的流动性，提高水泥质量和粉磨的效率。我国的水泥助磨剂以三乙醇胺、二乙醇胺、三异丙醇胺类为主，由于水泥的主要成分是硅酸三钙、硅酸二钙和铝酸三钙，生产水泥时掺入助磨剂，在配制混凝土的过程中，助磨剂中醇胺类组分与水泥中的碱反应生成 NH_3，这些气体存留在混凝土表面形成大量的气泡。

9.2.2　解决思路

1. 预湿骨料技术

在混凝土生产的过程中，采用预湿骨料技术。首先将设计对应用量的砂石加入搅拌机，同时加入砂石用水量进行搅拌，是因为砂石缝隙和内部缺陷缺水，让水润湿砂石表面的同时搅拌机的搅拌加快了水从砂石缝隙渗进砂石内部缺陷中，将砂石内部缺陷中的空气挤出；再将设计对应用量的胶凝材料加入搅拌机，胶凝材料很快被粘到润湿的砂石表面，砂石表面被胶凝材料均匀包裹起来，外加剂和拌和水按设计对应用量加入搅拌机进行搅拌，胶凝材料将砂石的缝隙封堵住，水无法渗进砂石内部的缺陷中，缺陷中的空气无法排出，减少了砂石气泡的产生；在搅拌过程中，胶凝材料形成的浆体在搅拌机内做切线运动，很快变得均匀，实现了拌和物工作性良好，初始坍落度较大。当搅拌机停止运转时，混凝土拌和物处于静止状态，由于流动性胶凝材料浆体内部水分的密度与砂石料内部水分的密度接近，渗透压接近平衡，砂石及其所含的粉末料内的水分无法渗透到胶凝材料浆体中，胶凝材料浆体内的水分和外加剂也无法渗透到砂石及所含的粉末料内部，达到节约外加剂和预防混凝土气泡产生的目的。

2. 延长搅拌时间和少加粉煤灰

由于电厂的燃煤通过氨法脱硫脱硝工艺，粉煤灰中残留了大量的氨氮化学产物。在配合比设计过程中，通过减少粉煤灰的用量来减少混凝土拌和物中粉煤灰携带的氨氮化学产物，在混凝土搅拌的过程中延长搅拌时间，将化学反应释放出的 NH_3 从混凝土拌和物排出产生的气泡进行消泡处理。搅拌时间越长，化学反应越充分，产生的 NH_3 越彻底，形成的气泡越多，消除的气泡也越多。

3. 减少引气成分和降低掺量

引气剂的掺入实际上就是将憎水性表面活性剂通过外加剂的复配，按照一定的比例掺入外加剂中，外加剂中的引气剂在混凝土拌和物中通过物理作用形成稳定的微型气泡，这些微型气泡在混凝土拌和物中均匀分布，减小了混凝土拌和物各组分之间的摩擦力，提高了混凝土的流动性；在浇筑成型过程中，这些气泡存留于混凝土中，形成大小不同的球状圆泡，这些空洞的存在使混凝土的强度降低，同时使混凝土表面出现直径大于 1mm 的球冠状圆泡，直接影响混凝土实体的外观。预防的措施是外加剂生产过程中掺入合理引气剂或者少掺引气剂，使混凝土拌和物含气量小于 4%，减少混凝土拌和物中的气泡问题。

混凝土拌和物在搅拌机中不停搅拌的过程中和易性良好，静置一会儿，混凝土拌和物表面有水泌出，同时飘起一层黑色的石墨携带密密麻麻的小气泡，说明外加剂中葡萄糖酸钠掺入过量。预防的措施是调整外加剂的配方，降低葡萄糖酸钠掺入量或者在配制混凝土拌和物时减少外加剂掺量。

4. 选择不掺助磨剂水泥

水泥厂在生产水泥的过程中，为了提高水泥质量和粉磨的效率，在粉磨系统中加入助磨剂使粉磨作业过程中物料的流动性加以改善，提高粉磨效率的问题。水泥助磨剂是一种改善水泥粉磨效果和性能的化学添加剂，包括聚合有机盐助磨剂、聚合无机盐助磨剂和复合化合物助磨剂。由于助磨剂种类的繁多，助磨剂厂家也繁多，生产的助磨剂质量也是参差不齐。使用的水泥助磨剂产品大都属于有机物表面活性物质，单组分的水泥助磨剂价格较高，复合化合物助磨剂应用较为广泛，但复合化合物助磨剂组分复杂，由于水泥环境是碱性的，含气量会增加，从而在配制混凝土的过程中使混凝土拌和物表面产生大量的气泡。

9.3 试验及应用

9.3.1 C35 混凝土配合比调整计算

1. 胶凝材料的主要技术参数

胶凝材料的主要技术参数见表 9-1。

表 9-1　胶凝材料的主要技术参数

技术参数	水泥	粉煤灰
配合比用量/(kg/m³)	320	80
密度/(kg/m³)	3110	2350
需水量（比）	25.6%	1

2. 砂子的主要技术参数

砂子的主要技术参数见表 9-2。

表 9-2　砂子的主要技术参数

紧密堆积密度/(kg/m³)	含石率/%	含水率/%	压力吸水率/%
1833	3.5	7.1	—

3. 石子的主要技术参数

石子的主要技术参数见表 9-3。

表 9-3　石子的主要技术参数

堆积密度/(kg/m³)	空隙率/%	表观密度/(kg/m³)	吸水率/%
1623	37.4	2593	1.8

4. 胶凝材料标准稠度用水量

$$W_{\text{B}} = (320 + 80 \times 1) \times \frac{25.6}{100} = 102(\text{kg})$$

5. 泌水系数

$$M_{\text{W}} = \frac{320 + 80}{300} - 1 = 0.33$$

6. 胶凝材料拌和用水量

$$W_1 = \frac{2}{3} \times 102 + \frac{1}{3} \times 102 \times (1 - 0.33) = 91(\text{kg})$$

7. 胶凝材料浆体体积

$$V_{\text{浆体}} = \frac{320}{3110} + \frac{80}{2350} + \frac{91}{1000} = 0.228(\text{m}^3)$$

8. 砂子用量及用水量

$$m_{\text{S}} = \frac{1833 \times 37.4\%}{1 - 3.5\%} = 710(\text{kg})$$

$$W_{2\text{max}} = (7.7\% - 7.1\%) \times 710 = 4(\text{kg})$$

$$W_{2\text{min}} = (5.7\% - 7.1\%) \times 710 = -10(\text{kg})$$

9. 石子用量及用水量

$$m_{\text{G}} = (1 - 0.228 - 37.4\%) \times 2593 - 710 \times 3.5\% = 1007(\text{kg})$$

$$W_3 = 1007 \times 1.8\% = 18(\text{kg})$$

10. C35 混凝土理论配合比

C35 混凝土理论配合比见表 9-4。

表 9-4 C35 混凝土理论配合比　　　　　（单位：kg/m³）

水泥	粉煤灰	砂	石子	预湿水	拌和水	外加剂
320	80	710	1007	22	91	4

9.3.2 试配

采用调整后的配合比进行试验，采用预湿骨料技术：先称取砂 710kg、石子 1007kg 和骨料用水 22kg 进行预湿搅拌，使砂石骨料内部的开口孔隙全部被水饱和，排除砂石骨料内部储存的气体；然后加入水泥 320kg、粉煤灰 80kg，与砂石骨料一起搅拌均匀后，加入拌和水 91kg 和外加剂 4kg 进行搅拌直至达到设计的工作性后卸料。混凝土出机后状态良好，铲起来非常软，流动性明显改善，达到能够顺利泵送的要求，坍落度和扩展度满足设计要求，混凝土表面气泡减少，黑色漂浮物消除，静置几分钟没有出现离析、抓地和扒底现象，装模后表面有光泽，没有气泡出现。

C35 混凝土实际配合比见表 9-5。

表 9-5　C35 混凝土实际配合比　　　　　（单位：kg/m³）

水泥	粉煤灰	砂	石子	砂石水	拌和水	外加剂
320	80	710	1007	22	91	4

9.3.3 生产

通过调整生产工艺，采用预湿骨料技术进行生产，在上料过程中先将砂子和石子称量好投入搅拌机中，同时加水使砂石骨料预湿达到表面润湿状态，再将胶凝材料投入搅拌机，同时将拌和水和外加剂加入搅拌机进行搅拌直至达到预期的工作性，然后将混凝土拌和物卸到搅拌车运送到施工现场进行施工。

9.3.4 拆模

按照施工规范，用最后一盘封顶的混凝土强度控制，当不承受外荷载时，在混凝土强度达到 5MPa 或者在拆模时隧道二衬混凝土表面和棱角不被损坏并能承受自重时拆模。最后一盘封顶的混凝土强度达到拆模要求时，对隧道二衬进行拆模，隧道二衬表面光滑，无气泡残留下的孔洞。通过对隧道二衬混凝土标准养护试件和实体回弹检测，混凝土强度等级达到设计要求，拆模后混凝土外观质量得到改善，达到预期效果，得到业主、监理和施工单位的一致好评。

9.3.5 结论

生产采用预湿骨料技术与延时搅拌，将砂石内部缺陷中水渗进挤出空气产生的气泡和粉煤灰释放 NH_3 产生的气泡进行消泡，通过减少粉煤灰用量来减少 NH_3 释放从而减少气泡的产生；外加剂复配时减少引气剂的掺入和加入相对应的葡萄糖酸钠，在混凝土生产中降低外加剂的掺量，降低引气剂和葡萄糖酸钠掺量，达到消除混凝土气泡的效果；使用水泥时采用无水泥助磨剂的水泥，达到消除混凝土气泡的效果。通过以上措施，生产配制的混凝土无多余气泡，拆模后 CZ 铁路某标隧道二衬表面光滑，无气泡残留下的孔洞，保证了隧道二衬的工程质量，推动工程的顺利进行。

第 10 章　隧道混凝土配合比调整与应用

10.1　混凝土配合比调整的背景

为解决渝黔铁路 C35 混凝土离析、泌水、黏度过大和泵送施工困难以及断级配机制砂应用的技术问题，在重庆市武隆区长坝镇 CQQJZQ-7 标项目经理部中心实验室、站前 2#和 4#混凝土拌和站进行了混凝土技术调研。在混凝土技术方面，需要解决混凝土离析、泌水、黏度过大的问题，为提高混凝土制作效率、改善混凝土质量提供有效的技术措施，为实现本项目混凝土泵送施工奠定坚实的技术基础。在断级配机制砂应用方面，需要采用断级配机制砂配制出优质的混凝土，应用于隧道二衬、路边护坡、绿植维护结构以及 C25 喷射混凝土，对营造绿色施工环境、降低路桥施工成本和提高企业经济效益产生直接的效果。

10.1.1　技术研究的主要内容

为了彻底解决项目施工过程中出现的各种混凝土技术难题，我们需对项目经理部中心实验室、拌和站和施工现场的技术人员进行多组分混凝土配合比调整计算方法培训，让所有技术人员掌握砂子和石子技术参数的快速测试方法、外加剂掺量调整试验方法以及混凝土配合比调整计算方法；有针对性地为技术人员教授利用现有 C35 混凝土配合比参数，保持胶凝材料用量不变，只改变砂子、石子以及外加剂用量，找准最佳用水量配制混凝土，科学降低混凝土拌和物的黏度，确保混凝土顺利浇筑，解决混凝土离析和泌水难题；有针对性地为技术人员教授断级配机制砂配制 C25 喷射混凝土的设计计算方法，实现技术人员采用施工现场断级配机制砂都可以配制出满足施工要求的混凝土，解决断级配机制砂配制混凝土过程中包裹性差的技术难题。同时提出在混凝土配制过程中通过加入一定量粉煤灰调整机制砂级配，解决断级配机制砂配制高性能混凝土的计算方法；有针对性地在 4#拌和站现场进行 C25 喷射混凝土配合比调整并进行生产，调整后的混凝土拌和物工作性良好，黏度适中，不离析，不泌水，实现试验、生产、运输、泵送和喷射浇筑全流程的协调一致，达到预期效果。

10.1.2　砂石主要技术参数的确定依据

为了解决由于砂子质量波动引起的混凝土质量问题，在固定胶凝材料的情况下，本次试验主要通过现场测量砂石技术参数以及科学计算的方法调整混凝土配合比，以满足工程设计的要求。具体的方法是首先对砂石技术参数进行测量，包括石子的堆积密度、空隙率、吸水率的测量及表观密度的计算，砂子的紧密堆积密度、含石率和含水率的测量；然后根据砂石检测出来的参数，采用数字量化混凝土配合比设计方法进行配合比调整计算。

10.1.3　解决断级配砂子配制混凝土问题的关键技术

由于混凝土原材料质量的波动，用数字量化混凝土配合比设计方法调整配合比，在试配过程中会出现以下三种结果：混凝土拌和物工作性达到预期效果；混凝土拌和物工作性不好，加入水分调整，混凝土拌和物出现泌水现象，加入外加剂调整，混凝土拌和物出现泌浆现象；混凝土拌和物工作性不好，加入水分调整，混凝土拌和物看起来很稀，测量时出现有坍落度没有流动性的现象，加入外加剂调整，外加剂掺量成倍增加，掺量达到一定值后出现明显的离析泌浆现象。

根据试配现场观察，采用数字量化混凝土技术配制的混凝土拌和物大多数工作性均能够达到预期效果，可以直接用于生产。但是在采用断级配机制砂时，出现混凝土拌和物工作性不好，加入水分调整，混凝土拌和物出现泌水现象，加入外加剂调整，混凝土拌和物出现泌浆现象的情况，这是机制砂级配不好引起的，如果现场有细砂，将机制砂中 0.15mm、0.30mm 和 0.60mm 三个筛分计筛余调整到(20±5)%就可以达到预期的工作性，如果现场没有细砂，可以将三个筛分计筛余分别控制在最小值 15%，总计 45%，再减去机制砂中 0.15mm、0.30mm 和 0.60mm 三个筛分计筛余的和，用这个差值乘以单方混凝土机制砂用量的一半，在配制混凝土时加入对应量的粉煤灰就可以达到预期的工作性。对于混凝土拌和物工作性不好，加入水分调整，混凝土拌和物看起来很稀，测量时出现有坍落度没有流动性的现象，加入外加剂调整，外加剂掺量成倍增加，掺量达到一定值后出现明显的离析泌浆现象，这是机制砂中缺少粗颗粒引起的，将机制砂中 0.60mm、1.18mm 和 2.36mm 三个筛分计筛余调整到(20±5)%就可以达到预期的工作性。

10.1.4　外加剂掺量的确定

将玻璃板放置在水平位置，用湿布将玻璃板、截锥圆模、搅拌器及搅拌锅均匀擦过，使其表面湿而不带动水渍；将截锥圆模放在玻璃板的中央，并用湿布覆盖待用。称取配合比对应比例的水泥、粉煤灰和标准稠度对应的水，倒入搅拌锅内，加入推荐掺量的外加剂进行搅拌，将搅拌好的胶凝材料净浆迅速注入截锥圆模内，用刮刀刮平，将截锥圆模垂直提起，同时开启秒表计时，任胶凝材料净浆在玻璃板上流动至少 30s，用直尺量取流淌部分互相垂直的两个方向的最大直径，控制最大直径与施工要求的坍落度一致就可以了，这时对应的外加剂掺量就是配制对应坍落度混凝土时的合理掺量。

10.2　断级配机制砂混凝土配合比调整试验生产

10.2.1　C35 断级配机制砂混凝土配合比调整

1. 调整基准

原配合比中胶凝材料为:水泥用量 287kg,密度 3080kg/m³;粉煤灰用量 123kg,密度 2200kg/m³。由于胶凝材料总用量达到 400kg 以上,在配合比调整过程中固定胶凝材料,只调整砂石骨料、水和外加剂,使配制的混凝土坍落度达到现场施工要求。

2. 胶凝材料主要技术参数

本次试验采用华新水泥重庆涪陵有限公司的 P·O 42.5 水泥、贵州名川粉煤灰有限公司的 II 级粉煤灰,胶凝材料主要技术参数见表 10-1。

表 10-1　胶凝材料主要技术参数

技术参数	水泥	粉煤灰
配合比用量/(kg/m³)	287	123
密度/(kg/m³)	3080	2200
需水量(比)	27.4%	1

3. 砂子主要技术参数

本次试验使用的砂子为机制砂,将砂子压实仪去皮后装满砂子,用压力机加压至 72kN,称重 2.110kg,得到砂子紧密堆积密度 $\rho_S=(2.110\times1000=)2110\text{kg/m}^3$,用 4.75mm 筛子过筛,对石子称重 0kg,得到砂子含石率 $H_G=(0\div2.110=)0\%$,称取 3kg 机制砂,加水至用手可以捏出水分,装入砂子压实仪用压力机加压至 72kN,擦干压出水分,称重 3.18kg,得到砂子压力吸水率 $Y_W=((3.18-3)\div3=)6\%$。机制砂主要技术参数见表 10-2。

表 10-2　机制砂主要技术参数

紧密堆积密度/(kg/m³)	含石率/%	含水率/%	压力吸水率/%
2110	0	—	6

4. 石子主要技术参数

本次试验使用的石子为碎石,根据 5~10mm、10~20mm、20~25mm 粒径按照 1∶4∶5 比例搭配使用。将 10L 容积升去皮，装满石子晃动 15 下刮平，称重 16.00kg，得到石子堆积密度 $\rho_{G堆积}=(16.00\times100=)1600kg/m^3$，加满水后称重 19.87kg，得到石子空隙率 $P=((19.87-16.00)\div10=)38.7\%$，结合堆积密度和空隙率求得石子表观密度 $\rho_{G表观}=(1600\div(1-38.7\%)=)2610kg/m^3$，倒掉水将石子控干称重 16.355kg，求得石子吸水率 $X_W=((16.355-16.00)\div16.00=)2.2\%$。石子主要技术参数见表 10-3。

表 10-3　石子主要技术参数

堆积密度/(kg/m³)	空隙率/%	表观密度/(kg/m³)	吸水率/%
1600	38.7	2610	2.2

5. 胶凝材料标准稠度用水量

$$W_B=(287+123\times1)\times\frac{27.4}{100}=112(kg)$$

6. 外加剂掺量的确定

外加剂采用现场复配，复配比例为：减水剂母液 350kg/t，保坍剂母液 100kg/t，葡萄糖酸钠 25kg/t，水 525kg/t，外加剂推荐掺量 0.9%。称取配合比对应比例的水泥 287g、粉煤灰 123g、标准稠度用水量 112g、外加剂 3.7g(0.9%)，实际测得胶凝材料净浆流动扩展度达到 280mm，控制净浆流动扩展度为 240mm，则外加剂掺量=(0.9%×240÷280=)0.77%，这时对应的外加剂掺量就是配制对应坍落度混凝土时的合理掺量。

7. 泌水系数

$$M_W=\frac{287+123}{300}-1=0.37$$

8. 胶凝材料拌和用水量

$$W_1=\frac{2}{3}\times112+\frac{1}{3}\times112\times(1-0.37)=98(kg)$$

9. 胶凝材料浆体体积

$$V_{浆体}=\frac{287}{3080}+\frac{123}{2200}+\frac{98}{1000}=0.247(m^3)$$

10. 砂子用量及用水量

$$m_S = \frac{2110 \times 38.7\%}{1 - 0\%} = 817(kg)$$

$$W_2 = 817 \times 6\% = 49(kg)$$

11. 石子用量及用水量

$$m_G = (1 - 0.247 - 38.7\%) \times 2610 = 955(kg)$$

$$W_3 = 955 \times 2.2\% = 21(kg)$$

12. 砂子和石子总用水量

$$W_{2+3} = 49 + 21 = 70(kg)$$

13. 调整计算的配合比

C35 断级配机制砂混凝土调整计算的配合比见表 10-4。

表 10-4　C35 断级配机制砂混凝土调整计算的配合比　　（单位：kg/m³）

水泥	粉煤灰	机制砂	石子	拌和水	预湿水	外加剂
287	123	817	955	98	70	3.16

14. 试配

根据以上配合比进行试配，配制的混凝土包裹性良好、浆体不分离、石子不沉底、黏度适中、不离析、不抓地、不扒底，没有出现分层和浮浆现象，坍落度和扩展度均满足设计要求，达到预期效果，解决了现场混凝土离析、泌水、黏度过大和泵送施工困难的问题。

10.2.2　C25 断级配机制砂喷射混凝土配合比调整

1. 调整基准

原配合比中胶凝材料为：水泥用量 340kg，密度 3080kg/m³；粉煤灰用量 85kg，密度 2200kg/m³。在配合比调整的过程中，首先固定胶凝材料，只调整砂石骨料、水和外加剂，使配制的混凝土坍落度达到泵送施工的要求，本项目混凝土在泵送后要进行喷射施工，根据混凝土状态补充段级配砂子不足的部分，将工作性调整到泵送后能够顺利喷射施工的状态。

2. 胶凝材料主要技术参数

本次试验采用华新水泥重庆涪陵有限公司的 P·O 42.5 水泥、贵州名川粉煤灰有限公司的 II 级粉煤灰，胶凝材料主要技术参数见表 10-5。

表 10-5　胶凝材料主要技术参数

技术参数	水泥	粉煤灰
配合比用量/(kg/m³)	340	85
密度/(kg/m³)	3080	2200
需水量（比）	27.4%	1

3. 砂子主要技术参数

本次试验用砂子为机制砂，将砂子压实仪去皮后装满砂子，用压力机加压至 72kN，称重 2.125kg，得到砂子紧密堆积密度 $\rho_S=(2.125\times1000=)\,2125\text{kg/m}^3$，用 4.75mm 筛子过筛，对石子称重 0kg，得到砂子含石率 $H_G=(0\div2.125=)\,0\%$，称取 3kg 机制砂，加水至用手可以捏出水分，装入砂子压实仪用压力机加压至 72kN，擦干压出水分，称重 3.08kg，得到砂子压力吸水率 $Y_W=((3.08-3)\div3=)\,2.7\%$。机制砂主要技术参数见表 10-6。

表 10-6　机制砂主要技术参数

紧密堆积密度/(kg/m³)	含石率/%	含水率/%	压力吸水率/%
2125	0	—	2.7

4. 石子主要技术参数

本次试验用石子为碎石，粒径 5～10mm。将 10L 容积升去皮，装满石子晃动 15 下刮平，称重 15.45kg，得到石子堆积密度 $\rho_{G\text{堆积}}=(15.45\times100=)\,1545\text{kg/m}^3$，加满水后称重 19.25kg，得到石子空隙率 $P=((19.25-15.45)\div10=)\,38\%$，结合堆积密度和空隙率求得石子表观密度 $\rho_{G\text{表观}}=(1545\div(1-38\%)=)\,2492\text{kg/m}^3$，倒掉水将石子控干称重 15.7kg，求得石子吸水率 $X_W=((15.7-15.45)\div15.45=)\,1.6\%$。石子主要技术参数见表 10-7。

表 10-7　石子主要技术参数

堆积密度/(kg/m³)	空隙率/%	表观密度/(kg/m³)	吸水率/%
1545	38	2492	1.6

5. 胶凝材料标准稠度用水量

$$W_B = (340 + 85 \times 1) \times \frac{27.4}{100} = 116 (\text{kg})$$

6. 外加剂掺量的确定

外加剂推荐掺量为 1.0%。称取配合比对应比例的水泥 340g、粉煤灰 85g、标准稠度用水量 116g、外加剂 4.25g (1.0%)，实际测得胶凝材料净浆流动扩展度达到 200mm，控制净浆流动扩展度为 180mm，则外加剂掺量 = (1.0%×180÷200=)0.9%，这时对应的外加剂掺量就是配制对应坍落度混凝土时的合理掺量。

7. 泌水系数

$$M_W = \frac{340 + 85}{300} - 1 = 0.42$$

8. 胶凝材料拌和用水量

$$W_1 = \frac{2}{3} \times 116 + \frac{1}{3} \times 116 \times (1 - 0.42) = 100 (\text{kg})$$

9. 胶凝材料浆体体积

$$V_{浆体} = \frac{340}{3080} + \frac{85}{2200} + \frac{100}{1000} = 0.249 (\text{m}^3)$$

10. 砂子用量及用水量

$$m_S = \frac{2125 \times 38\%}{1 - 0\%} = 808 (\text{kg})$$

$$W_2 = 808 \times 2.7\% = 22 (\text{kg})$$

11. 石子用量及用水量

$$m_G = (1 - 0.249 - 38\%) \times 2492 = 925 (\text{kg})$$

$$W_3 = 925 \times 1.6\% = 15 (\text{kg})$$

12. 砂子和石子总用水量

$$W_{2+3} = 22 + 15 = 37 (\text{kg})$$

13. 调整计算的配合比

C25 断级配机制砂喷射混凝土调整计算的配合比见表 10-8。

表 10-8　C25 断级配机制砂喷射混凝土调整计算的配合比　（单位：kg/m³）

水泥	粉煤灰	机制砂	石子(5～10mm)	拌和水	预湿水	外加剂
340	85	808	925	100	37	3.8

14. 对比试验

第一盘：常规工艺。

根据以上配合比没有进行预湿骨料试配，配制的喷射混凝土表面比较粗糙、浆体不分离、石子不沉底、黏度适中、不离析、不抓地、不扒底，有石子外漏现象，没有出现分层和浮浆现象，坍落度和扩展度稍差，有损失。

第二盘：预湿骨料工艺。

根据以上配合比进行预湿骨料试配，配制的喷射混凝土表面比较粗糙、浆体不分离、石子不沉底、黏度适中、不离析、不抓地、不扒底，没有出现分层和浮浆现象，混凝土有坍落度和扩展度，但是流动性较差，且表面无亮光。经过仔细分析，产生这种现象的原因是机制砂级配不合理，其中 0.15mm 颗粒分计筛余只有 8.4%，按照合理控制值(20±5)%计算，缺少的最小量为 6.6%，为了实现混凝土拌和物工作性良好，应该加入适量的细颗粒。

第三盘：调整机制砂级配计算及其试验。

1) 调整计算基础

原配合比中胶凝材料为：水泥用量 340kg，密度 3080kg/m³；粉煤灰用量 85kg，密度 2200kg/m³。在配合比调整的过程中，固定胶凝材料，只计算砂子、石子、水和外加剂的用量，经实测，机制砂 0.15mm、0.30mm 和 0.60mm 颗粒的分计筛余分别为 8.4%、16.2%、22.8%，按每一级配分计筛余合理控制值为(20±5)%，则 0.30mm 和 0.60mm 颗粒不用调整，0.15mm 颗粒按最小值 15%进行调整。使用这种机制砂配制混凝土时，机制砂用量为 808kg，因此在配合比设计过程中可以向机制砂中加入对应粒径的组分，即 0.15mm 粒径用量为 $\Delta S_{0.15}=($(15%–8.4%)×808=)53kg，这样就可以解决机制砂级配不合理的问题。由于现场没有相对应粒径组分的砂子，在配合比设计过程中调整机制砂级配可以通过加入所需细粒径组分一半的粉煤灰(统灰)解决，需要加入粉煤灰(统灰)的量为 $\Delta F_{0.15}=($(15%–8.4%)×808÷2=)27kg，这样就可以通过在混凝土中最少加入 27kg 粉煤灰的办法解决机制砂级配不合理引起的混凝土质量问题。在本次试验中，现场直接加入 27kg 粉煤灰，粉煤灰由 85kg 调整为 112kg。

2）胶凝材料主要技术参数

本次试验采用华新水泥重庆涪陵有限公司的 P·O 42.5 水泥、贵州名川粉煤灰有限公司的 Ⅱ 级粉煤灰，胶凝材料主要技术参数见表 10-9。

表 10-9　胶凝材料主要技术参数

技术参数	水泥	粉煤灰
配合比用量/(kg/m³)	340	112
密度/(kg/m³)	3080	2200
需水量(比)	27.4%	1

3）砂子主要技术参数

本次试验用砂子为机制砂，将砂子压实仪去皮后装满砂子，用压力机加压至 72kN，称重 2.125kg，得到砂子紧密堆积密度 $\rho_S=(2.125\times1000=)2125kg/m^3$，用 4.75mm 筛子过筛，对石子称重 0kg，得到砂子含石率 $H_G=(0\div2.125=)0\%$，称取 3kg 机制砂，加水至用手可以捏出水分，装入砂子压实仪用压力机加压至 72kN，擦干压出水分，称重 3.08kg，得到砂子压力吸水率 $Y_W=((3.08-3)\div3=)2.7\%$。机制砂主要技术参数见表 10-10。

表 10-10　机制砂主要技术参数

紧密堆积密度/(kg/m³)	含石率/%	含水率/%	压力吸水率/%
2125	0	—	2.7

4）石子主要技术参数

本次试验用石子为碎石，粒径 5～10mm。将 10L 容积升去皮，装满石子晃动 15 下刮平，称重 15.45kg，得到石子堆积密度 $\rho_{G堆积}=(15.45\times100=)1545kg/m^3$，加满水后称重 19.25kg，得到石子空隙率 $P=((19.25-15.45)\div10=)38\%$，结合堆积密度和空隙率求得石子表观密度 $\rho_{G表观}=(1545\div(1-38\%)=)2492kg/m^3$，倒掉水将石子控干称重 15.7kg，求得石子吸水率 $X_W=((15.7-15.45)\div15.45=)1.6\%$。石子主要技术参数见表 10-11。

表 10-11　石子主要技术参数

堆积密度/(kg/m³)	空隙率/%	表观密度/(kg/m³)	吸水率/%
1545	38	2492	1.6

5）胶凝材料标准稠度用水量

$$W_B = (340+112\times1)\times\frac{27.4}{100} = 124(\text{kg})$$

6) 泌水系数

$$M_W = \frac{340+112}{300} - 1 = 0.51$$

7) 胶凝材料拌和用水量

$$W_1 = \frac{2}{3} \times 124 + \frac{1}{3} \times 124 \times (1-0.51) = 103(kg)$$

8) 胶凝材料浆体体积

$$V_{浆体} = \frac{340}{3080} + \frac{112}{2200} + \frac{103}{1000} = 0.264(m^3)$$

9) 砂子用量及用水量

$$m_S = \frac{2125 \times 38\%}{1-0\%} = 808(kg)$$

$$W_2 = 808 \times 2.7\% = 22(kg)$$

10) 石子用量及用水量

$$m_G = (1-0.264-0.38) \times 2492 = 887(kg)$$

$$W_3 = 887 \times 1.6\% = 14(kg)$$

11) 砂子和石子总用水量

$$W_{2+3} = 22 + 14 = 36(kg)$$

12) 调整计算的配合比

根据原材料调整计算的配合比见表 10-12。

表 10-12　根据原材料调整计算的配合比　　　　　（单位：kg/m³）

水泥	粉煤灰	机制砂	石子(5~10mm)	拌和水	预湿水	外加剂
340	112	808	887	103	36	4.3

13) 试配

根据以上配合比进行试配，配制的喷射混凝土包裹性良好、浆体不分离、石子不沉底、黏度适中、不离析、不抓地、不扒底，没有出现分层和浮浆现象，坍落度和扩展度均满足设计要求，调整达到预期效果，可以直接用于白马山隧道喷射混凝土生产。

10.2.3　C25 混凝土湿喷技术

本技术主要解决喷射混凝土施工过程中污染大、操作不规范，以及后期混凝土回弹率高等实际施工中的问题，通过使用新型无碱速凝剂、采用数字量化混凝土技术调整混凝土配合比、创新喷射混凝土施工工艺、优化细化施工操作等创新方法解决关键技术问题。本技术的创新点如下：

（1）使用无碱速凝剂。该速凝剂具有无碱、无氯盐、稳定性好、早期强度高的特点，不影响混凝土的耐久性。

（2）采用湿喷技术。缩短支护时间，加快施工进度，降低混凝土的回弹量，节省原材料。

（3）调整施工工艺。合理分段，使用可调整喷嘴，确保混凝土喷射密实，黏结良好。

（4）优化施工细节。及时调整无碱速凝剂喷射掺量，加大喷射工作面，降低喷射厚度，确保特殊部位喷射质量。

1. 技术方案和技术路线

本技术采用喷射混凝土湿喷技术，对传统喷射混凝土施工工艺进行了优化创新改进。首先确定施工技术方案，然后优化技术细节、规范操作流程，最后形成完整的技术方案。具体技术路线和施工技术方案见图 10-1 和图 10-2。

2. 技术原理

无碱速凝剂中的钡硫铝酸盐或铝酸盐和外加的水溶性铝盐、硫酸盐等化合物与硅酸三钙水化溶出的钙离子迅速化合形成大量钙矾石，促进网状结构的形成，由于钙离子不断被消耗，生成的水化硅酸钙的钙硅比较低，渗透性较好，从而水

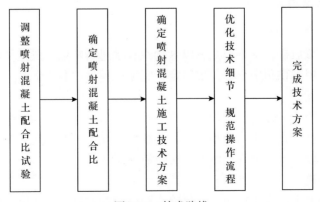

图 10-1　技术路线

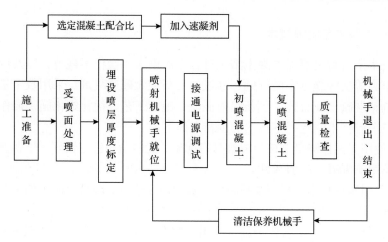

图 10-2　施工技术方案

可以不断向硅酸三钙内部扩散，硅酸三钙内部的钙离子也可以向外扩散，从而消除诱导期或延迟到凝结之后。水化硅酸钙迅速大量形成，与钙矾石骨架胶结而迅速凝结硬化。

3. 技术方法

喷射混凝土到达施工现场后，通过湿喷机高压泵送，经管道流到喷嘴处，泵送物料经过湿喷机车载混凝土泵加压送到喷嘴混流器，在喷嘴混流器处与高压空气混流形成喷射，通过调节高压空气可改善湿混物效果，从而减少粉尘的产生和材料浪费。同时在喷头混流器处加入无碱速凝剂，利用该速凝剂凝结时间快、强度高、黏结力强、碱含量低等性能，达到明显降低喷射混凝土回弹率、提高混凝土强度、加快施工进度、减少固废产生、改善喷射混凝土施工环境的目的。

4. 技术实施内容

1）喷射顺序

喷射应先墙后拱，从下至上，以 S 曲线移动进行喷射。隧道从两侧边墙底部开始喷射，喷射到拱顶中心线位置闭合，完成一环喷射混凝土的一次喷射。

2）喷射角度

喷射时，喷头应保持与受喷面垂直。喷射夹角过小将增加混凝土的回弹率，降低喷射密实度；垂直于岩面喷射时，连续的混凝土"稀薄流"对反弹物有二次嵌入作用，可以降低回弹率，增加一次喷射厚度。

3）喷射距离

由于湿喷要求的风压较大，如果喷头距受喷面太近，高压风会将刚附着在受喷面上的混凝土吹掉，使混凝土的回弹量增加，要求机械手的喷头与岩面垂直，距离在 1～2m 范围内，喷射混凝土应划分区域，分层喷射。

4）喷头移动

喷射混凝土回弹量在刚喷射时最大，当岩面喷射厚度达到 2～3cm 后，回弹量最小且稳定，先进的施工工艺和湿喷设备能有效防止喷射混凝土的滑落或流淌，若遇特殊施工情况，如渗水或超挖等，应等喷射混凝土初凝后才能进行复喷。

5. 工程应用效果

隧址所在地隶属重庆市武隆区白马山，在白马山隧道出口正洞 DK141+592.8 全断面初支喷射施工中采用了"无碱速凝剂混凝土湿喷施工技术"，减轻了施工人员的劳动强度，改善了施工现场环境，提高了施工人员的健全安全保障，提升了施工效率和进度；缩短喷锚时间，通过降低喷射料的回弹率和减少喷射料污染浪费，节约喷射料 25%左右，提升了喷射准度和均质化水平，取得了良好的社会效益和经济效益。现场施工图见图 10-3。

图 10-3　白马山隧道湿喷机进行湿喷施工

第 11 章　高速公路混凝土配合比调整与应用

11.1　项　目　概　况

苏台高速公路南浔至桐乡段及桐乡至德清联络线(二期)路线全长约 44.01km，其中南浔至桐乡段主线长 24.51km，起于湖州南浔区练市镇申嘉湖高速公路与练杭高速公路交叉的练市枢纽，顺接苏台高速公路南浔至桐乡段工程(一期)终点，路线经湖州市南浔区练市镇，嘉兴桐乡市乌镇镇、石门镇、梧桐街道、凤鸣街道、崇福镇，终于高桥街道，路线终点顺接钱江通道北接线起点的骑塘枢纽，与沪杭高速公路相接。桐乡至德清联络线长 19.50km，起点位于桐乡市凤鸣街道蔡家门村，设凤鸣枢纽与主线相接，路线经桐乡市崇福镇、洲泉镇，终于德清县禹越镇，路线终点顺接 G25 德清至 G60 桐乡高速联络线湖州段工程终点的新市枢纽，与练杭高速公路相接。

苏台高速公路南浔至桐乡段及桐乡至德清联络线(二期)起讫桩号为主线 K24+597.839～K34+207.339、联络线 LK0+000～LK0+741 段，路线长度 10.351km；主要工程内容为：路基、路面、桥梁、涵洞、安全设施及预埋管线(仅含预埋管线，不含安全设施等)、道路沿线绿化(不含房建绿化和环境保护设施)及相关临时工程等的施工完成，缺陷责任期缺陷修复及保修期保修；主要结构物：同福高架 2 号桥(全长 1362.5m，最大跨径 110m，110m 跨采用双层钢箱组合梁)、同福高架 3 号桥(全长 1712.5m，最大跨径 55m)、凤鸣枢纽(含凤鸣枢纽主线桥，全长 1875m，最大跨径 85m，85m 跨采用钢混组合梁)、同福高架 4 号桥(全长 980m，最大跨径 50m)、崇福互通(含崇福互通主线桥，全长 1230m，最大跨径 30m)、沙渚塘特大桥(全长 1874.5m，最大跨径 60m)、骑塘枢纽(含骑塘枢纽主线桥 1 号桥，不含涉铁及先行段)(主线桥 1 号桥全长 385m，最大跨径 30m)。

桐乡市乌镇至崇福公路(三环西路)起讫桩号为主线 K5+347.159～K12+740 段，路线长度 7.393km；主要工程内容为：路基、桥梁、涵洞、安全设施及预埋管线(仅含预埋管线，不含安全设施等)及相关临时工程等的施工完成，缺陷责任期缺陷修复及保修期保修；主要结构物：跨长山河大桥(全长 588.24m，最大跨径 110m，上部结构采用钢箱组合梁和小箱梁，110m 跨为双层钢箱组合梁，上跨通航中的杭平申线航道)、北沙渚塘大桥(全长 188.24，最大跨径 30m，上部结构均采用小箱梁)等。

11.2 配合比调整

11.2.1 C30 混凝土配合比调整设计

1. 调整基准

原配合比中胶凝材料为：水泥用量 200kg，密度 3080kg/m³；矿渣粉用量 75kg，密度 2910kg/m³；粉煤灰用量 100kg，密度 2200kg/m³。在配合比调整的过程中，固定胶凝材料，只计算机制砂、碎石、水和外加剂用量，使配制的混凝土坍落度达到现场施工设计要求。

2. 胶凝材料主要技术参数

胶凝材料主要技术参数见表 11-1。

表 11-1　胶凝材料主要技术参数

技术参数	水泥	矿渣粉	粉煤灰
配合比用量/(kg/m³)	200	75	100
密度/(kg/m³)	3080	2910	2200
需水量(比)	28%	1	0.97

3. 砂子主要技术参数

本次试验用砂子为机制砂，将砂子压实仪去皮后装满砂子，用压力机加压至 72kN，称重 2.010kg，得到砂子紧密堆积密度 ρ_S=(2.010×1000=)2010kg/m³，用 4.75mm 筛子过筛，对石子称重 0kg，得到砂子含石率 H_G=(0÷2.110=)0%，称取 3kg 机制砂，加水至用手可以捏出水分，装入砂子压实仪用压力机加压至 72kN，擦干压出水分，称重 3.17kg，得到砂子压力吸水率 Y_W=((3.17−3)÷3=)5.7%。机制砂主要技术参数见表 11-2。

表 11-2　机制砂主要技术参数

紧密堆积密度/(kg/m³)	含石率/%	含水率/%	压力吸水率/%
2010	0	—	5.7

4. 石子主要技术参数

本次试验用石子为碎石，粒径 5～25mm。将 10L 容积升去皮，装满石子晃动 15 下刮平，称重 13.57kg，得到石子堆积密度 $\rho_{G堆积}$=(13.57×100=)1357kg/m³，加满水后称重 17.795kg，得到石子空隙率 $P=((17.795-13.57)\div10=)42.25\%$，结合堆积密度和空隙率求得石子表观密度 $\rho_{G表观}=(1357\div(1-42.25\%)=)2350kg/m^3$，倒掉水将石子控干称重 13.957kg，求得石子吸水率 $X_W=((13.957-13.57)\div13.57=)2.85\%$。石子主要技术参数见表 11-3。

表 11-3　石子主要技术参数

堆积密度/(kg/m^3)	空隙率/%	表观密度/(kg/m^3)	吸水率/%
1357	42.25	2350	2.85

5. 胶凝材料标准稠度用水量

$$W_B = (200 + 75 \times 1 + 100 \times 0.97) \times \frac{28}{100} = 104(kg)$$

6. 泌水系数

$$M_W = \frac{200 + 75 + 100}{300} - 1 = 0.25$$

7. 胶凝材料拌和用水量

$$W_1 = \frac{2}{3} \times 104 + \frac{1}{3} \times 104 \times (1 - 0.25) = 95(kg)$$

8. 胶凝材料浆体体积

$$V_{浆体} = \frac{200}{3080} + \frac{75}{2910} + \frac{100}{2200} + \frac{95}{1000} = 0.231(m^3)$$

9. 砂子用量及用水量

$$m_S = \frac{2010 \times 42.25\%}{1 - 0\%} = 849(kg)$$

$$W_2 = 849 \times 5.7\% = 48(kg)$$

10. 石子用量及用水量

$$m_G = (1 - 0.231 - 0.4225) \times 2350 = 814(kg)$$

$$W_3 = 814 \times 2.85\% = 23(kg)$$

11. 砂子和石子总用水量

$$W_{2+3} = 48 + 23 = 71(\text{kg})$$

12. 调整计算的配合比

C30 混凝土调整计算的配合比见表 11-4。

表 11-4　C30 混凝土调整计算的配合比　　（单位：kg/m³）

水泥	矿渣粉	粉煤灰	机制砂	石子	拌和水	预湿水	外加剂
200	75	100	849	814	95	71	7.5

13. 试配

根据以上配合比进行试配，配制的混凝土包裹性良好、浆体不分离、石子不沉底、黏度适中、不离析、不抓地、不扒底，没有出现分层和浮浆现象，混凝土有坍落度和扩展度，但是流动性较差，且表面无亮光。经过仔细分析，产生这种现象的原因是黑色机制砂级配不合理，其中 0.30mm 颗粒分计筛余只有 9%，按照合理控制值(20±5)%计算，缺少的最小量为 6%，为了实现混凝土拌和物工作性良好，应该加入适量的细颗粒。

11.2.2　C30 断级配机制砂混凝土配合比调整设计

1. 调整计算基础

原配合比中胶凝材料为：水泥用量 200kg，密度 3080kg/m³；矿渣粉用量 75kg，密度 2910kg/m³；粉煤灰用量 100kg，密度 2200kg/m³。在配合比调整的过程中，固定胶凝材料，只计算机制砂、石子、水和外加剂的用量，经实测，机制砂 0.15mm、0.30mm、0.60mm 颗粒的分计筛余分别为 18.8%、9%、16.6%，按照合理控制(20±5)%，0.15mm 和 0.60mm 机制砂不用调整，0.30mm 颗粒按最小值 15%进行调整。由于使用这种机制砂配制混凝土时，机制砂用量为 849kg，在配合比设计过程中可以向机制砂中加入对应粒径的组分，即 0.30mm 粒径用量为 $\Delta S_{0.30}$=((15%–9%)×849=)51kg，这样就可以解决机制砂级配不合理的问题。由于现场没有相对应粒径组分的砂子，在配合比设计过程中调整机制砂级配可以通过加入所需细粒径组分一半的粉煤灰(统灰)解决，需要加入粉煤灰(统灰)的量为 $\Delta F_{0.30}$=((15%–9%)×849÷2=)26kg，这样就可以通过在混凝土中最少加入 26kg 粉煤灰(统灰)解决机制砂级配不合理引起的混凝土质量问题。在本次试验中，为达到良好的工作性，现场直接加入 26kg 粉煤灰，粉煤灰由 100kg 调整为 126kg。

2. 胶凝材料主要技术参数

胶凝材料主要技术参数见表 11-5。

表 11-5　胶凝材料主要技术参数

技术参数	水泥	矿渣粉	粉煤灰
配合比用量/(kg/m³)	200	75	126
密度/(kg/m³)	3080	2910	2200
需水量(比)	28%	1	0.97

3. 砂子主要技术参数

本次试验用砂子为机制砂，将砂子压实仪去皮后装满砂子，用压力机加压至 72kN，称重 2.010kg，得到砂子紧密堆积密度 ρ_S=(2.010×1000=)2010kg/m³，用 4.75mm 筛子过筛，对石子称重 0kg，得到砂子含石率 H_G=(0÷2.110=)0%，称取 3kg 机制砂，加水至用手可以捏出水分，装入砂子压实仪用压力机加压至 72kN，擦干压出水分，称重 3.17kg，得到砂子压力吸水率 Y_W=((3.17–3)÷3=)5.7%。机制砂主要技术参数见表 11-6。

表 11-6　机制砂主要技术参数

紧密堆积密度/(kg/m³)	含石率/%	含水率/%	压力吸水率/%
2010	0	—	5.7

4. 石子主要技术参数

本次试验用石子为碎石，粒径 5～25mm。将 10L 容积升去皮，装满石子晃动 15 下刮平，称重 13.57kg，得到石子堆积密度 $\rho_{G堆积}$=(13.57×100=)1357kg/m³，加满水后称重 17.795kg，得到石子空隙率 P=((17.795–13.57)÷10=)42.25%，结合堆积密度和空隙率求得石子表观密度 $\rho_{G表观}$=(1357÷(1–42.25%)=)2350kg/m³，倒掉水将石子控干称重 13.957kg，求得石子吸水率 X_W=((13.957–13.57)÷13.57=)2.85%。石子主要技术参数见表 11-7。

表 11-7　石子主要技术参数

堆积密度/(kg/m³)	空隙率/%	表观密度/(kg/m³)	吸水率/%
1357	42.25	2350	2.85

5. 胶凝材料标准稠度用水量

$$W_{\mathrm{B}} = (200 + 75 \times 1 + 126 \times 0.97) \times \frac{28}{100} = 111(\mathrm{kg})$$

6. 泌水系数

$$M_{\mathrm{W}} = \frac{200 + 75 + 126}{300} - 1 = 0.34$$

7. 胶凝材料拌和用水量

$$W_1 = \frac{2}{3} \times 111 + \frac{1}{3} \times 111 \times (1 - 0.34) = 98(\mathrm{kg})$$

8. 胶凝材料浆体体积

$$V_{\text{浆体}} = \frac{200}{3080} + \frac{75}{2910} + \frac{126}{2200} + \frac{98}{1000} = 0.246(\mathrm{m}^3)$$

9. 砂子用量及用水量

$$m_{\mathrm{S}} = \frac{2010 \times 42.25\%}{1 - 0\%} = 849(\mathrm{kg})$$

$$W_2 = 849 \times 5.7\% = 48(\mathrm{kg})$$

10. 石子用量及用水量

$$m_{\mathrm{G}} = (1 - 0.246 - 0.4225) \times 2350 = 779(\mathrm{kg})$$

$$W_3 = 779 \times 2.85\% = 22(\mathrm{kg})$$

11. 砂子和石子总用水量

$$W_{2+3} = 48 + 22 = 70(\mathrm{kg})$$

12. 调整计算的配合比

C30 断级配机制砂混凝土调整计算的配合比见表 11-8。

表 11-8 C30 断级配机制砂混凝土调整计算的配合比 （单位：kg/m³）

水泥	矿渣粉	粉煤灰	机制砂	石子	拌和水	预湿水	外加剂
200	75	126	849	779	98	70	11.9

13. 试配

根据以上配合比进行试配，配制的混凝土包裹性良好、浆体不分离、石子不沉底、黏度适中、不离析、不抓地、不扒底，没有出现分层和浮浆现象，坍落度和扩展度均满足设计要求，调整达到预期效果。

11.2.3　C50 混凝土配合比调整设计

1. 调整基准

原配合比中胶凝材料为：水泥用量 279kg，密度 3100kg/m³；矿渣粉用量 56kg，密度 2910kg/m³；粉煤灰用量 110kg，密度 2150kg/m³。由于胶凝材料用量超过 450kg，粉体量足够，在配合比调整过程中固定胶凝材料，只调整计算机制砂、碎石、水和外加剂的用量，使配制的混凝土坍落度达到现场施工设计要求。

2. 胶凝材料主要技术参数

胶凝材料主要技术参数见表 11-9。

表 11-9　胶凝材料主要技术参数

技术参数	水泥	矿渣粉	粉煤灰
配合比用量/(kg/m³)	279	56	110
密度/(kg/m³)	3100	2910	2150
需水量（比）	27.6%	0.99	0.9

3. 砂子主要技术参数

本次试验用砂子为机制砂，将砂子压实仪去皮后装满砂子，用压力机加压至 72kN，称重 2.010kg，得到砂子紧密堆积密度 $\rho_S=(2.010\times1000=)\,2010$kg/m³，用 4.75mm 筛子过筛，对石子称重 0kg，得到砂子含石率 $H_G=(0\div2.110=)\,0\%$，称取 3kg 机制砂，加水至用手可以捏出水分，装入砂子压实仪用压力机加压至 72kN，擦干压出水分，称重 3.17kg，测得砂子压力吸水率 $Y_W=((3.17\text{–}3)\div3=)\,5.7\%$。机制砂主要技术参数见表 11-10。

表 11-10　机制砂主要技术参数

紧密堆积密度/(kg/m³)	含石率/%	含水率/%	压力吸水率/%
2010	0	—	5.7

4. 石子主要技术参数

本次试验用石子为碎石，粒径 5～25mm。将 10L 容积升去皮，装满石子晃动 15 下刮平，称重 13.57kg，得到石子堆积密度 $\rho_{G堆积}=(13.57×100=)1357kg/m^3$，加满水后称重 17.795kg，得到石子的空隙率 $P=((17.795-13.57)÷10=)42.25\%$，结合堆积密度和空隙率求得石子表观密度 $\rho_{G表观}=(1357÷(1-42.25\%)=)2350kg/m^3$，倒掉水将石子控干称重 13.957kg，求得石子吸水率 $X_W=((13.957-13.57)÷13.57=)2.85\%$。石子主要技术参数见表 11-11。

表 11-11　石子主要技术参数

堆积密度/(kg/m³)	空隙率/%	表观密度/(kg/m³)	吸水率/%
1357	42.25	2350	2.85

5. 胶凝材料标准稠度用水量

$$W_B = (279 + 56 × 0.99 + 110 × 0.9) × \frac{27.6}{100} = 120(kg)$$

6. 泌水系数

$$M_W = \frac{279 + 56 + 110}{300} - 1 = 0.48$$

7. 胶凝材料拌和用水量

$$W_1 = \frac{2}{3} × 120 + \frac{1}{3} × 120 × (1 - 0.48) = 101(kg)$$

8. 胶凝材料浆体体积

$$V_{浆体} = \frac{279}{3100} + \frac{56}{2910} + \frac{110}{2150} + \frac{101}{1000} = 0.261(m^3)$$

9. 砂子用量及用水量

$$m_S = \frac{2010 × 42.25\%}{1 - 0\%} = 849(kg)$$

$$W_2 = 849 × 5.7\% = 48(kg)$$

10. 石子用量及用水量

$$m_G = (1 - 0.261 - 42.25\%) × 2350 = 744(kg)$$

$$W_3 = 744 \times 2.85\% = 21(\text{kg})$$

11. 砂子和石子总用水量

$$W_{2+3} = 48 + 21 = 69(\text{kg})$$

12. 调整计算的配合比

C50 混凝土调整计算的配合比见表 11-12。

表 11-12　C50 混凝土调整计算的配合比　　　　（单位：kg/m³）

水泥	矿渣粉	粉煤灰	机制砂	石子	拌和水	预湿水	外加剂
279	56	110	849	744	101	69	15.58

13. 试配

根据以上配合比进行试配，配制的混凝土包裹性良好、浆体不分离、石子不沉底、黏度适中、不离析、不抓地、不扒底，没有出现分层和浮浆现象，坍落度和扩展度均满足设计要求，调整达到预期效果。

11.3　工 程 应 用

在苏台高速公路南浔至桐乡段及桐乡至德清联络线(二期)路线的施工过程中，由于砂子级配不合理，配制的混凝土和易性不好。通过检测砂子的分级筛余，将砂子中缺少的粒径用对应的粉煤灰补充，配制出满足施工要求的混凝土。经检测，应用于苏台高速公路的混凝土质量达到要求。

第 12 章　超长保坍混凝土在公路工程中的应用

12.1　项 目 概 况

安罗高速公路起于内黄县田氏镇李屯村北，接河北省规划清苑至魏县高速公路，路线向南进入安阳县境内；经北郭乡东，于邓庄村上跨 G341 设置北郭互通；路线继续向南，在辛村镇的孙高利村东南跨越南林高速设辛村枢纽，同时设置安阳河大桥跨越安阳河；然后在辛村镇以东的仁村东侧与 S502 交叉，设辛村互通；于高堤乡南跨越 S302，设置内黄西开放式服务区。本标段起讫桩号为 K0+000～K30+000，标段全长 30km，主要工程内容为：填方约 742 万 m^3，挖方约 24 万 m^3，特大桥 1 座（卫河特大桥），桥梁全长约 1187.5m，大桥 3 座（安阳河大桥、广润坡退洪大桥、汤永河大桥），桥梁全长约 1716.5m，中桥约 340.48m/6 座，互通式立交约 546.5m/1 座，分离立交约 1625.04m/20 座，涵洞约 1303.2m/30 座，通道约 1874.5m/48 座，一般互通 2 座，枢纽互通 1 座，服务区 1 座。主要技术标准：公路等级——本标段全线采用双向六车道高速公路技术标准，项目区地震动峰值加速度为 0.15g；正线数目——双线；设计速度——120km/h；工期 3 年，2021 年 9 月 18 日开工，计划竣工日期为 2024 年 9 月 18 日。项目施工过程中发现混凝土运输距离远导致的混凝土坍落度损失和拌和物工作性不可控等施工问题，采用多组分混凝土理论调整混凝土配合比解决混凝土拌和物工作性问题，采用调整混凝土外加剂配方解决坍落度损失问题。

12.2　安罗高速公路混凝土外加剂配制技术路线

目前混凝土外加剂行业在复配过程中最大的误区是把缓凝成分葡萄糖酸钠当成保坍成分使用，导致配制出来的外加剂在使用过程中引起混凝土严重的离析、泌浆和扒底现象，静置几分钟出现板结现象，到了现场严重影响泵送施工。为了满足安罗高速公路施工过程中对混凝土远距离运输坍落度损失及工作性可控的要求，根据现场实际情况，针对混凝土需要的性能，选择合适的减水剂母液、保坍剂母液、高保坍剂母液以及缓凝成分复配混凝土外加剂。在复配过程中充分利用各种原材料的性能，让减水剂母液充分发挥减水功能，实现混凝土合适的流动性；保坍剂母液充分发挥 2～4h 内的保坍作用，实现混凝土在正常条件下的施工性能；高保坍剂母液发挥缓释和后释放优势，满足混凝土在超过 4h 所需要的工作性能，实现超长保坍；葡萄糖酸钠调整混凝土在出现坍落度损失后 1～2h 内开始初凝，严格控制葡萄糖酸钠在外加剂中的用量。

12.3　混凝土配合比调整设计

根据施工现场使用的配合比，采用多组分混凝土理论，固定胶凝材料调整混凝土配合比。C40、C50 和 C60 混凝土胶凝材料配合比用量见表 12-1。

表 12-1　C40、C50 和 C60 混凝土胶凝材料配合比用量（单位：kg/m³）

强度等级	水泥	粉煤灰
C40	314	79
C50	344	61
C60	375	50

1. 胶凝材料主要技术参数

1）水泥

本次试验采用河北省邯郸市金隅太行水泥有限责任公司生产的 P·O 42.5 级普通硅酸盐水泥，水泥主要技术指标见表 12-2。

表 12-2　水泥主要技术指标

细度/%	标准稠度用水量/%	密度/(kg/m³)	安定性	凝结时间/min		抗压强度/MPa		抗折强度/MPa	
				初凝	终凝	3d	28d	3d	28d
2.0	28	3120	合格	175	289	23.6	47.7	5.3	8.8

2）粉煤灰

本次试验采用大唐安阳发电有限责任公司厂生产的 I 级粉煤灰，粉煤灰主要技术指标见表 12-3。

表 12-3　粉煤灰主要技术指标

细度/%	需水量比	含水率/%	烧失量/%	活性指数/%	密度/(kg/m³)	SO₃含量/%
10	0.94	0.3	1.6	90	2330	2.3

2. 河砂主要技术参数

本次试验采用经过水洗的内黄天然河砂，细度模数为 2.7，含泥量为 1%。河砂的主要技术参数见表 12-4。

表 12-4　河砂的主要技术参数

紧密堆积密度/(kg/m³)	含石率/%	含水率/%	压力吸水率/%
1820	1.6	6.6	—

3. 碎石主要技术参数

本次试验采用安阳本地产碎石，有 5～10mm、10～20mm 和 20～30mm 三种规格，根据实际使用情况，将 5～10mm、10～20mm 和 20～30mm 的碎石按照 20%、60% 和 20% 进行混合检测。碎石的主要技术参数见表 12-5。

表 12-5　碎石的主要技术参数

堆积密度/(kg/m³)	空隙率/%	表观密度/(kg/m³)	吸水率/%
1560	41.7	2676	2.0

12.4　C40 混凝土配合比调整设计

1. 胶凝材料的主要技术参数

C40 胶凝材料的主要技术参数见表 12-6。

表 12-6　C40 胶凝材料的主要技术参数

技术参数	水泥	粉煤灰
配合比用量/(kg/m³)	314	79
密度/(kg/m³)	3120	2330
需水量（比）	28%	0.94

2. 胶凝材料标准稠度用水量

$$W_B = (314 + 79 \times 0.94) \times \frac{28}{100} = 109 (\text{kg})$$

3. 泌水系数

$$M_W = \frac{314 + 79}{300} - 1 = 0.31$$

4. 胶凝材料拌和用水量

$$W_1 = \frac{2}{3} \times 109 + \frac{1}{3} \times 109 \times (1 - 0.31) = 98 (\text{kg})$$

5. 胶凝材料浆体体积

$$V_{浆体} = \frac{314}{3120} + \frac{79}{2330} + \frac{98}{1000} = 0.233(m^3)$$

6. 河砂用量及用水量

1)河砂用量

$$m_S = \frac{1820 \times 41.7\%}{1 - 1.6\%} = 771(kg)$$

2)河砂用水量

$$W_2 = 771 \times (7.7\% - 6.6\%) = 8(kg)$$

计算得出河砂的用量为771kg，河砂的用水量为8kg。在混凝土试配过程中采用预湿骨料工艺，河砂的用水量称为预湿水。

7. 碎石用量及用水量

1)碎石用量

$$m_G = (1 - 0.233 - 0.417) \times 2676 - 771 \times 1.6\% = 924(kg)$$

2)碎石用水量

$$W_3 = 924 \times 2\% = 18(kg)$$

计算得出碎石的用量为924kg，碎石的用水量为18kg。在混凝土试配过程中采用预湿骨料工艺，碎石的用水量称为预湿水。5~10mm碎石20%的用量为185kg，10~20mm碎石60%的用量为554kg，20~30mm碎石20%的用量为185kg。

8. 混凝土理论配合比

根据以上计算方法，得出调整后的C40混凝土配合比，按照C40混凝土配合比的计算方式，得出C50和C60混凝土的配合比。混凝土理论配合比见表12-7。

表 12-7 混凝土理论配合比   (单位：kg/m³)

强度等级	水泥	粉煤灰	河砂	5~10mm 碎石	10~20mm 碎石	20~30mm 碎石	拌和水	预湿水
C40	314	79	771	185	554	185	98	8+18
C50	344	61	771	183	550	183	99	8+18
C60	375	50	771	179	538	179	102	8+18

9. 外加剂复配

根据安罗高速公路项目施工过程中对混凝土的不同需求，选用红墙减水剂母液、保坍剂母液、高保坍剂母液、葡萄糖酸钠四种组分进行外加剂复配。外加剂复配的依据是混凝土的流动性通过外加剂中减水剂母液的用量控制；混凝土坍落度损失由保坍剂母液和高保坍剂母液的用量控制；混凝土的凝结时间通过葡萄糖酸钠的用量控制，葡萄糖酸钠的用量根据当地的气温随时调整。通过对减水剂母液、保坍剂母液、高保坍剂母液和葡萄糖酸钠的配方进行优化，将施工情况分为常规项目(环境温度<30℃，运输距离<15km，控制混凝土 3h 内坍落度无损失)、夏季高温施工项目(环境温度>30℃，运输距离 15～30km，控制混凝土 5h 内坍落度无损失)和长距离运输及高温施工项目(环境温度>30℃，运输距离 30～60km，控制混凝土 7h 内坍落度无损失)，针对不同的项目配制了三种不同需求的外加剂，复配配方分别见表 12-8～表 12-10。

表 12-8　常规项目外加剂复配配方

掺量/%	减水剂母液/(kg/t)	保坍剂母液/(kg/t)	葡萄糖酸钠/(kg/t)	水/(kg/t)
1	360	160	40	440

表 12-9　夏季高温施工项目外加剂复配配方

掺量/%	减水剂母液/(kg/t)	保坍剂母液/(kg/t)	高保坍剂母液/(kg/t)	葡萄糖酸钠/(kg/t)	水/(kg/t)
1	360	100	100	40	400

表 12-10　长距离运输及高温施工项目外加剂复配配方

掺量/%	减水剂母液/(kg/t)	保坍剂母液/(kg/t)	高保坍剂母液/(kg/t)	葡萄糖酸钠/(kg/t)	水/(kg/t)
1	400	200	100	40	260

12.5　外加剂检验及混凝土试配

12.5.1　外加剂检验

由于混凝土拌和物坍落度控制在(240±10)mm，使用外加剂推荐掺量 1%进行胶凝材料净浆试验，净浆流动扩展度达到 240mm，符合控制范围，确定外加剂掺量为 1%。

12.5.2　混凝土试配

确定外加剂掺量为 1%后，以多组分混凝土理论固定胶凝材料调整后的混凝土理论配合比进行混凝土拌和物工作性及保坍检验。混凝土理论配合比见表 12-11。

表 12-11　混凝土理论配合比　　　　　　（单位：kg/m³）

强度等级	水泥	粉煤灰	河砂	5～10mm 碎石	10～20mm 碎石	20～30mm 碎石	拌和水	预湿水	外加剂
C40	314	79	771	185	554	185	98	8+18	3.9
C50	344	61	771	183	550	183	99	8+18	4.1
C60	375	50	771	179	538	179	102	8+18	4.3

用以上混凝土理论配合比，外加剂掺量为 1%进行试配检测试验，配制的混凝土出机后包裹性良好、拌和物表面有光泽，没有出现分层和浮浆现象。混凝土拌和物坍落度经时损失检测数据见表 12-12。

表 12-12　混凝土拌和物坍落度经时损失检测数据　　　　（单位：mm）

项目	坍落度		
常规项目	初始	1.5h	3h
	240	240	220
	250	240	230
	240	240	220
夏季高温施工项目	初始	2.5h	5h
	250	240	220
	240	230	220
	240	230	220
长距离运输及高温施工项目	初始	3.5h	7h
	240	240	220
	250	250	230
	250	250	230

从表 12-12 可以看出，常规项目、夏季高温施工项目和长距离运输及高温施工项目三种不同需求的外加剂保坍试验均达到预期效果。常规项目外加剂能有效控制混凝土在 3h 后还有 220～230mm 的坍落度，经时损失小，工作性良好，葡萄糖酸钠有效控制混凝土拌和物在出机后 4～5h 初凝，6～8h 终凝。夏季高温施工项目外加剂能有效控制混凝土在 5h 后还有 220mm 的坍落度，经时损失小，工作性良好，解决了夏季高温导致的混凝土坍落损失问题，葡萄糖酸钠有效控制混凝土拌和物在出机后 6～7h 初凝，8～9h 终凝。长距离运输及高温施工项目外加剂能有效控制混凝土在 7h 后还有 220～230mm 的坍落度，经时损失小，工作性良好，实现了超长保坍，解决了混凝土远距离运输问题，葡萄糖酸钠有效控制混凝土拌和物在出机后 8～9h 初凝，10～12h 终凝。

12.6 生产过程控制

12.6.1 原材料控制

1. 胶凝材料检验

实验室协同材料部门做好原材料的检验工作，确保各种原材料的质量。对进场的水泥、粉煤灰进行车车抽样检测，不合格品坚决不予进场。

2. 外加剂检验

为确保混凝土坍落度可控，对进场的外加剂进行车车抽样检测，保坍时间不符合的不合格品坚决不予进场。

3. 砂石质量控制

为保证混凝土达到较好的效果，搅拌站生产上料时，必须对砂石有所选择。砂石含泥量、泥块含量、含石率、含水率对混凝土质量均有影响。生产时应选择含泥量、含石率较小的砂子，石子级配应合理，且砂石含水率波动不宜过大。

4. 生产质量控制

搅拌站必须在供应混凝土前一天对搅拌设备进行全面检查和计量校秤、维修工作，确保配合比准确，保证混凝土正常生产。

5. 施工过程控制

为确保混凝土质量，除对混凝土质量进行严格控制外，施工过程控制也十分重要。对混凝土施工提出以下建议：

(1)混凝土到达施工现场后，严禁向混凝土搅拌车内加水。

(2)在不同项目施工中，选择适宜的外加剂配方，规定保坍时间内保证混凝土正常浇筑。

12.6.2 工程应用

在试验成功的基础上，利用以上配方复配了满足不同需求的外加剂用于安罗高速公路基础、墩柱、箱梁和辅助工程混凝土的施工，施工过程中混凝土拌和物工作性良好，坍落度损失控制精确，拆模后混凝土密实性良好、外观光洁无缺陷、色泽一致、回弹强度高。经检测综合评定，外加剂以及混凝土的各项指标均达到了铁路设计要求。

12.6.3　结论

　　本项目根据混凝土需要的性能选择合适的减水剂母液、保坍剂母液、高保坍剂母液以及缓凝成分复配出满足安罗高速公路不同项目施工所需的混凝土外加剂，经过多次试验，外加剂性能满足铁路设计要求，并成功应用于安罗高速公路项目混凝土工程，取得良好效果。

第13章 矿山固废在混凝土中的应用

13.1 矿山固废的来源

矿山固废是指矿山开采过程中所产生的废石及矿石经选冶生产后所产生的尾矿、废石和石屑。目前在国内存放量最大的有煤矸石、铁尾矿废石、石灰石尾矿废石和石灰石尾矿石屑(俗称石粉)。由于受到技术水平和运输条件的限制，这些矿山废料大多数以回填和露天堆放的形式存在，占用大量的耕地和农田，严重污染人类的生存环境。

填埋处置尾矿会引起地下水的污染，露天堆放会占用耕地，大风天会引起扬尘，破坏人们的生活环境。随着国家建设规模的扩大，对混凝土需求逐年增加，2021 年我国混凝土的生产量达到了 32.8 亿 m^3，砂石骨料用量达到 65.8 亿 t，而可用于混凝土的砂石骨料资源却越来越少。用矿山固废生产砂石骨料用于混凝土配料，可以大量节约砂石骨料自然资源，实现矿山固废再生利用，改善人们的生活环境，提高企业的经济效益。

13.2 矿山固废再生骨料的利用

为了充分利用大宗矿山固废，通过对铁尾矿废石、石灰石尾矿石屑和煤矸石矿山固废除泥、机械破碎、筛分和整形，加工成符合混凝土用砂石技术要求的再生粗骨料和再生细骨料，用于混凝土的试配和生产。

13.2.1 铁尾矿再生骨料

1. 铁尾矿再生骨料的生产

铁尾矿再生骨料是将铁尾矿废石经过除泥、机械破碎、筛分和整形后制得的混凝土用骨料，粒径小于 4.75mm 的颗粒称为铁尾砂，粒径大于 4.75mm 的颗粒称为铁尾矿碎石。

2. 铁尾矿再生骨料的性能特点

铁尾矿是含铁量较低的铁矿石，制作的再生骨料成分比较单一，性能相对稳定，内部结构致密，吸水率小，表观密度大，可以与天然砂、机制砂以及碎石一样广泛应用于各种类型混凝土的生产。

3. 铁尾矿再生骨料应用注意事项

铁矿开采利用过程中的废石主要由剥离岩层而得，大多数是尺寸较大的岩石，制得的再生骨料包括铁尾砂和铁尾矿碎石。由于制砂过程中用水淘洗，铁尾砂普遍缺少细颗粒，在利用过程中，必须检测铁尾砂的颗粒级配和分计筛余，以确定是否需要补充对应粒径的颗粒；由于铁尾砂的密度远远高于天然砂，在使用相同石子的情况下必须提高单方混凝土中细骨料的用量。制作碎石的过程中经过淘洗和整形，铁尾矿碎石与普通碎石相比，吸水率小；由于铁尾矿碎石的密度比普通碎石偏大，单方混凝土中铁尾矿碎石用量增加。

13.2.2　石灰石尾矿再生骨料

1. 石灰石尾矿再生骨料的生产

石灰石尾矿再生骨料是将石灰石尾矿废石和石屑经过除泥、机械破碎、筛分和整形后制得的混凝土用骨料，粒径小于 4.75mm 的颗粒称为石灰石尾砂，粒径大于 4.75mm 的颗粒称为石灰石尾矿碎石。

2. 石灰石尾矿再生骨料的性能特点

石灰石尾矿的主要成分是碳酸钙，制作的再生骨料成分比较单一，物理性能相对稳定，内部结构致密，吸水率小，表观密度大，可以与天然砂、机制砂以及碎石一样广泛应用于各种类型混凝土的生产。

3. 石灰石尾矿再生细骨料应用注意事项

石灰石矿开采利用过程中尺寸较大的岩石已经被利用，可用于生产再生骨料的石灰石尾矿主要是石屑(俗称石粉)，石屑的颗粒级配存在两头大、中间小的特点。在石屑的利用过程中，必须检测其颗粒级配和分计筛余，以确定是否需要补充对应粒径的颗粒；由于石屑中细粉含量普遍偏高，吸水率偏大，必须检测石屑的压力吸水率，以确定石屑的最佳用水量；由于石屑的密度远远高于天然砂，在使用相同石子的情况下必须提高单方混凝土中细骨料的用量。

13.2.3　煤矸石再生骨料

1. 煤矸石再生骨料的生产

煤矸石再生骨料是将煤矸石经过除土、机械破碎、筛分和整形后制得的混凝土用骨料，粒径小于 4.75mm 的颗粒称为矸石砂，粒径大于 4.75mm 的颗粒称为矸石粗骨料。

2. 煤矸石再生骨料的性能特点

煤矸石是含煤量较低的矿石，制作的再生骨料成分比较复杂，性能相对复杂，内部结构不一致，吸水率不稳定，表观密度差异大，在使用前必须确定使用的部位对混凝土性能的要求，检测煤矸石再生骨料配制的混凝土的体积稳定性。

3. 煤矸石再生骨料应用注意事项

煤炭开采利用过程中的煤矸石主要由煤矿岩层而得，大多数是尺寸较大的岩石，制得的再生骨料包括矸石砂和矸石粗骨料。由于煤矸石大多为层片状结构，制砂过程中经过水淘洗，矸石砂普遍缺少细颗粒。在矸石砂的利用过程中，必须检测其颗粒级配和分计筛余，以确定是否需要补充对应粒径的颗粒；由于煤矸石的密度波动较大，矸石砂的密度变化也非常大，在使用相同石子的情况下必须调整单方混凝土中细骨料的用量。由于矸石粗骨料大多为层片状结构，存在一定的孔隙，与普通碎石相比，吸水率普遍较高。

13.3　生 产 应 用

13.3.1　C30 石屑混凝土配合比调整设计

1. 胶凝材料主要技术参数

1）水泥

水泥的主要技术指标见表 13-1。

表 13-1　水泥的主要技术指标

标准稠度用水量/%	表观密度/(kg/m³)	比表面积/(m²/g)	28d 胶砂强度/MPa	配合比用量/(kg/m³)
27.2	3039	350	50.3	230

2）矿渣粉

矿渣粉的主要技术指标见表 13-2。

表 13-2　矿渣粉的主要技术指标

流动度比	表观密度/(kg/m³)	比表面积/(m²/g)	活性指数/%	配合比用量/(kg/m³)
1.01	2955	400	90	82

3) 粉煤灰

粉煤灰的主要技术指标见表 13-3。

表 13-3　粉煤灰的主要技术指标

需水量比	表观密度/(kg/m³)	比表面积/(m²/g)	活性指数/%	配合比用量/(kg/m³)
1.03	2221	150	90	81

2. 石屑的主要技术参数

将石屑砂装满砂子压石仪，用 72kN 压力压实，测得 1L 石屑的质量为 1.901kg，计算出石屑的紧密堆积密度为 1901kg/m³。用 4.75mm 筛子筛分石屑后测得 4.75mm 以上颗粒的质量为 0.209kg，计算出石屑的含石率为 11%。称 3kg 石屑加水至能用双手捏出水来，全部装入砂子压石仪，然后用压力机压至 72kN，称得质量为 3.254kg，计算出石屑的压力吸水率为 8.5%。石屑的主要技术参数见表 13-4。

表 13-4　石屑的主要技术参数

紧密堆积密度/(kg/m³)	含石率/%	含水率/%	压力吸水率/%
1901	11	—	8.5

3. 石子的主要技术参数

石子的主要技术参数见表 13-5。

表 13-5　石子的主要技术参数

堆积密度/(kg/m³)	空隙率/%	表观密度/(kg/m³)	吸水率/%
1624	38.4	2636	2.6

4. 外加剂的确定

称取水泥 230g、矿渣粉 82g、粉煤灰 81g、水 108g，倒入搅拌机内搅拌，测得外加剂掺量为 2%时净浆流动度为 250mm，外加剂掺量确定为 2%。

5. 水

水使用的是自来水。

6. 胶凝材料标准稠度用水量

$$W_B = (230 + 82 \times 1.01 + 81 \times 1.03) \times \frac{27.2}{100} = 108(\text{kg})$$

7. 泌水系数

$$M_W = \frac{230 + 82 + 81}{300} - 1 = 0.31$$

8. 胶凝材料拌和用水量

$$W_1 = \frac{2}{3} \times 108 + \frac{1}{3} \times 108 \times (1 - 0.31) = 97 (\text{kg})$$

9. 胶凝材料浆体体积

$$V_{\text{浆体}} = \frac{230}{3039} + \frac{82}{2955} + \frac{81}{2221} + \frac{97}{1000} = 0.237 (\text{m}^3)$$

10. 石屑用量及用水量

1)石屑用量

$$m_S = \frac{1901 \times 38.4\%}{1 - 11\%} = 820 (\text{kg})$$

2)石屑用水量

$$W_2 = 820 \times 8.5\% = 70 (\text{kg})$$

11. 石子用量及用水量

1)石子用量

$$m_G = (1 - 0.237 - 38.4\%) \times 2636 - 820 \times 11\% = 909 (\text{kg})$$

2)石子用水量

$$W_3 = 909 \times 2.6\% = 24 (\text{kg})$$

12. C30 石屑混凝土配合比

C30 石屑混凝配合比见表 13-6。

表 13-6 C30 石屑混凝土配合比　　　（单位：kg/m³）

水泥	矿渣粉	粉煤灰	石屑	石子	拌和水	预湿水	外加剂
230	82	81	820	909	97	94	7.86

13. 试配

根据以上配合比进行试配，配制的混凝土包裹性良好、浆体不分离、石子不沉底、黏度适中、不离析、不抓地、不扒底，没有出现分层和浮浆现象。坍落度损失较大，通过在外加剂中加入保坍剂母液解决。

13.3.2　C30 煤矸石再生骨料混凝土配合比调整设计

1. 胶凝材料主要技术参数

1）水泥
水泥的主要技术指标见表 13-7。

表 13-7　水泥的主要技术指标

标准稠度用水量/%	表观密度/(kg/m³)	比表面积/(m²/g)	28d 胶砂强度/MPa	配合比用量/(kg/m³)
27	3140	350	50.3	243

2）矿渣粉
矿渣粉的主要技术指标见表 13-8。

表 13-8　矿渣粉的主要技术指标

流动度比	表观密度/(kg/m³)	比表面积/(m²/g)	活性指数/%	配合比用量/(kg/m³)
0.98	2940	400	90	65

3）粉煤灰
粉煤灰的主要技术指标见表 13-9。

表 13-9　粉煤灰的主要技术指标

需水量比	表观密度/(kg/m³)	比表面积/(m²/g)	活性指数/%	配合比用量/(kg/m³)
1.01	2350	154	75	68

2. 煤矸石主要技术参数

将煤矸石砂装满砂子压实仪，用 72kN 压力压实，测得 1L 煤矸石的质量为 1.945kg，计算出煤矸石的紧密堆积密度为 1945kg/m³。用 4.75mm 筛子筛分煤矸石后测得 4.75mm 以上颗粒的质量为 0.615kg，计算出煤矸石的含石率为 31.6%。称 3kg 煤矸石加水至能用双手捏出水来，全部装入砂子压实仪，然后用压力机加压至 72kN，称得质量为 3.181kg，计算出煤矸石的压力吸水率为 6%。煤矸石的主要技术参数见表 13-10。

表 13-10　煤矸石的主要技术参数

紧密堆积密度/(kg/m³)	含石率/%	含水率/%	压力吸水率/%
1945	31.6	—	6

3. 再生粗骨料的主要技术参数

再生粗骨料的主要技术参数见表 13-11。

表 13-11　再生粗骨料的主要技术参数

堆积密度/(kg/m³)	空隙率/%	表观密度/(kg/m³)	吸水率/%
1452	36.1	2272	3

4. 外加剂的确定

称取水泥 243g、矿渣粉 65g、粉煤灰 68g、水 101g，倒入搅拌机内搅拌，测得外加剂掺量为 2%时净浆流动度为 250mm，外加剂掺量确定为 2%。

5. 水

水使用的是自来水。

6. 胶凝材料标准稠度用水量

$$W_B = (243 + 65 \times 0.98 + 68 \times 1.01) \times \frac{27}{100} = 101(\text{kg})$$

7. 泌水系数

$$M_W = \frac{243 + 65 + 68}{300} - 1 = 0.25$$

8. 胶凝材料拌和用水量

$$W_1 = \frac{2}{3} \times 101 + \frac{1}{3} \times 101 \times (1 - 0.25) = 93(\text{kg})$$

9. 胶凝材料浆体体积

$$V_{浆体} = \frac{243}{3140} + \frac{65}{2940} + \frac{68}{2350} + \frac{93}{1000} = 0.221(\text{m}^3)$$

10. 煤矸石用量及用水量

1）煤矸石用量

$$m_S = \frac{1945 \times 36.1\%}{1 - 31.6\%} = 1027(\text{kg})$$

2）煤矸石用水量

$$W_2 = 1027 \times 6\% = 62(\text{kg})$$

11. 再生粗骨料用量及用水量

1）再生粗骨料用量

$$m_G = (1 - 0.221 - 36.1\%) \times 2272 - 1027 \times 31.6\% = 625(\text{kg})$$

2）再生粗骨料用水量

$$W_3 = 625 \times 3\% = 19(\text{kg})$$

12. C30 煤矸石（含碳量低）混凝土配合比

C30 煤矸石（含碳量低）混凝土配合比见表 13-12。

表 13-12　C30 煤矸石（含碳量低）混凝土配合比　　　　（单位：kg/m³）

水泥	矿渣粉	粉煤灰	煤矸石	再生粗骨料	拌和水	预湿水	外加剂
243	65	68	1027	625	93	81	11.3

13. 试配

根据以上配合比进行试配，配制的混凝土拌和物在搅拌状态下各项指标满足设计要求，由于煤矸石机制砂级配较差，通过提高外加剂掺量增加混凝土的流动性，混凝土在搅拌状态下工作性良好，停止搅拌卸到地面就会出现浆体泌出、粗骨料外露的情况。煤矸石机制砂断级配导致混凝土拌和物流动性较差，在煤矸石机制砂作为细骨料时需要调整级配。

13.3.3　C30 煤矸石掺细砂混凝土调整设计

1. 调整计算基础

原配合比中胶凝材料为：水泥用量 243kg，密度 3140kg/m³；矿渣粉用量 65kg，密度 2940kg/m³；粉煤灰用量 68kg，密度 2350kg/m³。在配合比调整的过程中，固定胶凝材料，只计算利用煤矸石制作的断级配机制砂、再生粗骨料、水和外加剂用量，经实测，断级配煤矸石 0.15mm、0.30mm、0.60mm 颗粒分计筛余分别为2.4%、4.8%、5%，按照合理控制值(20±5)%，采用每一级配分计筛余最小值 15%进行调整。由于使用这种煤矸石和再生粗骨料配制混凝土时，煤矸石用量为 1027kg，在配合比设计过程中向煤矸石中加入对应粒径的组分，即 0.15mm 粒径用量为 $\Delta S_{0.15}$=((15%–2.4%)×1027=)129kg，0.30mm 粒径用量为 $\Delta S_{0.30}$=((15%–4.8%)×1027=)105kg，0.60mm 粒径用量为 $\Delta S_{0.60}$=((15%–10%)×1027=)51kg，这样就可以解决煤矸石级配不合理的问题，加入细砂总量 ΔS=(129+105+51=)285kg。

2. 胶凝材料标准稠度用水量

$$W_B = (243 + 65 \times 0.98 + 68 \times 1.01) \times \frac{27}{100} = 101(\text{kg})$$

3. 泌水系数

$$M_W = \frac{243 + 65 + 68}{300} - 1 = 0.25$$

4. 胶凝材料拌和用水量

$$W_1 = \frac{2}{3} \times 101 + \frac{1}{3} \times 101 \times (1 - 0.25) = 93(\text{kg})$$

5. 胶凝材料浆体体积

$$V_{\text{浆体}} = \frac{243}{3140} + \frac{65}{2940} + \frac{68}{2350} + \frac{93}{1000} = 0.221(\text{m}^3)$$

6. 煤矸石用量及用水量

1)煤矸石用量

$$m_{S1} = \frac{1945 \times 36.1\%}{1 - 31.6\%} = 1027(\text{kg})$$

2)细砂用量

$$m_{S2} = 285(\text{kg})$$

3)煤矸石和细砂用水量

$$W_2 = 1027 \times 6\% + 285 \times 7.7\% = 84(\text{kg})$$

7. 再生粗骨料用量及用水量

1）再生粗骨料用量

$$m_G = (1 - 0.361 - 0.221) \times 2272 - 1027 \times 31.6\% = 625(\text{kg})$$

2）再生粗骨料用水量

$$W_3 = 625 \times 3\% = 19(\text{kg})$$

8. 煤矸石掺细砂调整 C30 煤矸石混凝土

煤矸石掺细砂调整 C30 煤矸石混凝土混合比见表 13-13。

表 13-13　煤矸石掺细砂调整 C30 煤矸石混凝土混合比　　　（单位：kg/m³）

水泥	矿渣粉	粉煤灰	煤矸石	细砂	再生粗骨料	拌和水	预湿水	外加剂
243	65	68	1027	285	625	93	103	11.3

9. 试配

根据以上配合比进行试配，配制的混凝土包裹性良好、浆体不分离、石子不沉底、黏度适中、不离析、不抓地、不扒底，没有出现分层和浮浆现象，坍落度和扩展度均控制在设计范围内。

10. 总结

煤矸石对混凝土强度的主要影响在于煤矸石含碳量。含碳量高的煤矸石含有较多的杂质，其性能对混凝土有影响。含碳量低的煤矸石成分单一，与矿山破碎的机制砂区别不大。不同煤矸石 C30 混凝土抗压强度对比见表 13-14。

表 13-14　不同煤矸石 C30 混凝土的抗压强度对比　　　（单位：MPa）

煤矸石	7d 抗压强度	14d 抗压强度	28d 抗压强度
含碳量高的煤矸石	15.8	23.7	27.3
	18.9	24.3	27.7
	20.4	25.6	28.4
含碳量低的煤矸石（断级配）	22.5	29.9	34.6
	23.6	30.5	35.8
	22.7	29.6	33.3

煤矸石	7d 抗压强度	14d 抗压强度	28d 抗压强度
含碳量低的煤矸石 （细砂调整级配）	25.9	32.1	36.4
	26.1	33.0	37.9
	26.8	32.5	37.5

13.3.4 生产应用实例

在试验成功的基础上，通过调整外加剂的保坍，采用石屑配制混凝土，用于海口老旧小区改造、海南绕城公路美演段 C45 高架墩柱、海口滨江海岸三期商业楼 C60 墙柱、龙昆沟北雨水排涝泵站项目钻孔桩、海南红岭灌溉项目、越江通道地下 C35 连续墙等项目。

采石场废石屑产量大，利用价值低，在对不同岩石种类和破碎工艺的废石屑物理性质充分研究的基础上，采用适宜的生产工艺将废石屑加工处理成机制砂，取代河砂用于配制混凝土和砂浆，解决了建设用砂短缺和废石屑污染环境问题，提高了资源利用率，产生了明显的社会经济效益。

第14章 建筑固废在混凝土中的应用

14.1 建筑固废的来源

建筑固废是指在建筑物的建设、维修、拆除过程中产生的固体废弃物，主要包括废混凝土块、碎砖块、废沥青混凝土块以及施工过程中散落的砂浆渣、混凝土渣、碎砖渣等。根据来源可分为土地开挖、道路开挖、旧建筑物拆除、建筑施工和建材生产垃圾等，其中旧建筑物拆除和建筑施工产生的建筑垃圾占绝大部分。不同结构类型的建筑物所产生的建筑垃圾成分也有所不同，但其基本组成是一致的，主要由碎砖块、混凝土块、砂浆、砖渣、渣土、土、混凝土桩头、金属、木材、装饰装修产生的废料、各种包装材料和其他废弃物等组成。因建筑固废大多为固体废弃物，且无污染，化学性质比较稳定，同时具有稳定的物理性质，其经过合理加工处理后便可成为再生骨料，实现循环利用。

14.2 建筑固废再生骨料的利用

为了充分利用大宗建筑固废，通过对建筑固废除泥、机械破碎、筛分和整形加工成符合混凝土用砂石技术要求的再生骨料，用于混凝土的试配和生产，可以消解大量的建筑固废。

14.2.1 建筑固废再生骨料

1. 建筑固废再生骨料的生产

建筑固废再生骨料是将建筑固废经过除泥、机械破碎、筛分和整形后制得的混凝土用骨料，粒径小于 4.75mm 的颗粒称为再生细骨料，粒径大于 4.75mm 的颗粒称为再生粗骨料。建筑固废的加工工艺见图 14-1。

2. 建筑固废再生骨料的性能特点

由于建筑固废成分复杂，破碎制得的再生细骨料级配不合理，粒径小于 0.16mm 的颗粒含量较多，紧密堆积密度较小，含水率不稳定。再生粗骨料来源较复杂，表面包裹着相当数量的水泥砂浆，导致其表面粗糙、棱角较多、空隙率大、吸水率高。混凝土块在加工、破碎、解体过程中会形成一定的损伤，因此再生粗

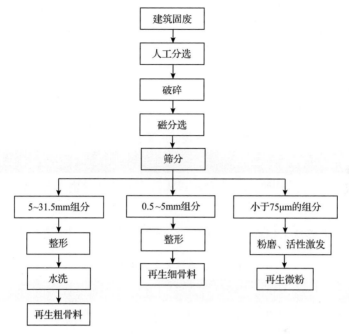

图 14-1　建筑固废的加工工艺

骨料内部存在着大量的微裂纹，从而导致再生粗骨料的表观密度比普通骨料低。再生粗骨料的压碎指标是衡量其在逐渐增加荷载情况下抵抗压碎的能力，压碎指标值越小，证明其坚固性能越好，而再生粗骨料的压碎指标值高于天然骨料，因此再生粗骨料的坚固性明显低于天然骨料，对一般再生粗骨料的应用范围应予以限制，规定再生粗骨料一般可用于 C35 以下等级混凝土。

3. 建筑固废再生骨料应用注意事项

由于建筑固废主要含有红砖、砂浆和混凝土，它们的结构不同，性能也不同，使用的过程中应该区别对待。由于红砖大多为疏松多孔结构，材质较软，密度小，破碎制砂过程中经过水淘洗普遍缺少细颗粒，吸水率高；在配制混凝土的过程中，体积贡献率大，可以降低用量；吸水率高，需要提高单方混凝土用水量；对外加剂吸附量增加，使用前必须预湿骨料。砂浆和混凝土块大多为致密的整体结构，材质坚硬，密度较大，破碎制砂过程中经过水淘洗普遍缺少细颗粒，吸水率低；在这类再生细骨料的利用过程中，必须检测颗粒级配和分计筛余，以确定是否需要补充对应粒径的颗粒。由于建筑固废的密度波动较大，再生细骨料的密度变化也非常大，在使用相同石子的情况下必须调整单方混凝土中再生细骨料的用量。由于再生粗骨料内部存在一定的孔隙，与普通碎石相比，吸水率普遍较高，在配制混凝土的过程中应该及时检测吸水率并及时调整用水量。

14.2.2　原材料及配合比调整设计

1. 胶凝材料主要技术参数

1)水泥

水泥的主要技术指标见表 14-1。

表 14-1　水泥的主要技术指标

标准稠度用水量/%	表观密度/(kg/m³)	比表面积/(m²/g)	28d 胶砂强度/MPa	配合比用量/(kg/m³)
27	3140	350	50.3	243

2)矿渣粉

矿渣粉的主要技术指标见表 14-2。

表 14-2　矿渣粉的主要技术指标

流动度比	表观密度/(kg/m³)	比表面积/(m²/g)	活性指数/%	配合比用量/(kg/m³)
0.98	2940	400	90	65

3)粉煤灰

粉煤灰的主要技术指标见表 14-3。

表 14-3　粉煤灰的主要技术指标

需水量比	表观密度/(kg/m³)	比表面积/(m²/g)	活性指数/%	配合比用量/(kg/m³)
1.01	2350	154	75	68

2. 砖渣主要技术参数

将砖渣装满砂子压实仪，用 72kN 压力压实，测得 1L 砖渣的质量为 1.835kg，计算出砖渣的紧密堆积密度为 1835kg/m³。用 4.75mm 筛子筛分砖渣后测得 4.75mm 以上颗粒的质量为 0.51kg，计算出砖渣的含石率为 27.8%。称 3kg 砖渣加水至能用双手捏出水来，全部装入砂子压实仪，然后用压力机加压至 72kN，称得质量为 3.135kg，计算出砖渣的压力吸水率为 4.5%。砖渣的主要技术参数见表 14-4。

表 14-4　砖渣的主要技术参数

紧密堆积密度/(kg/m³)	含石率/%	含水率/%	压力吸水率/%
1835	27.8	—	4.5

3. 再生粗骨料主要技术参数

10～20mm 再生粗骨料占 80%，其主要技术参数见表 14-5。

表 14-5　10～20mm 再生粗骨料主要技术参数

堆积密度/(kg/m³)	空隙率/%	表观密度/(kg/m³)	吸水率/%
1404	38.5	2283	3

5～10mm 再生粗骨料占 20%，其主要技术参数见表 14-6。

表 14-6　5～10mm 再生粗骨料主要技术参数

堆积密度/(kg/m³)	空隙率/%	表观密度/(kg/m³)	吸水率/%
1487	37.3	2372	4.9

4. 外加剂的确定

称取水泥 243g、矿渣粉 65g、粉煤灰 68g、水 101g，倒入搅拌机内搅拌，测得外加剂掺量为 2%时净浆流动度为 250mm，外加剂掺量确定为 2%。

5. 水

水使用的是自来水。

14.3　生　产　应　用

14.3.1　C30 砖渣混凝土配合比调整设计

1. 胶凝材料标准稠度用水量

$$W_B = (243 + 65 \times 0.98 + 68 \times 1.01) \times \frac{27}{100} = 101(kg)$$

2. 泌水系数

$$M_W = \frac{243 + 65 + 68}{300} - 1 = 0.25$$

3. 胶凝材料拌和用水量

$$W_1 = \frac{2}{3} \times 101 + \frac{1}{3} \times 101 \times (1 - 0.25) = 93(kg)$$

4. 胶凝材料浆体体积

$$V_{浆体} = \frac{243}{3140} + \frac{65}{2940} + \frac{68}{2350} + \frac{93}{1000} = 0.221(m^3)$$

5. 砖渣用量及用水量

1）砖渣用量

$$m_\text{S} = \frac{1835 \times (38.5\% \times 80\% + 37.3\% \times 20\%)}{1 - 27.8\%} = 972(\text{kg})$$

2）砖渣用水量

$$W_2 = 972 \times 4.5\% = 44(\text{kg})$$

6. 再生粗骨料用量及用水量

1）再生粗骨料用量

$$\begin{aligned} m_\text{G} &= (1 - 0.221 - 38.5\% \times 80\% - 37.3\% \times 20\%) \\ &\quad \times (2283 \times 80\% + 2372 \times 20\%) - 972 \times 27.8\% \\ &= 642(\text{kg}) \end{aligned}$$

2）10～20mm 再生粗骨料用量

$$m_\text{G1} = 642 \times 80\% = 514(\text{kg})$$

3）5～10mm 再生粗骨料用量

$$m_\text{G2} = 642 \times 20\% = 128(\text{kg})$$

4）再生粗骨料用水量

$$W_3 = 514 \times 3\% + 128 \times 4.9\% = 22(\text{kg})$$

7. C30 砖渣混凝土配合比

C30 砖渣混凝土配合比见表 14-7。

表 14-7　C30 砖渣混凝土配合比　　　　　　　（单位：kg/m³）

水泥	矿渣粉	粉煤灰	砖渣	10～20mm 再生粗骨料	5～10mm 再生粗骨料	拌和水	预湿水	外加剂
243	65	68	972	514	128	93	66	12.3

8. 试配

由于砖渣对外加剂吸附大，外加剂实际掺量增加到 3.3%，胶凝材料吸附外加剂的量为 7.46kg，砖渣吸附外加剂的量为 4.85kg。根据以上配合比进行试配，配制的混凝土包裹性良好、浆体不分离、表面有亮光、黏度适中、不离析、不抓地、不扒底，没有出现分层和浮浆现象，坍落度和扩展度均控制在设计范围内，混凝土拌和物工作性良好。

14.3.2 C30 砖渣混凝土的力学性能

1. 抗压强度

C30 砖渣混凝土抗压强度见表 14-8。

表 14-8 C30 砖渣混凝土抗压强度 （单位：MPa）

7d 抗压强度	14d 抗压强度	28d 抗压强度
23.3	28.7	32.9
22.5	28.1	31.9
24.7	29.2	33.4
24.1	28.5	32.6
22.9	27.9	31.4
21.6	27.7	32.1

从以上抗压强度数据分析得出，C30 砖渣混凝土抗压强度达不到设计值的 115%，比基准强度低 3～5MPa。

2. 抗渗性能试验

普通混凝土抗渗性能检测依据《混凝土物理力学性能试验方法标准》（GB/T 50081—2019），将砖渣混凝土成型到抗渗试模中，试件成型 24h 后拆模，用钢刷刷去两端面水泥浆膜，然后送入标准养护室养护，养护 28d 后取出，将表面晾干，在其侧面涂一层熔化的密封材料，用螺旋加压器将试件装入试模，压入经烘箱预热过的试件套中，稍冷却后，即可解除压力，连同试件套装在抗渗仪上进行试验。

砖渣混凝土试件抗渗性能试验采用的是逐级加压的方法，取出 6 个混凝土抗渗试件，做好准备工作，混凝土抗渗试件试验检测从 0.1MPa 开始，以后每隔 8h 增加水压 0.1MPa。在试验检测过程中随时观察试件的渗水情况，经过 248h，水压增加到 3.1MPa。混凝土抗渗试件中，有 3 个试件端面有渗水现象，证明试件的抗渗等级达到了 P30。

3. 抗冻性能试验

将达到龄期的试件取出，放入冻融箱内，做好前期的准备工作，启动冻融箱，每 50 次冻融循环检测一次，做好记录。试件质量数据见表 14-9，弹性模量数据见表 14-10。50 次冻融循环质量损失率为 0.8%，相对动弹性模量为 96.1%，100 次冻融循环质量损失率为 3.2%，相对动弹性模量为 84.6%，砖渣混凝土的抗冻等级能够达到 F100，150 次冻融循环质量损失率为 7.5%，相对动弹性模量为 77.3%，200 次冻融循环质量损失率为 10.2%，相对动弹性模量为 66.3%。砖渣混凝土试件质量损失率在 100 次冻融循环之前减慢，在 100 次冻融循环之后加快。这可能是由于砖渣和再生粗骨料孔隙率大且具有初始损伤，吸水率较高，再经历多次冻融循环，就会形成内部通道，水分由通道进入混凝土内部，使砖渣混凝土表层开始剥落，试件质量开始减小。在长期的冻融循环下，试件非常容易遭到破坏，致使表面产生严重剥落，从而导致试件的质量减小过快。

表 14-9　试件质量数据

编号	0 次质量/kg	50 次质量/kg	50 次质量损失率/%	100 次质量/kg	100 次质量损失率/%	150 次质量/kg	150 次质量损失率/%	200 次质量/kg	200 次质量损失率/%
1	8.655	8.620	0.4	8.505	1.7	8.171	5.6	7.795	9.9
2	8.710	8.585	1.4	8.4	3.6	7.933	8.9	7.895	9.4
3	8.710	8.660	0.6	8.485	2.6	8.033	7.8	7.787	10.6
4	8.795	8.745	0.6	8.605	2.2	8.226	6.5	7.829	11.0
5	8.665	8.575	1.0	8.305	4.2	7.92	8.6	7.910	8.7
6	8.625	8.525	1.2	8.207	4.8	8.038	6.8	7.864	8.8
7	8.570	8.500	0.8	8.355	2.5	8.090	5.6	7.788	9.1
8	8.680	8.630	0.6	8.455	2.9	7.988	8.0	7.670	11.6
9	8.655	8.595	0.7	8.315	3.9	7.828	9.6	7.540	12.9
平均值	8.647	8.604	0.8	8.404	3.2	8.025	7.5	7.786	10.2

表 14-10　试件弹性模量数据

编号	0 次弹性模量/MPa	50 次弹性模量/MPa	50 次相对动弹性模量/%	100 次弹性模量/MPa	100 次相对动弹性模量/%	150 次弹性模量/MPa	150 次相对动弹性模量/%	200 次弹性模量/MPa	200 次相对动弹性模量/%
1	35927	34595	96.3	32767	91.2	26356	73.4	24113	67.1
2	36516	34645	94.9	27212	74.5	22028	60.3	21273	58.3
3	38851	34437	88.6	31829	81.9	29344	75.5	24091	62.0
4	36541	35420	97.0	30163	82.5	29300	80.2	25518	69.8
5	35418	35724	100.9	31127	87.8	27069	76.4	25389	71.7
6	34775	33432	97.8	28925	84.1	31493	90.6	26261	75.5
7	34174	33056	96.7	28925	84.6	29960	87.7	22764	66.6
8	35093	33781	96.3	30767	87.7	26356	75.1	21534	61.4
9	34960	33644	96.2	30433	87.1	26818	76.7	22540	64.5
平均值	35806	34304	96.1	30239	84.6	27636	77.3	23720	66.3

4. 砖渣对混凝土强度的影响

建筑固废红砖中含有部分杂质,如果分拣不彻底,遗留在砖渣中,配制成砖渣混凝土,对砖渣混凝土的抗压强度有影响,在使用砖渣混凝土时会降低混凝土强度等级。不同强度等级的砖渣混凝土抗压强度对比见表 14-11。

表 14-11 不同强度等级的砖渣混凝土抗压强度对比

名称	水泥	矿渣粉	粉煤灰	砖渣	10～20mm 再生粗骨料	5～10mm 再生粗骨料	拌和水	预湿水	外加剂	抗压强度/MPa		
										7d	14d	28d
C25	243	65	68	972	507	126	93	65	7.5	23.2	28.4	32.4
C30	284	78	65	872	566	141	96	65	8.9	27.1	31.8	35.7
C35	322	89	65	872	528	132	100	63	12.1	30.1	35.6	41.9
C40	436	53	43	872	496	124	90	62	17.7	35.2	43.6	50.7

14.3.3 生产应用实例

在试验成功的基础上,采用砖渣配制混凝土,用于开封市小花园改造、宋城文化广场、益海嘉里、万隆乡老旧小区改造、嘉誉府基础垫层、东京御园 8#12 层梁板柱墙梯、二水厂配水花墙、包公湖服务站管沟等项目。

采用预湿骨料技术生产的砖渣混凝土,使砖渣细骨料不再吸附外加剂,实现了砖渣混凝土在运输过程中坍落度不损失,泵送和浇筑过程顺畅。废红砖的合理利用解决了建筑垃圾堆放引起的环境污染,降低了企业的生产成本。砖渣再生骨料混凝土是符合低碳循环经济理念的新型绿色建筑材料。

第 15 章　工业固废在混凝土中的应用

15.1　工业固废的来源

工业固废是指在工业生产活动中产生的固体废物,分为一般工业废物(如高炉渣、钢渣、赤泥、有色金属渣、粉煤灰、煤渣、硫酸渣、废石膏、脱硫灰、电石渣、盐泥、生活垃圾焚烧炉渣等)和工业有害固废,即危险固废。工业固废数量庞大、种类繁多、成分复杂,处理相当困难,以前大多采用修建堤坝堆存的方式处理,随着科学技术的进步,工业固废作为建筑材料的原材料应用的技术逐渐成熟,具有反应活性的金属冶炼渣已经广泛用于水泥的生产,热电厂炉渣和生活垃圾焚烧炉渣可以部分代替或者全部代替砂石骨料用于中低强度等级混凝土的生产。

15.2　工业固废再生骨料的利用

为了充分利用大宗工业固废,通过对工业固废除土除铁、机械破碎和筛分加工成符合混凝土用砂石技术要求的再生骨料,用于混凝土的试配和生产,可以消解大量的工业固废。

1. 工业固废再生骨料的生产

工业固废再生骨料是将工业固废经过分拣、除土除铁、机械破碎和筛分,经过体积稳定性试验合格后制得的混凝土用骨料,粒径小于 4.75mm 的颗粒称为再生细骨料,粒径大于 4.75mm 的颗粒称为再生粗骨料。本书主要介绍热电厂炉渣和生活垃圾焚烧炉渣制作的再生骨料。

2. 工业固废再生骨料的性能特点

炉渣颗粒是粗细分布均匀的骨料,粒径主要集中在 2~50mm 范围内,小于 0.075mm 的颗粒含量为 0.06%~1.36%,基本符合中低强度等级混凝土对骨料的级配。炉渣易压实到具有高承载能力的状态,且抗剪切能力高、抗冻性好、稳定性好。炉渣具有疏松多孔结构,密度小,吸水率高。炉渣的坚固性明显低于天然骨料,因此对炉渣再生粗骨料的应用范围应予以限制,一般可用于 C35 以下混凝土中。

3. 工业固废再生骨料应用注意事项

由于炉渣成分差异大，各组分结构不同，性能也不同，使用的过程中应该区别对待。炉渣堆积密度较低，在配制混凝土时代替同样体积的砂子单方用量比砂子少。吸水率较高，需要适当提高单方混凝土用水量；炉渣是多孔轻质材料，对外加剂吸附量较大，使用前必须预湿骨料。炉渣强度不高，配制的混凝土以 C35 以下中低强度等级为主。为了扩大炉渣的使用范围，建议在生产应用过程中将天然砂、机制砂、石屑和铁尾矿砂与炉渣搭配使用。

15.3 生 产 应 用

15.3.1 C30 炉渣再生骨料混凝土配合比调整设计

1. 胶凝材料主要技术参数

1）水泥

水泥的主要技术指标见表 15-1。

表 15-1 水泥的主要技术指标

标准稠度用水量/%	表观密度/(kg/m³)	比表面积/(m²/g)	28d 胶砂强度/MPa	配合比用量/(kg/m³)
27.2	3039	350	50.3	230

2）矿渣粉

矿渣粉的主要技术指标见表 15-2。

表 15-2 矿渣粉的主要技术指标

流动度比	表观密度/(kg/m³)	比表面积/(m²/g)	活性指数/%	配合比用量/(kg/m³)
1.01	2955	400	94	82

3）粉煤灰

粉煤灰的主要技术指标见表 15-3。

表 15-3 粉煤灰的主要技术指标

需水量比	表观密度/(kg/m³)	比表面积/(m²/g)	活性指数/%	配合比用量/(kg/m³)
1.03	2221	154	80	81

2. 炉渣主要技术参数

将炉渣装满砂子压实仪，用 72kN 压力压实，测得 1L 炉渣的质量为 1.670kg，计算出炉渣的紧密堆积密度为 1670kg/m³。用 4.75mm 筛子筛分炉渣后测得 4.75mm 以上颗粒的质量为 0.421kg，计算出炉渣的含石率为 25.2%。称 2.7kg 炉渣加水至能用双手捏出水来，全部装入砂子压实仪，然后用压力机加压至 72kN，称得质量为 2.865kg，计算出炉渣的压力吸水率为 6.1%。炉渣的主要技术参数见表 15-4。

表 15-4　炉渣的主要技术参数

紧密堆积密度/(kg/m³)	含石率/%	含水率/%	压力吸水率/%
1670	25.2	—	6.1

3. 再生粗骨料主要技术参数

再生粗骨料的主要技术参数见表 15-5。

表 15-5　再生粗骨料的主要技术参数

堆积密度/(kg/m³)	空隙率/%	表观密度/(kg/m³)	吸水率/%
1390	40.6	2340	3.8

4. 外加剂的确定

称取水泥 230g、矿渣粉 82g、粉煤灰 81g、水 108g，倒入搅拌机内搅拌，测得外加剂掺量为 2% 时净浆流动度为 250mm，外加剂掺量确定为 2%。

5. 水

水使用的是自来水。

6. 胶凝材料标准稠度用水量

$$W_\text{B} = (230 + 82 \times 1.01 + 81 \times 1.03) \times \frac{27.2}{100} = 108(\text{kg})$$

7. 泌水系数

$$M_\text{W} = \frac{230 + 82 + 81}{300} - 1 = 0.31$$

8. 胶凝材料拌和用水量

$$W_1 = \frac{2}{3} \times 108 + \frac{1}{3} \times 108 \times (1 - 0.31) = 97(\text{kg})$$

9. 胶凝材料浆体体积

$$V_{浆体} = \frac{230}{3039} + \frac{82}{2955} + \frac{81}{2221} + \frac{97}{1000} = 0.237(\text{m}^3)$$

10. 炉渣用量及用水量

1) 炉渣用量

$$m_S = \frac{1670 \times 40.6\%}{1 - 25.2\%} = 906(\text{kg})$$

2) 炉渣用水量

$$W_2 = 906 \times 6.1\% = 55(\text{kg})$$

11. 再生粗骨料用量及用水量

1) 再生粗骨料用量

$$m_G = (1 - 0.237 - 40.6\%) \times 2340 - 906 \times 25.2\% = 607(\text{kg})$$

2) 再生粗骨料用水量

$$W_3 = 607 \times 3.8\% = 23(\text{kg})$$

12. C30 炉渣混凝土配合比

C30 炉渣混凝土配合比见表 15-6。

表 15-6　C30 炉渣混凝土配合比　　　　　　（单位：kg/m^3）

水泥	矿渣粉	粉煤灰	炉渣	再生粗骨料	拌和水	预湿水	外加剂
230	82	81	906	607	97	78	5.9

13. 试配

外加剂的掺量低于推荐掺量，炉渣自身含泥量低且炉渣中含有一些糖类成分，这些糖类成分与外加剂中的葡萄糖酸钠起到相同缓凝作用，外加剂的实际用量为5.9kg。根据以上配合比进行试配，配制的混凝土包裹性良好、浆体不分离、表面有亮光、黏度适中、不离析、不抓地、不扒底，没有出现分层和浮浆现象，坍落度和扩展度均控制在设计范围内，混凝土拌和物工作性良好。

14. 小结

1）生活垃圾焚烧不充分的炉渣

生活垃圾焚烧不充分的炉渣，采用数字量化技术配制混凝土，出机混凝土包裹性良好、浆体不分离、表面有亮光、黏度适中、不离析、不抓地、不扒底，没有出现分层和浮浆现象，静置一会儿，混凝土出现泌水和扒底现象，成型的试件长时间不能凝固。主要原因是炉渣焚烧不充分，炉渣中含有大量的糖类成分，这些糖类成分与外加剂中的葡萄糖酸钠起到相同的缓凝作用，导致混凝土出现泌水和扒底现象，混凝土试件长时间不凝固。

2）生活垃圾焚烧充分的炉渣

生活垃圾焚烧充分的炉渣，采用数字量化技术配制混凝土，出机混凝土包裹性良好、浆体不分离、表面有亮光、黏度适中、不离析、不抓地、不扒底，没有出现分层和浮浆现象，炉渣中含有少量的糖类成分，这些糖类成分与外加剂中的葡萄糖酸钠起到相同的缓凝作用，导致混凝土出现轻微泌水现象，采用炉渣作为细骨料配制的 C30 混凝土达不到设计要求。C30 炉渣混凝土抗压强度见表 15-7。

表 15-7　C30 炉渣混凝土抗压强度　　　　　　（单位：MPa）

7d 抗压强度	14d 抗压强度	28d 抗压强度
20.3	26.9	29.6
21.6	28.4	31.2
20.7	27.3	31.5

15.3.2　C30 炉渣石屑细砂混凝土配合比调整设计

1. 胶凝材料主要技术参数

1）水泥

水泥的主要技术指标见表 15-8。

表 15-8　水泥的主要技术指标

标准稠度用水量/%	表观密度/(kg/m³)	比表面积/(m²/g)	28d 胶砂强度/MPa	配合比用量/(kg/m³)
27.2	3039	350	50.3	223

2）矿渣粉

矿渣粉的主要技术指标见表 15-9。

表 15-9 矿渣粉的主要技术指标

流动度比	表观密度/(kg/m³)	比表面积/(m²/g)	活性指数/%	配合比用量/(kg/m³)
1.01	2955	400	94	82

3) 粉煤灰

粉煤灰的主要技术指标见表 15-10。

表 15-10 粉煤灰的主要技术指标

需水量比	表观密度/(kg/m³)	比表面积/(m²/g)	活性指数/%	配合比用量/(kg/m³)
1.03	2221	154	80	80

2. 混合砂的主要技术参数

将石屑、炉渣和细砂按照 30%、56% 和 14% 进行混合，形成混合砂。将混合砂装满砂子压实仪，用 72kN 压力压实，测得 1L 混合砂的质量为 1.824kg，计算出混合砂的紧密堆积密度为 1824kg/m³。用 4.75mm 筛子筛分混合砂后测得 4.75mm 以上颗粒的质量为 0.268kg，计算出混合砂的含石率为 14.7%。称 3kg 混合砂加水至能用双手捏出水来，全部装入砂子压实仪，然后用压力机加压至 72kN，称得质量为 3.123kg，计算出混合砂的压力吸水率为 4.1%。混合砂的主要技术参数见表 15-11。

表 15-11 混合砂的主要技术参数

紧密堆积密度/(kg/m³)	含石率/%	含水率/%	压力吸水率/%
1824	14.7	—	4.1

3. 石子的主要技术参数

石子的主要技术参数见表 15-12。

表 15-12 石子的主要技术参数

紧密堆积密度/(kg/m³)	空隙率/%	表观密度/(kg/m³)	吸水率/%
1480	44.2	2652	1.6

4. 外加剂的确定

称取水泥 223g、矿渣粉 82g、粉煤灰 80g、水 106g，倒入搅拌机内搅拌，测得外加剂掺量为 2% 时净浆流动度为 250mm，外加剂掺量确定为 2%。

5. 水

水使用的是自来水。

6. 胶凝材料标准稠度用水量

$$W_{\mathrm{B}} = (223 + 82 \times 1.01 + 80 \times 1.03) \times \frac{27.2}{100} = 106(\mathrm{kg})$$

7. 泌水系数

$$M_{\mathrm{W}} = \frac{223 + 82 + 80}{300} - 1 = 0.28$$

8. 胶凝材料拌和用水量

$$W_1 = \frac{2}{3} \times 106 + \frac{1}{3} \times 106 \times (1 - 0.28) = 96(\mathrm{kg})$$

9. 胶凝材料浆体体积

$$V_{\text{浆体}} = \frac{223}{3039} + \frac{82}{2955} + \frac{80}{2221} + \frac{96}{1000} = 0.233(\mathrm{m}^3)$$

10. 混合砂用量及用水量

1)混合砂用量

$$m_{\mathrm{S}} = \frac{1824 \times 44.2\%}{1 - 14.7\%} = 945(\mathrm{kg})$$

$$m_{\mathrm{S石屑}} = 945 \times 30\% = 284(\mathrm{kg})$$

$$m_{\mathrm{S炉渣}} = 945 \times 56\% = 529(\mathrm{kg})$$

$$m_{\mathrm{S细砂}} = 945 \times 14\% = 132(\mathrm{kg})$$

2)混合砂用水量

$$W_2 = 945 \times 4.1\% = 39(\mathrm{kg})$$

11. 石子用量及用水量

1)石子用量

$$m_{\mathrm{G}} = (1 - 0.233 - 44.2\%) \times 2652 - 945 \times 14.7\% = 723(\mathrm{kg})$$

2) 石子用水量

$$W_3 = 723 \times 1.6\% = 12(kg)$$

12. C30 炉渣石屑细砂混凝土配合比

C30 炉渣石屑细砂混凝土配合比见表 15-13。

表 15-13　C30 炉渣石屑细砂混凝土配合比　（单位：kg/m³）

水泥	矿渣粉	粉煤灰	石屑	炉渣	细砂	石子	拌和水	预湿水	外加剂
223	82	80	284	529	132	723	96	51	9.65

13. 试配

由于石屑和细砂对外加剂吸附大，外加剂实际掺量增加到 2.5%，胶凝材料吸附外加剂的量为 7.72kg，部分石屑和细砂吸附外加剂的量为 1.93kg。根据以上配合比进行试配，配制的混凝土包裹性良好、浆体不分离、黏度适中、不离析、不抓地、不扒底，没有出现分层和浮浆现象，混凝土拌和物工作性良好。

14. C30 炉渣石屑细砂混凝土的力学性能

炉渣、石屑和细砂混合配制的 C30 混凝土抗压强度有着明显的差距，炉渣自身对抗压强度有影响，含泥量增加到 8%时混凝土试件的抗压强度最高，随着含泥量增加，混凝土试件抗压强度降低，具体数据见表 15-14。

表 15-14　C30 炉渣石屑细砂混凝土抗压强度

石屑/%	炉渣/%	细砂/%	含泥量/%	抗压强度/MPa		
				7d	14d	28d
				24.1	29.9	35.3
20	70	10	3	23.5	30.1	33.4
				23.4	31.9	36.5
				28.2	35.1	40.5
30	56	14	8	27.7	34.9	39.2
				28.4	34.6	40.1
				25.1	29.2	37.6
40	50	10	10	24.8	29.5	34.7
				23.1	30.3	34.9
				20.9	27.6	31.4
50	40	10	15	20.4	28.9	30.6
				20.3	25.7	30.1

15.3.3　生产应用实例

在试验成功的基础上，采用 56%炉渣、30%石屑和 14%细砂混合作为细骨料生产 C30 混凝土，用于濮阳南乐县建业世悦府景观及绿化工程、濮阳中心地下车库项目、莘县 2023 年"四好农村路"硬化混凝土项目、2022 年南乐县梁村乡千佛寺管安庄后翟村道路建设、2022 年南乐杨村乡道路建设；聊城市鲁西化水标段、聊城棚户区改造二期项目园林景观工程、聊城高新区量子生物医药科技产业园项目 6#厂房、聊城满运时节文化养生园文创中心；阳谷县华泰化工路面、阳谷雨污分流改造基础设施配套工程、阳谷县 2020 年中央预算内投资高标准农田建设项目。

炉渣单独作为细骨料，对混凝土的状态有影响，但掺入一定量的石屑和细砂，采用预湿骨料技术可以将石屑和细砂中的细颗粒用来填充炉渣，将炉渣中的糖类元素堵在炉渣内部，起到改善混凝土状态同时提高抗压强度和抗折强度的效果。炉渣的综合利用解决了炉渣露天堆放引起的环境污染问题，实现了混凝土生产的绿色低碳和资源的循环利用。

第 16 章　提高硬化混凝土强度的技术措施

16.1　概　　述

在混凝土施工过程中，跟踪检测经常出现混凝土回弹强度推定值没有达到设计要求、实体混凝土芯样强度低于设计强度的情况。为解决这个问题，本章提出提高硬化混凝土强度，从而保证混凝土主体结构的安全性，实现混凝土主体正常使用的技术措施。

16.2　硬化混凝土强度不合格的原因

经过现场调查和分析，混凝土强度不合格的原因主要存在于生产和施工两个环节。生产过程中存在的问题包括原材料质量变化、配合比是否合理以及生产过程控制是否精准；施工过程中存在的问题包括混凝土浇筑前是否加水、振捣是否到位以及养护是否及时。

16.2.1　混凝土生产环节

1. 原材料

混凝土生产使用的主要原材料有硅酸盐水泥、磨细矿渣粉、粉煤灰、机制砂、碎石和外加剂。经过筛查分析，目前工程项目使用的水泥由多家企业供应，虽然富裕系数不同，但 28d 抗压强度全部满足国家标准要求，由水泥引起强度不合格的因素可以排除。磨细矿渣粉和粉煤灰活性较低，在配合比设计中只考虑了对水泥浆体的填充作用以及对砂石的包裹性能，因此磨细矿渣粉和粉煤灰对强度的影响可以不予考虑。外加剂作为改善混凝土流动性的材料，影响的是混凝土拌和物的工作性，在混凝土生产和施工过程中，混凝土拌和物工作性正常，对混凝土强度的影响可以排除。石子的级配和粒径满足了施工泵送要求，不含轻物质和风化的组分，对混凝土强度的影响可以排除。砂子采用的是机制砂，存在含泥量不稳定的情况。当砂子含泥量较高时，对水的吸附性较强，导致含泥量较高的砂子配制的混凝土凝固后水分蒸发形成孔洞，使混凝土内部胶凝材料浆体密实度降低，胶凝材料与砂石界面黏结力减弱，从而导致混凝土强度降低。为了减少机制砂所含的泥粉，砂石生产企业对机制砂进行了水洗。为实现环保和节能要求，在机制砂的水洗过程中加入了大量絮凝剂，这些絮凝剂和砂子一起进入混凝土后会阻碍硅酸盐水泥的水化反应，从而影响混凝土强度的增长。通过试验可知，絮凝剂的含量占砂子质量的 0.01%时，混凝土的强度降低 1MPa；絮凝剂的含量占砂子质量的 0.05%时，混凝土的强度降低 2MPa；絮凝剂的含量占砂子质量的 0.1%时，混凝土的强度降低 3MPa。根据分析可知，使用的机制砂存在含泥量不稳定、水洗后絮凝剂超标的现象，因此推断由原材料引起混凝土强度不合格的因素可能是机制砂。

2. 配合比

合理的配合比是保证硬化混凝土强度正常增长的关键，当原材料符合国家标准时，配合比设计主要控制水胶比、砂率和用水量。使用的复合胶凝材料需水量大于普通硅酸盐水泥，由于配合比设计过程中没有提高生产用水量，混凝土实际用水量不足，通过提高外加剂掺量解决拌和物的流动性问题，导致混凝土拌和物黏度较大，匀质性不好，从而导致强度不合格。使用的石子和机制砂母岩不同于河砂，表观密度变化较大。砂子的实际表观密度大于河砂，石子的实际表观密度小于常规碎石，在配合比设计过程中按照经验控制砂率，导致砂子用量不足，砂浆不能完全包裹石子，混凝土拌和物达不到预期的流动性。不合理的配合比导致混凝土泵送过程中二次加水，实际用水量大于理论计算值，是混凝土强度降低的一个诱因。

3. 生产控制

在混凝土生产过程中，环境温度一直在变化，导致砂子的含水率变化；砂子在堆放过程中存在离析现象，因此同一批砂子在不同的堆放位置，其级配也不同，含石率发生变化。在生产过程中，上一次料就应该对平皮带料仓的砂子含石率和含水率进行一次检测，根据砂子的颗粒级配和含水率对配合比进行动态调整，确保生产出来的混凝土质量稳定。混凝土在生产过程中没有对砂石料进行检测，质检人员只是根据自己的经验对混凝土拌和物的工作性进行调整。由于质检人员的经验不同，对混凝土出机状态的控制比较随意，导致混凝土拌和物质量波动，是混凝土强度不合格的一个重要因素。

16.2.2　混凝土施工环节

1. 现场加水

按照国家标准要求，混凝土拌和物在运输和浇筑过程中严禁加水。施工过程中，由于施工人员质量意识不强，在混凝土泵送前向混凝土拌和物中随意加水。这些水分没有参与混凝土中胶凝材料的水化反应，在混凝土凝固后蒸发形成大量的孔隙，使混凝土中胶凝材料浆体的密实度降低，从而导致混凝土强度降低。

2. 振捣

科学合理的振捣能够保证混凝土内部的均匀以及外表面的光洁。混凝土表面致密，可以减少二氧化碳的侵入，降低混凝土的碳化深度，提高混凝土的回弹强度。经过现场观察，施工的混凝土外观颜色不一致，拆模后混凝土表面的光洁程度也不同，因此施工过程振捣不到位引起混凝土匀质性差是混凝土强度不合格的一个原因。

3. 养护

充分及时的养护是保证混凝土强度正常增长的条件。混凝土养护主要是为了让胶凝材料充分进行水化反应，形成水化硅酸钙(C-S-H)凝胶填充在混凝土内部，从而提高混凝土强度。及时养护可以保证混凝土表面和内部没有水化的胶凝材料颗粒继续反应，实现混凝土表面更加致密，内部更加密实，从而提高混凝土实体强度和表面回弹强度。经过查看施工记录，混凝土拆模后没有进行养护，导致混凝土中没有水化的胶凝材料颗粒无法继续水化，引起混凝土强度不合格。

16.3 提高硬化混凝土强度的技术

16.3.1 技术原理

1. 混凝土表面增强机理

硬化混凝土回弹强度主要取决于混凝土密实度和表面硬度，混凝土表面硬度和密实度越大则回弹强度越高，要提高混凝土的回弹强度，就必须从提高混凝土的密实度和表面硬度入手。预拌混凝土属于富浆混凝土，胶凝材料浆体完全包裹砂石，用回弹仪触及的部位全部是胶凝材料硬化浆体，提高混凝土密实度本质上是提高胶凝材料浆体的密实度。为了提高混凝土的回弹强度，可以采用两种方法：

(1)饱和石灰水养护。由于混凝土使用的胶凝材料活性不同，水化程度不同，在28d后仍有大量没有水化的胶凝材料颗粒，采用饱和石灰水养护可以使硬化混凝土中没有水化的胶凝材料颗粒继续发生水化反应，形成的水化硅酸钙凝胶填充于硬化混凝土的孔隙中，提高混凝土的密实度。

(2)渗透结晶。混凝土中的浆体是胶凝材料水化形成的产物，在凝结硬化后有一部分水分蒸发，在浆体表面形成贯通的孔隙，同时混凝土凝固过程中还有部分泥土由于失去水分干缩引起的孔洞。空气中的二氧化碳会通过这些孔隙和孔洞进入混凝土内部，引起混凝土碳化，最终影响混凝土的强度和耐久性。为了堵塞这些孔隙和孔洞，在混凝土表面涂刷具有强渗透功能的渗透结晶材料，一方面，这些材料可以沿着水分蒸发的通道渗透进去，堵塞毛细孔通道和泥干缩引起的孔洞，提高混凝土的密实度；另一方面，这些材料可以和未水化胶凝材料颗粒发生化学反应，形成有机无机结合的复合材料，使胶凝材料浆体的整体性更好，表面硬度更高，从而提高混凝土的强度。

2. 硬化混凝土实体增强机理

硬化混凝土本身含有大量没有水化的胶凝材料颗粒，从反应机理来看，砂石骨料没有参与化学反应，混凝土的水化反应本质上是胶凝材料的水化反应。水泥胶砂试件的检测在饱和石灰水中养护 28d 后进行，养护介质的 pH 介于 $10.5 \sim 11.2$，而混凝土试件的养护是用 20℃的饮用水，pH 低于水泥标准养护用水，因此标准养护混凝土试件中胶凝材料的水化程度低于标准养护水泥试件。施工现场的混凝土大多数情况下没有浇水养护，胶凝材料的水化程度低于标准养护混凝土试件。要提高现场实体混凝土的强度，就应该给实体混凝土创造与水泥标准养护相同的养护条件，用饱和石灰水养护，让硬化混凝土内部活性较低的矿渣粉和粉煤灰等胶凝材料在碱性环境中继续发生水化反应，形成水化硅酸钙凝胶，提高胶凝材料的水化程度。为了加快矿渣粉和粉煤灰等未水化颗粒的反应速度，在使用饱和石灰水养护过程中可以适当提高养护温度，使硬化混凝土养护温度高于水泥标准养护温度，实现未水化颗粒的快速和充分反应，从而提高实体硬化混凝土的强度。

16.3.2　提高硬化混凝土回弹强度的试验方法

1. 渗透结晶试验方法

目前市场上具备渗透结晶功能的材料有多种，这些材料与胶凝材料具有一定的适应性，结合现场情况，挑选三种渗透结晶材料进行试验。试验流程如图 16-1 所示，具体试验过程如下：

(1)在施工现场选择 $3m^2$ 混凝土柱面进行回弹检测，记录原始数据，将混凝土柱面进行打磨，使其缺陷完全暴露。

(2)用饱和石灰水喷洒养护，使混凝土柱面始终处于湿润状态 80h。

(3)待混凝土柱面处于干燥状态时，将试验面分成三块 $1m^2$ 试验涂刷区，利用 A、B、C 三种渗透结晶材料分别进行试验，涂刷过程中采用不间断喷涂，直到混凝土柱面不再吸收渗透结晶材料为止。

(4)试验环境温度宜控制在 35℃，温度过低不利于渗透结晶材料吸收，温度过高不利于结晶的形成。

（5）涂刷经过 80h，待混凝土柱面渗透结晶材料硬化干燥后进行检测。

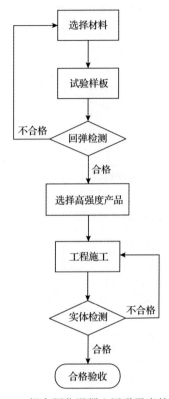

图 16-1　提高硬化混凝土回弹强度的流程

根据试验数据选择回弹强度推定值达到预期效果的材料作为提高硬化混凝土回弹强度的渗透结晶材料。

2. 温饱和石灰水养护试验方法

硬化混凝土龄期超过 28d 后，混凝土内部仍然有一部分胶凝材料颗粒没有发生化学反应，选择两组龄期超过 28d 的标准养护试件进行对比试验，验证采用 45℃的温饱和石灰水养护是否能够促进硬化混凝土中未水化胶凝材料颗粒继续水化，提高混凝土的强度。试验流程如图 16-2 所示，具体试验过程如下：

（1）选取检测部位钻取 3 组芯样，确保芯样完整并符合国家标准。

（2）取其中 1 组试件放在标准养护室继续养护，另外 2 组试件放入 45℃的温饱和石灰水中浸泡养护 80h。

（3）养护达到龄期后进行对比试验。

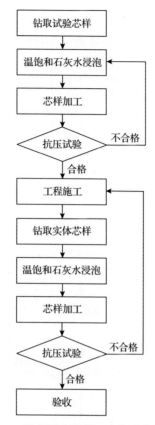

图 16-2　提高硬化混凝土实体强度的流程

根据试验数据，在 45℃的温饱和石灰水中恒温浸泡养护 80h 后，如果混凝土芯样的强度达到设计要求，就可以采用这种技术措施进行实体工程施工。如果混凝土芯样的强度达不到设计要求，就不能采用这种技术措施进行实体工程施工。

16.3.3　试验小结

如果采用渗透结晶方法可以提高混凝土的回弹强度，采用 45℃的温饱和石灰水养护方法可以提高硬化混凝土的实体强度，从原理上来讲，就可以采用温饱和石灰水养护与渗透结晶相结合的方法提高实体硬化混凝土的强度。

16.3.4　现场验证试验

在小试验成功后，就可以在施工现场进行小范围验证试验，验证渗透结晶方法和温饱和石灰水养护方法提高硬化混凝土强度的技术在实际工程项目中操作的可行性。采用渗透结晶和温饱和石灰水养护相结合的方法处理后，检测到回弹强度和芯样强度均达到设计要求，最后进行综合评定。

16.3.5 工程验收

采用渗透结晶和温饱和石灰水养护相结合的技术措施对强度不合格部位的硬化混凝土进行处理，经第三方检测单位现场取样检测，实体混凝土回弹强度和芯样强度均达到设计要求，准予验收。

16.3.6 技术措施总结

对于标准养护试件、同条件养护试件和回弹强度没有达到设计强度的硬化混凝土，采用 45℃ 的温饱和石灰水进行 80h 浸水恒温养护，然后用渗透结晶材料进行涂刷处理，由于硬化混凝土内部未水化的胶凝材料颗粒能够继续水化，生成水化硅酸钙凝胶，填充在硬化混凝土内部的孔隙中，堵塞了混凝土中水分蒸发残留的孔隙，提高了混凝土的密实度，使混凝土的强度提高，而渗透结晶材料的涂刷使硬化混凝土中水分蒸发形成的毛细孔通道和泥土干缩形成的孔洞被堵塞，提高了混凝土的密实度，同时部分渗透结晶材料与未水化的胶凝材料颗粒发生化学反应，形成有机无机结合的复合材料，提高混凝土密实度的同时提高了混凝土的硬度，进而提高了硬化混凝土的实体强度和回弹强度，可以解决工程项目混凝土强度不合格的问题。

采用温饱和石灰水养护与渗透结晶相结合的方法用于硬化混凝土强度不够引起的质量事故处理，可以有效解决硬化混凝土强度提高的问题，对保证工程质量、节约成本具有很好的推广应用价值。

16.4 开封某住宅楼混凝土质量事故的处理

16.4.1 项目简介

2021 年 11 月开封市某棚户改造区住宅工程，在跟踪检测过程中发现 1#楼 4～7 层梁、板和楼梯混凝土标准养护试件及同条件养护试件 28d 强度达不到设计要求，C30 同条件养护试件强度为 25.8MPa，C35 同条件养护试件强度为 27.9MPa；C30 标准养护试件强度为 20.7MPa，C35 标准养护试件强度为 20.0MPa。在监理见证下对混凝土实体结构进行回弹检测，强度推定值没有达到设计要求。为了保证结构主体的承载力，使混凝土结构强度达到设计要求，彻底解决实体结构混凝土强度和回弹强度不足的问题，经过现场调研，分析了这起质量事故产生的原因，提出通过渗透结晶的技术措施提高硬化混凝土的表面回弹强度，通过温饱和石灰水养护的技术措施提高混凝土实体强度，使混凝土实体强度达到设计要求，从而实现混凝土主体结构的安全和正常使用。

16.4.2 原理验证

1. 渗透结晶试验方法

结合现场情况，挑选了 A、B、C 三种渗透结晶材料进行试验，具体试验过程见 16.3.2 节。取 C30 混凝土柱进行试验，回弹强度试验数据见表 16-1。

表 16-1　C30 混凝土柱回弹强度试验数据　　　（单位：MPa）

编号	基准回弹强度	涂刷 A 回弹强度	涂刷 B 回弹强度	涂刷 C 回弹强度
1	27.4	38.3	31.1	30.8
2	27.3	42.4	33.6	29.1
3	29.4	41.5	32.7	30.3
4	30.1	38.3	32.8	28.7
5	28.3	39.2	31.2	32.3
平均值	28.5	39.9	32.3	30.2
提高值	0	11.4	3.8	1.7

由表 16-1 可知，三种渗透结晶材料都能够起到提高硬化混凝土回弹强度的作用，A 材料提高的最多，达到 11.4MPa；B 材料和 C 材料提高的较少，只有 3.8MPa 和 1.7MPa，因此选择 A 材料作为提高硬化混凝土回弹强度的渗透结晶材料。

2. 温饱和石灰水养护试验方法

选择两组龄期超过 28d 的标准养护试件进行对比试验，验证采用 45℃的温饱和石灰水养护是否能够促进硬化混凝土中未水化胶凝材料颗粒继续水化，提高混凝土的强度。具体试验过程如下：选取两种试件，即 C30 再生细骨料混凝土试件和 C30 机制砂混凝土试件；将龄期达到 28d 的 C30 再生细骨料混凝土试件取其中 3 组放在标准养护室继续养护，另外 3 组放入 45℃的温饱和石灰水中浸泡养护 80h；将龄期达到 28d 的 C30 机制砂混凝土试件取其中 3 组放在标准养护室继续养护，另外 3 组放入 45℃的温饱和石灰水中浸泡养护 80h；养护达到龄期后进行对比试验。试验数据见表 16-2 和表 16-3。

表 16-2　C30 再生细骨料混凝土试件试验数据　　　（单位：MPa）

编号	标准养护强度	石灰水养护强度	强度增长
1	34.1	40.2	6.1
2	35.7	39.3	3.6
3	33.6	36.7	3.1
平均值	34.5	38.7	4.3

表 16-3 　C30 机制砂混凝土试件试验数据 　　（单位：MPa）

编号	标准养护强度	石灰水养护强度	强度增长
1	35.5	45.8	10.3
2	40.5	49.2	8.7
3	38.4	46.6	8.2
平均值	38.1	47.2	9.1

由试验数据可知，在 45℃的温饱和石灰水中恒温浸泡养护 80h 后，C30 再生细骨料混凝土的强度平均增加了 4.3MPa，C30 机制砂混凝土的强度平均增加了 9.1MPa，证明采用温饱和石灰水养护可以促进未水化胶凝材料颗粒继续水化，提高硬化混凝土的强度，由于配合比不同，混凝土内部胶凝材料颗粒反应程度不同，温饱和石灰水养护提高混凝土强度的幅度也不同。

3. 试验小结

采用渗透结晶的方法可以提高混凝土的回弹强度，采用 45℃的温饱和石灰水养护的方法可以提高硬化混凝土的实体强度，因此从原理上讲，采用温饱和石灰水养护与渗透结晶相结合的方法可以提高实体硬化混凝土的强度。

16.4.3　实体验证

在小试验成功后，在施工现场进行了小范围验证试验，验证渗透结晶方法和温饱和石灰水养护方法提高硬化混凝土强度的可行性。

1. 渗透结晶实体验证

在现场选取 10m² 的混凝土外露面，用渗透结晶材料 A 进行验证试验。具体试验过程如下：将混凝土外露面进行打磨，使其缺陷完全暴露；用饱和石灰水对混凝土外露面进行保湿养护 80h；达到养护龄期后至混凝土外露面处于干燥状态时，将渗透结晶材料 A 涂刷到混凝土外表面，涂刷过程中保持环境温度控制在 35℃；涂刷完成后经过 80h，待混凝土外表面渗透结晶材料硬化干燥后进行回弹检测。取 C30 混凝土剪力墙进行试验，回弹强度试验数据见表 16-4。

表 16-4 　C30 混凝土剪力墙回弹强度试验数据 　　（单位：MPa）

编号	基准回弹强度	涂刷 A 回弹强度
1	29	43
2	28	37
3	33	38
4	27	41

编号	基准回弹强度	涂刷 A 回弹强度
5	29	39
6	30	37
7	28	38
8	31	36
9	27	41
10	29	42
平均值	29.1	39.2

由试验数据可知,采用渗透结晶材料 A 进行试验,C30 混凝土剪力墙回弹强度由 29.1MPa 提高到 39.2MPa,增加了 10.1MPa,达到预期效果,证明渗透结晶方法可以提高硬化混凝土密实度和表面硬度,这项技术在施工现场使用是可行的。

2. 温饱和石灰水实体验证

依据钻芯取样技术规程,在混凝土结构部位钻取芯样,将加工好的芯样放入 45℃的温饱和石灰水中浸水恒温养护 80h,达到龄期后进行检测。取 C35 混凝土柱进行试验,具体数据见表 16-5。

表 16-5　C35 混凝土柱芯样强度试验数据　　　　　　(单位:MPa)

编号	对比强度	抗压强度
1		45.3
2		49.7
3		45.9
4	36.3	39.8
5		42.6
6		47.4
平均值		45.1

由试验数据可知,在 45℃的温饱和石灰水中浸泡恒温养护 80h 后,C35 混凝土柱芯样强度由 36.3MPa 提高到 45.1MPa,增加了 8.8MPa,证明采用温饱和石灰水养护可以提高硬化混凝土的强度,这项技术在施工现场使用是可行的。

16.4.4　硬化混凝土实体养护施工

经过现场试验验证后,根据施工现场实际情况制定了针对不同部位硬化混凝土采用渗透结晶和温饱和石灰水养护相结合的方法提高混凝土强度的具体技术措施。

1. 立面和顶板

考虑到立面和顶板无法用水浸泡养护，施工采用在混凝土外包裹土工布，饱和石灰水浇灌浸泡，伴热电缆加热，达到养护龄期后采用渗透结晶材料喷涂的技术措施。具体操作过程如下：将立面和顶板混凝土用土工布缠绕包裹；在土工布内侧浇灌饱和石灰水，使立面和顶板混凝土完全被饱和石灰水浸泡润湿，当立面和顶板混凝土底部有水浸出时停止浇灌饱和石灰水；在土工布外缠绕一层可调温的伴热电缆，控制温度在 45℃恒温养护 80h；取下伴热电缆和土工布，等到立面和顶板处于干燥状态时，将渗透晶体材料 A 涂刷到立面和顶板，直到立面和顶板不再吸收渗透结晶材料为止；涂刷完成后，将立面和顶板的环境温度控制在 35℃；涂刷完成后经过 80h，待混凝土外表面渗透结晶材料完全硬化干燥后进行回弹检测，最后钻芯取样进行实体检测。取 C30 剪力墙由第三方检测单位进行检测，试验数据见表 16-6 和表 16-7。

表 16-6　C30 剪力墙回弹强度试验数据　　　　　（单位：MPa）

编号	基准回弹强度	涂刷 A 回弹强度
1	27.3	43.1
2	29.4	37.4
3	30.3	38.4
4	28.9	41.3
5	31.0	39.9
6	30.3	38.4
7	29.7	39.4
8	28.6	40.5
9	31.4	41.3
10	31.2	40.6
平均值	29.8	40.0

表 16-7　C30 剪力墙芯样强度试验数据　　　　　（单位：MPa）

编号	对比强度	抗压强度
1	30.3	42.4
2	31.4	43.5
3	31.8	41.2
平均值	31.2	42.4

由试验数据可知，采用渗透结晶和温饱和石灰水养护相结合的方法处理 C30 剪力墙，混凝土回弹强度由 29.8MPa 提高到 40.0MPa，增加了 10.2MPa，钻芯取

样强度由 31.2MPa 提高到 42.4MPa，增加了 11.2MPa，回弹强度和芯样强度均达到设计要求，综合评定为合格。

2. 楼板

考虑到硬化混凝土楼板面积较大，采用温饱和石灰水浸泡，电加热控制水温在 45℃条件下养护 80h，达到养护龄期后采用渗透结晶材料涂刷的技术措施。具体操作过程如下：将硬化混凝土底板清扫干净，在楼板上部的门口、楼梯口和缺口处砌砖形成水池；向水池中添加饱和石灰水，使水面高于混凝土 50～100mm；在饱和石灰水中加入可控温的电加热棒，调整加热开关控制饱和石灰水的温度恒定在 45℃，使硬化混凝土楼板浸水恒温养护 80h；抽出水池中的饱和石灰水并将混凝土表面清理干净；待混凝土楼板处于干燥状态时，将渗透晶体材料 A 涂刷到楼板，直到楼板不再吸收渗透结晶材料为止；涂刷完成后，将楼板的环境温度控制在 35℃；涂刷经过 80h，等到渗透结晶材料硬化干燥后进行回弹检测，最后钻芯取样进行实体检测。取 C30 楼板由第三方检测单位进行检测，试验数据见表 16-8 和表 16-9。

表 16-8　C30 楼板回弹强度试验数据　　　　　（单位：MPa）

编号	基准回弹强度	涂刷 A 回弹强度
1	29.2	43.8
2	28.4	41.9
3	33.1	39.5
4	27.5	38.6
5	29.4	38.2
6	27.9	40.6
7	27.6	41.9
8	28.8	39.9
9	30.2	40.7
10	32.7	43.8
平均值	29.5	40.9

表 16-9　C30 楼板芯样强度试验数据　　　　　（单位：MPa）

编号	对比强度	抗压强度
1	31.6	43.6
2	32.8	44.5
3	31.9	40.2
平均值	32.1	42.8

由试验数据可知，采用渗透结晶和温饱和石灰水养护相结合的方法处理 C30 楼板，混凝土回弹强度由 29.5MPa 提高到 40.9MPa，增加了 11.4MPa，钻芯取样

强度由 32.1MPa 提高到 42.8MPa，增加了 10.7MPa，回弹强度和芯样强度均达到设计要求，综合评定为合格。

3. 工程验收

采用渗透结晶和温饱和石灰水养护相结合的技术措施对开封某住宅楼项目强度不合格部位的硬化混凝土进行了处理，经第三方检测单位现场取样检测，实体混凝土回弹强度和芯样强度均达到设计要求，准予验收。

16.4.5　结论

采用温饱和石灰水养护与渗透结晶相结合的方法用于硬化混凝土强度不够引起的质量事故处理，达到预期效果，解决了该项目硬化混凝土强度提高的难题，对保证工程质量、节约成本具有很好的借鉴价值。

16.5　濮阳某住宅楼混凝土质量事故的处理

16.5.1　项目简介

濮阳市某工程包含 6 栋住宅、2 栋商业、1 个变电所，其中 1#、2#楼为地下 2 层，地上 27 层；5#、6#楼为地下 1 层，地上 25 层；3#楼为地下 1 层，地上 14 层；7#楼为地下 1 层，地上 19 层；8#楼为地上 3 层，地下 1 层；9#楼为地上 2 层，地下 1 层；10#楼为地上 1 层。规划用地面积 39871.68m^2，总建筑面积 126299m^2，其中地上建筑面积 99300m^2，地下建筑面积 26999m^2（含地下车库、人防工程）。

2022 年 5 月在混凝土跟踪检测过程中，发现 1#楼 3~6 层在混凝土达到龄期后，强度没有达到设计要求，为了保证结构主体的承载力，使混凝土结构强度达到设计要求，彻底解决实体结构混凝土强度和回弹强度不足的问题，经过现场调研，分析了这起质量事故产生的原因，提出通过渗透结晶的技术措施提高硬化混凝土的表面回弹强度，通过温饱和石灰水养护的技术措施提高混凝土实体强度，使混凝土实体强度达到设计要求，从而实现混凝土主体结构的安全和正常使用。

C40 混凝土芯样强度试验数据见表 16-10。

表 16-10　C40 混凝土芯样强度试验数据　　　　（单位：MPa）

编号	抗压强度
1	33.8
2	33.0
3	37.3
平均值	34.7

16.5.2 实体混凝土养护增强措施

1. 芯样养护试验

为了确认温饱和石灰水养护是否能够提高该项目硬化混凝土强度，在 1#楼 3～6 层随机抽取了 8 个芯样，放入 45℃的温饱和石灰水中浸泡养护 80h，养护达到龄期后进行强度试验，试验数据见表 16-11。

表 16-11　C40 混凝土芯样试验数据　　　　（单位：MPa）

编号	抗压强度
1	39.7
2	43.5
3	40.9
4	44.9
5	47.2
6	43.7
7	49.3
8	42.2
平均值	43.9

由试验数据可知，在 45℃的温饱和石灰水中恒温浸泡养护 80h 后，C40 混凝土芯样的强度比第三方抽检数据提高了 9.2MPa，最小值和平均值均达到了钻芯取样混凝土验收标准。证明采用 45℃的温饱和石灰水养护可以促进该楼硬化混凝土未水化胶凝材料颗粒继续水化，提高硬化混凝土的强度。

2. 工程实体养护施工

在芯样试验成功的基础上，对主体结构混凝土进行了温饱和石灰水养护，具体操作如下：将生石灰倒入准备好的桶中搅拌，制得饱和石灰水；在 1#楼 3～6 层每层放三个塑料桶盛放饱和石灰水，每层配备三套高压养护水枪，将水枪插入饱和石灰水桶；由于养护面积大，为实现同步养护的要求，12 套水枪必须同时开启并且连续喷水；喷水养护要求混凝土表面始终处于润湿状态，在养护的过程中采取换人不换机器不间断养护；由于现场温度低于实验室养护箱的温度，在实体混凝土养护过程中养护时间延长至连续保湿养护 7 昼夜，达到龄期后停止养护。

3. 钻芯取样

1）钻芯

在 1#楼 3～6 层每层随机选取一个墙面，通过探测仪器避开钢筋，选择取样点，在合适的位置固定钻孔取芯机，安装内直径为 100mm 的空心钻头，将钻孔移至所需操作处，用膨胀螺丝将钻孔固定，调整地脚螺丝，使钻机稳定，或用足够重的底板固定钻孔取芯机，防止钻孔取芯时机器移动，接上电源，检查是否有液体流出；启动电机，打开电路开关，待切削完毕，可保持旋转，提升钻头，距试件表面约有 5mm 时可关闭电源，钻头离开试件表面，卸去固定螺栓，拖离取芯机，取出试件，钻取的芯样见图 16-3。

图 16-3　芯样

2) 芯样加工

为了保证混凝土芯样尺寸完全符合标准要求，采用混凝土专用切割机器，将芯样切割成高度为 110mm 备用。芯样切割过程见图 16-4。

图 16-4　芯样切割过程

将切割完成的芯样采用车床进行加工，保证芯样外观完好无裂纹、无缺陷及钢筋；芯样两边平行；芯样的垂直度比和高径比完全符合国家标准。

4. 芯样检测与评定

在施工单位、监理单位、业主和混凝土供应单位共同见证下进行 C40 芯样的强度检测，检测数据见表 16-12。由检测数据可知，经过饱和石灰水养护的混凝土实体强度达到了设计要求。

表 16-12　C40 芯样抗压检测数据　　　　（单位：MPa）

编号	抗压强度
1	39.8
2	40.6
3	38.8
4	45.8
5	47.0
6	39.5
7	47.1
8	47.4
9	44.4
10	41.9
平均值	43.2

16.5.3　混凝土表面增强施工与检测

在施工现场选择混凝土外露面进行回弹检测，记录原始数据，将混凝土面进行打磨，使其缺陷完全暴露；然后在混凝土外露面涂刷渗透结晶材料，涂刷过程中采用不间断喷涂，直到混凝土面不再吸收渗透结晶材料为止；施工环境温度宜控制在 35℃，温度过低不利于渗透结晶材料吸收，温度过高不利于结晶的形成；涂刷经过 80h，待渗透结晶材料硬化干燥后由第三方检测单位进行检测。本次检测抽取 C40 混凝土，具体试验数据见表 16-13。

表 16-13　C40 混凝土回弹强度试验数据　　　　（单位：MPa）

编号	基准回弹强度	涂刷后回弹强度
1	33	44
2	33	42
3	33	40
4	34	44

续表

编号	基准回弹强度	涂刷后回弹强度
5	34	43
6	35	41
7	33	45
8	34	47
9	34	45
10	35	44
平均值	33.8	43.5
增长值	0	9.7

由检测数据可知，采用渗透结晶材料涂刷后，混凝土界面回弹强度提高了9.7MPa，起到了提高硬化混凝土回弹强度的作用，达到了设计要求。

16.5.4　结论

采用渗透结晶和温饱和石灰水养护相结合的技术措施对濮阳某住宅楼项目强度不合格部位的硬化混凝土进行了处理，经第三方检测单位现场取样检测，实体混凝土回弹强度和芯样强度均达到设计要求，准予验收。采用温饱和石灰水养护与渗透结晶相结合的方法用于硬化混凝土强度不够引起的质量事故处理，可以有效解决硬化混凝土强度提高的难题，对保证工程质量、节约成本具有很好的借鉴价值。

参 考 文 献

戴会生. 2014. 混凝土搅拌站实用技术. 北京: 中国建材工业出版社.

倪晓燕, 王耀文, 胡紫日. 2022. 智能+路桥工程混凝土调整实用技术. 北京: 中国建材工业出版社.

魏秀军, 李迁. 2007. 混凝土强度预测与推定. 沈阳: 辽宁大学出版社.

朱效荣. 2016. 数字量化混凝土实用技术. 北京: 中国建材工业出版社.

朱效荣, 李迁, 张英男, 等. 2005. 绿色高性能混凝土研究. 沈阳: 辽宁大学出版社.

朱效荣, 李迁, 孙辉. 2007. 现代多组分混凝土理论. 沈阳: 辽宁大学出版社.

朱效荣, 孙继成, 孙辉. 2009. 多组分混凝土配合比实用手册. 北京: 化学工业出版社.

朱效荣, 薄超, 王耀文, 等. 2019. 数字量化混凝土实用技术操作指南——机器人帮我搞试配. 北京: 中国建材工业出版社.

朱效荣, 刘泽, 蒋浩. 2021. 多组分混凝土理论工程应用. 北京: 科学出版社.